Remediation of Buried Chemical Warfare Materiel

埋藏化学武器的回收与处理技术研究

（美）回收埋藏化学武器物资处置评估委员会
（美）陆军科学技术委员会
（美）美国国家科学院工程和物理科学部
（美）美国国家科学院国家研究委员会　编

韩世同　赵 华　李达学　李 阳　译

化学工业出版社
·北京·

内容简介

本书深入探究了可疑化学武器物资（CWM）处置场地的修复工作，并详细研究了支持此类场地清理的先进技术。书中不仅概述了非储存化学武器物资的非军事化进程，还详细分析了当前针对含有此类物资的场地所实施的修复计划。此外，本书还深入探讨了实施非储存化学物资项目（NSCMP）所需应对的复杂组织架构，总结了在该项目中回收化学武器物资（RCWM）任务所遵循的监管框架。同时，书中全面梳理了NSCMP及相关机构所掌握或可运用的技术资源，并特别介绍了美国最大且最复杂的化学武器物资埋藏点——亚拉巴马州亨茨维尔红石兵工厂（Redstone Arsenal）在处理RCWM方面的具体情况。最后，本书还就NSCMP组织关系的未来调整以及资金流的潜在变化进行了深入的讨论。

本书内容全面实用，对安全销毁我国境内日本遗弃的化学武器具有借鉴意义，同时也对我国研发相关技术装备、处置相关情况具有指导作用，也可为化学消毒技术研究人员及相关科研管理人员提供理论和实践参考。

图书在版编目（CIP）数据

埋藏化学武器的回收与处理技术研究 / 美国回收埋藏化学武器物资处置评估委员会等编；韩世同等译.
北京 ：化学工业出版社，2025. 1. -- ISBN 978-7-122-46823-9

Ⅰ. TJ92

中国国家版本馆CIP数据核字第2024X5247R号

责任编辑：高　震　　　　装帧设计：韩　飞
责任校对：王　静

出版发行：化学工业出版社
（北京市东城区青年湖南街13号　邮政编码100011）
印　　装：北京天宇星印刷厂
710mm×1000mm　1/16　印张$14\frac{1}{2}$　彩插1　字数211千字
2025年6月北京第1版第1次印刷

购书咨询：010-64518888　　　　售后服务：010-64518899
网　　址：http://www.cip.com.cn
凡购买本书，如有缺损质量问题，本社销售中心负责调换。

定　　价：99.00元

译者序言

化学武器自第一次世界大战期间在战场上首次使用以来，军事强国从未间断过对化学武器的研究，并开发和储存了大量化学武器。作为世界最大的化学武器受害国，我国境内至今依然埋藏有大量日本遗弃的化学武器，这些日本遗弃的化学武器仍严重威胁着中国人民的生命健康和环境安全。

自 1997 年《关于禁止发展、生产、储存和使用化学武器及销毁此种武器的公约》（简称《禁止化学武器公约》，CWC）生效以来，各缔约国均积极安全地销毁已生产的化学武器。美国发现，在其 40 个州超过 250 个场地中还有大量的埋藏化学武器待销毁。在销毁过程中，美国陆军化学物资局（Chemical Materials Agency，CMA）委托国家研究委员会（the National Research Council，NRC），设立了回收埋藏化学武器物资处置评估委员会（简称评估委员会），对可疑化学武器物资（Chemical Warfare Materiel，CWM）处置场地修复工作和清理 CWM 处置场地的支持技术等进行了调查和研究。2012 年，该评估委员会提交了研究报告。在其第 1 章，概述了非储存化学武器物资的非军事化过程以及现行对含此类物资场地的修复计划等内容。第 2 章，研究了执行非储存化学物资项目（the Non-Stockpile Chemical Materiel Project，NSCMP）所涉及的复杂组织结构。第 3 章，总结了 NSCMP 中回收化学武器物资（Recovered Chemical Warfare Materiel，RCWM）任务的监管框架。第 4 章，总结了 NSCMP 与相关机构拥有或可供使用的技术。第 5 章，介绍了美国规模最大、最复杂的化学武器物资埋藏点——亚拉巴马州亨茨维尔红石兵工厂

（Redstone Arsenal）处理 RCWM 的情况。第 6 章，为针对性地研究和开发提供建议。第 7 章，对 NSCMP 组织关系和资金流向的未来变化进行了讨论。

该研究报告内容全面实用，对安全销毁日本遗弃在华的化学武器具有借鉴意义，同时也对我国研发相关技术装备、处置相关情况具有指导作用。防化研究院组织科研人员对该书进行了翻译、形成了本书，也可为化学消毒技术研究人员及相关科研管理人员提供理论和实践参考。本书原著出版于 2012 年，其内容完全反映的是 2012 年的状况。时至今日，已然过去了十余年，在此期间，各方面很可能发生了变化。

本书由韩世同、赵华、李达学、李阳同志翻译，韩世同统稿。由于翻译人员经验和水平有限，疏漏之处敬请读者批评指正。

译者

美国国家科学院-国家在科学、工程和医学方面的顾问

美国国家科学院（National Academy of Sciences）是私营、非营利、自负盈亏的学会，由从事科学和工程研究的学者组成。该科学院致力于促进科学技术的发展，并利用科学技术为大众谋福利。美国国会于1863年明确了科学院的职责，科学院的任务是就科学和技术问题向联邦政府提供建议。拉尔夫·J. 西塞隆（Ralph J. Cicerone）博士为现任美国国家科学院院长。

美国国家工程院（The National Academy of Engineering）成立于1964年，是由美国国家科学院组建的，是由杰出工程师组成，是与科学院类似的组织。它在行政管理和成员遴选方面享有自主权，与美国国家科学院共同承担向联邦政府提供建议的责任。美国国家工程院还资助旨在满足国家需求的工程计划，鼓励教育和研究，并表彰成就卓越的工程师。查尔斯·M. 韦斯特（Charles M. Vest）博士现任美国国家工程院院长。

美国医学研究院（The Institute of Medicine）于1970年成立是美国国家科学院下属研究院，目的是在政府研究与公众健康有关的政策问题时，请有关专业的专家提供服务。该研究院根据规定，担任联邦政府的顾问，并主动提供医疗保健、研究和教育方面的建议。哈维·V. 费恩伯格（Harvey V. Fineberg）博士是医学研究所所长。

美国国家研究委员会由美国国家科学院于1916年组建的，旨在加强科技界人士与美国国家科学院的联系，促进科技发展并为联邦政府提供建议。委员会根据美国国家科学院确定的总体政策开展工作，现已成为美国国家科学院和美国国家工程院的主要运作机构，为政府、公众以及科学和工程界提供服务。委员会由两院和医学研究院共同管理。拉尔夫·J. 西塞隆博士和查尔斯·M. 韦斯特博士分别担任美国国家研究委员会主席和副主席。

前言

应美国陆军化学物资局（CMA）局长康拉德·F. 怀尼（Conrad F. Whyne）的要求，美国国家研究委员会设立了回收埋藏化学武器物资处置评估委员会。该评估委员会负责对非储存化学物资项目（NSCMP）进行评估，劳伦斯·G. 戈特沙尔克先生（Laurence G. Gottschalk）任 NSCMP 的项目经理，CMA 负责监管 NSCMP 项目。怀尼先生、戈特沙尔克先生及工作人员支持评估委员会的运作。

本报告主要介绍了对含有埋藏化学武器物资场地的调查情况，也对部分场地的治理情况进行了说明。在美国 40 个州和地区，大约存在 250 个含有埋藏化学武器物资的场地。2012 年，美国华盛顿特区的春谷（Spring Valley）地区和美国亚拉巴马州的西伯特营地（Camp Sibert Site）等正在进行修复治理工作。未来美国亚拉巴马州的红石兵工厂（Redstone Arsenal）也将开展此项工作。

在进行埋藏化学武器物资场地的修复工作中，NSCMP 将发挥着重要作用。它对所有回收化学武器物资（RCWM）的评估和处置负有项目管理责任，并为此确定处置成本、分配用于评估和处置的资金、编制项目时间表和其他所需文件，同时还负责申请销毁 RCWM 需要的所有批准文件。NSCMP 管理多个爆炸破坏系统（Explosive Destruction Systems，EDSs），用于销毁 RCWM，并在必要时使用商业化的爆炸销毁技术。

评估委员会的一个工作重点是调查 NSCMP 中涉及化学武器掩埋场地受污染的情况，并对任何回收的化学武器物资进行鉴定，同时对可用的销毁 RCWM 技术进行评价，确定可用技术存在的不足，并针对这些不足进行技术研发。

评估委员会的另一个工作重点是明确美国国防部（Department of Defense，DoD）和美国陆军（Department of the Army）内涉及埋藏化学武器物资的各部门及办公室的职责和分工。NSCMP在履行职责时，由其协调各部门及办公室之间的关系，确定事项优先级别和所需资金，并开展评估和销毁活动。评估委员会还对其中一些组织和办事处之间的相互关系提出调整建议。

评估委员会已经举行了六次会议。第一次是在马里兰州埃居伍德阿伯丁试验场的化学非军事化训练场（Chemical Demilitarization Training Facility）；第二次会议在华盛顿特区的凯克中心（Keck Center），主要参观了附近的春谷化学武器修复场地；第三、第四和第六次会议也在凯克中心举行；第五次会议在美国加州尔湾的贝克曼中心（Beckman Center）举行。下列组织或个人在会议中进行了38场的专题报告：

① 美国国防部20个机构和办公室；

② 美国哥伦比亚特区、亚拉巴马州、犹他州以及美国环境保护局第4和第8区的监管官员；

③ 美国华盛顿特区春谷地区修复咨询委员会；

④ 商用爆炸物销毁技术的供应商；

⑤ 美国国会参议院军事委员会的职员。

报告详情见附录B。

本报告由美国国家研究委员会陆军科学技术委员会（BAST）主持编写。感谢BAST主任布劳恩（B. A. Braun）和研究主管舒耳特（N. T. Schulte）在本研究开展过程中给予的莫大支持。同时感谢BAST的工作人员［研究助理劳瑞（A. Larrow）、高级项目/项目助理普拉玛（J. Palmer）和高级项目官潘妮拉（H. T. Pannella）］，他们在信息收集工作、会议和行程安排以及本报告的编写方面积极提供相关协助。

主席：查理·艾尔（Richard Ayen）

回收埋藏化学武器物资处置评估委员会

鸣 谢

根据美国国家研究委员会（NRC）下辖报告审查委员会规定的程序，本报告初稿已由具有不同领域和技术专长的人员进行了审查。此次独立审查的目的是提供真实情况和批评性的意见，以帮助编写者尽可能完善其报告，并确保报告在客观性、实证性和对研究任务的响应方面符合相关机构的标准。为保护审议过程的真实性，审查意见和手稿草案将予以保密。我们感谢以下人员对本报告的审阅：

弗雷德·S. 塞莱克（Fred S. Celec），国防分析研究所；

马丁·格雷（Martin Gray），犹他州环境质量部；

亨利·J. 哈奇（Henry J. Hatch），美国国家工程院院士，美国陆军工程兵部队（已退休）；

约翰·R. 豪厄尔（John R. Howell），美国国家工程院院士，得克萨斯大学奥斯汀分校；

迈克尔·F. 麦格拉斯（Michael F. McGrath），ANSER（分析服务公司）；

莱昂纳德·M. 西格尔（Leonard M. Siegel），公众环境监督中心；

迈克尔·V. 图穆尔蒂（Michael V. Tumulty），产品工程师，STV 股份有限公司。

尽管上述审稿人提出了许多建设性的意见和建议，但他们并未被要求认可报告的结论或建议，也没有在报告发布前看过最终草案。本报告的审查工作由美国国家工程院院士伊丽莎白·M. 德雷克（Elisabeth M. Drake）监督。她由美国国家研究委员会任命，负责确保按照机构程序对本报告进行独立审查，并认真考虑所有审查意见。本报告的最终内容完全由本报告编写委员会和相关机构负责。

缩写

缩写	全称	中文翻译
ACAT Ⅰ	Acquisition Category Ⅰ	Ⅰ类采办项目
ACSIM	Assistant Chief of Staff, Installation Management (U. S. Army)	美国陆军副参谋长(负责设施管理)
ACWA	Assembled Chemical Weapons Alternatives	装配式化学武器替代品
ADEM	Alabama Department of Environmental Management	美国亚拉巴马州环境管理局
AEL	Airborne Exposure Limit	空气暴露限值
AFCEE	Air Force Center for Engineering and Environment	美国空军工程与环境中心
AMC	U. S. Army Materiel Command	美国陆军物资司令部
ANCDF	Anniston Chemical Agent Disposal Facility (Alabama)	安尼斯顿化学毒剂处置设施(美国亚拉巴马州)
ARAR	Applicable, Relevant, and Appropriate Requirement	适用性、相关性和适当要求
ASA(ALT)	Assistant Secretary of the Army for Acquisition, Logistics and Technology	美国陆军助理部长(负责采办、后勤与技术)
ASA(IE&E)	Assistant Secretary of the Army (Installations, Energy and Environment)	美国陆军助理部长(负责设施、能源与环境)
ASA(ILE)	Assistant Secretary of the Army for (Installation, Logistics and Environment)	美国陆军助理部长(负责设施、后勤与环境)
ASA(RDA)	Assistant Secretary of the Army for Research, Development and Acquisition	美国陆军助理部长(负责研发、开发和采办)
ASD(NCB)	Assistant Secretary of Defense (Nuclear, Chemical, and Biological Defense Programs)	美国国防部助理部长(负责核生化防御项目)
BES	budget execution submission	预算执行报告
BRAC	Base Realignment and Closure	基地重组和关闭
CAIRA	Chemical Accident or Incident Response and Assistance	化学事故或事件响应与援助行动

续表

缩写	全称	中文翻译
CAIS	Chemical Agent Identification Set(s)	可识别批次的化学毒剂
CAM	Chemical Agent Monitor	化学毒剂监测器
CAMD,D	Chemical Agent and Munitions Disposal,Defense	化学毒剂和弹药处置、防御计划
CAMU	Corrective Action Management Unit	改进行动管理单元
CARA	Chemical,Biological,Radiological,Nuclear and Explosives Analytical and Remediation Activity	化学、生物、放射、核武器和爆炸物分析和修复行动小组
CBARR	Chemical Biological Applications and Risk Reduction	化学生物应用与降低风险
CBRNE	Chemical,Biological,Radiological,Nuclear and High Yield Explosives	化学、生物、放射、核武器与高能炸药
CERCLA	Comprehensive Environmental Response,Compensation and Liability Act	全面环境响应、赔偿和责任法
CG	Phosgene	光气
CMA	Chemical Materials Agency	美国陆军化学物资局
CNB	CN tear gas mixed with carbon tetrachloride and Benzene	混有四氯化碳和苯的 CN 催泪气
CNO	Chief of Naval Operations	美国海军作战部长
CNS	CN tear gas mixed with chloropicrin and chloroform	混有氯化苦和氯仿的苯酰氯(CN)催泪气
CONUS	Continental United States	美国本土
CSA	Chief of Staff of the Army	美国陆军参谋长
CSDP	Chemical Stockpile Disposal Program	储存化学武器销毁项目
CSE	Chemical Stockpile Elimination(project)	销毁储存的化学武器(计划)
CSEPP	Chemical Stockpile Emergency Preparedness Project	化学武器储存应急准备计划
CW	Chemical Weapons	化学武器
CWC	Chemical Weapons Convention	关于禁止发展、生产、储存和使用化学武器及销毁此种武器的公约
CWM	Chemical Warfare Materiel	化学武器物资
DA	Diphenyl chloroArsine (Clark Ⅰ)	二苯氯胂(Clark Ⅰ)
DAAMS	Depot Area Air Monitoring System	弹药库区空气监测系统
DAB	Defense Acquisition Board	美国国防采办委员会

续表

缩写	全称	中文翻译
DASA(ECW)	Deputy Assistant Secretary of the Army for Elimination of Chemical Weapons	美国陆军副助理部长(负责销毁化学武器)
DASA(ESOH)	Deputy Assistant Secretary of the Army (Environment, Safety and Occupational Health)	美国陆军副助理部长(负责环境、安全和职业健康)
DAVINCH	Detonation of Ammunition in a Vacuum Integrated Chamber	在真空集成舱内引爆弹药
DC	Diphenyl Cyanoarsine (Clark Ⅱ)	二苯氯胂(Clark Ⅱ)
DDESB	Department of Defense Explosives Safety Board	美国国防部爆炸物安全管理委员会
DERP	Defense Environmental Restoration Program	国防环境修复项目
DM	Adamsite	亚当氏剂
DMM	Discarded Military Munitions	废弃军用弹药
DoD	Department of Defense	美国国防部
DoT	Department of Transportation	美国运输部
DRCT	Digital Radiography and Computed Tomography	数字射线照相和计算机断层扫描设备
DUSD(I&E)	Deputy Under Secretary of Defense for Installations and Environment	美国国防部副部长(负责设施与环境)
EA	Executive Agent	执行机构
ECBC	Edgewood Chemical Biological Center	美国埃居伍德化生中心
EDS	Explosive Destruction System	爆炸破坏系统
EDS-1	EDS Phase 1	EDS-1 型
EDS-2	EDS Phase 2	EDS-2 型
EDS-3	EDS Phase 3	EDS-3 型
EDT	Explosive Destruction Technology	爆炸破坏技术
EOD	Explosive Ordnance Disposal	爆炸弹药处理
EPA	Environmental Protection Agency	美国环境保护署
EPCRA	Emergency Planning and Community Right-to-Know Act	应急计划和公众知情权法
ER,A	Environmental Response, Army	美国陆军环境响应计划
FFA	Federal Facility Agreement	美国联邦设施协议
FORSCOM	Forces Command (U. S. Army)	美国陆军司令部
FSS	Fragment Suppression System	碎片抑制系统
FTO	Flameless Thermal Oxidizer	无焰热氧化器

续表

缩写	全称	中文翻译
FUDS	Formerly Used Defense site(s)	曾经使用的防御站点
GA	Tabun (a nerve agent)	塔崩(神经毒剂)
GB	Sarin (a nerve agent)	沙林(神经毒剂)
GD	Soman (a nerve agent)	梭曼(神经毒剂)
H	Sulfur Mustard	芥子气
HD	Sulfur Mustard (distilled)	芥子气(精馏)
HEPA	High-Efficiency Particulate Air (filter)	高效空气颗粒过滤网
HN	Nitrogen Mustard	氮芥气
HN-3	Nitrogen Mustard	氮芥气
HNC	Huntsville Engineering Center	亨茨维尔工程中心
HS	Sulfur Mustard	硫芥气(芥子气)
HSWA	Hazardous and Solid Waste Amendments	有害和固体废物修正案
HT	Sulfur Mustard, T-mustard combination, also British mustard	芥子气与[2-(2-氯乙硫基)乙基]醚的混合剂
IHF	Interim Holding Facility	临时存放设施
IMCOM	Installation Management Command (U. S. Army)	设施管理司令部(美国陆军)
INST CDR	Installation Commander	设施司令部
IO	Integrating Office	综合办公室
IPT	Integrated Product Team	集成目标团队
IRP	Installation Restoration Program	设施修复计划
ITRC	Interstate Technology Regulatory Council	州间技术管理法庭
L	Lewisite or Liter	路易氏剂或体积单位升
LDR	Land Disposal Restrictions	土地处置限值
LITANS	Large Item Transportable Access and Neutralization System	大型物品可运输通道和消毒系统
MARB	Materiel Assessment Review Board	物资评估审查委员会
MC	Munitions Constituents	军需品组分
MDAP	Major Defense Acquisition Program(s)	主要防御采办项目
MEA	Monoethanolamine	单乙醇胺
MEC	Munitions and Explosives of Concern	关注的常规弹药和爆炸物
MEL	Mobile Expeditionary Laboratory (CARA)	移动远征实验室
MIL-SPEC	Military Specification	军用规格

续表

缩写	全称	中文翻译
MINICAMS	Miniature Chemical Agent Monitoring System(s)	微型化学毒剂监测系统
MMAS	Mobile Munitions Assessment System	移动弹药评估系统
MMRP	Military Munitions Response Program	军用弹药响应项目
MR	Munitions Rule	弹药规则
MRC	Multiple Round Container	多种圆形容器
MRP	Munitions Response Program	弹药响应计划
MRS	Munitions Response Site	弹药响应场地
MRSPP	Munitions Response Site Prioritization Protocol	弹药处理场地优先协议
MSU	Munitions Storage Unit	弹药储存点
NAVFAC	Naval Facilities Engineering Command	美国海军装备工程司令部
NCP	National Oil and Hazardous Substances Pollution Contingency Plan	美国国家石油和有害物质污染应急计划
NDAA	National Defense Authorization Act	美国国防授权法
NEW	Net Explosive Weight	净爆炸压重
NPL	National Priorities List	美国国家优先事项清单
NRC	National Research Council	美国国家研究委员会
NSCM	Non-Stockpile Chemical Materiel	非储存化学物资
NSCMP	Non-Stockpile Chemical Materiel Project	非储存化学物资项目
NSCWM	Non-Stockpile Chemical Warfare Materiel	非储存化学武器物资
OB/OD	Open Burn/Open Detonation	露天燃烧/露天爆炸
OCONUS	Outside the Continental United States	美国本土以外的国土
OIPT	Overarching Integrated Product Team	顶层集成目标团队
O&M	Operations and Maintenance	运营和维护计划
OMA	Operations and Maintenance, Army	美国陆军运营和维护计划
OP-FTIR	Open-Path Fourier Transform Infrared Spectrometry air monitoring	开放式傅里叶变换红外光谱空气监测装置
OSD	Office of the Secretary of Defense	美国国防部部长办公室
PIG	Package In-transit Gas (container)	包装的气体运输容器
PINS	Portable Isotopic Neutron Spectroscopy	便携式同位素中子光谱仪
PMCD	Program Manager for Chemical Demilitarization	化学品非军事化项目经理
PMNSCM	Project Manager for Non-Stockpile Chemical Materiel	非储存化学物资项目经理
POM	Program Objective Memorandum	项目目标备忘录

续表

缩写	全称	中文翻译
PPBES	Planning, Programming, Budgeting and Execution	计划、规划、预算和执行
PPE	Personal Protective Equipment	个人防护装备
RCRA	Resource Conservation and Recovery Act	资源保护与恢复法
RCWM	Recovered Chemical Warfare Materiel	回收的化学武器物资
RDECOM	Research, Development, and Engineering Command	美国陆军研究、开发和工程司令部
RDT&E	Research, Development, Test, and Evaluation	研究、开发、测试和评估
RFI	RCRA Facility Investigation	RCRA 设施调查
RI/FS	Remedial Investigation/Feasibility Study	修复调查/可行性研究
ROD	Record of Decision	决策记录
RRS	Remediation Response Section (CARA)	修复响应部门
RSA	Redstone Arsenal	美国亚拉巴马州红石兵工厂
SCANS	Single Chemical agent identification set Access and Neutralization System	单次处理已识别化学毒剂的装置和中和系统
SDC	Static Detonation Chamber	静态引爆舱
SES	Senior Executive Service	高级行政职务
SPP	Site Prioritization Protocol	位点优先级协议
SPT CMD	Support Command	支持司令部
SRC	Single Round Container	单个圆形容器
STEL	Short-Term Exposure Limit	短期暴露限值
SWMU	Solid Waste Management Unit	固体废物管理单元
TDC	Transportable Detonation Chamber	移动式爆炸舱
TNT	Trinitrotoluene	三硝基甲苯
TOCDF	Tooele Chemical Agent Disposal Facility (Utah)	图勒化学毒剂处理设施(美国犹他州)
TPP	Technical Project Planning	技术方案规划
TRAM	Throughput, Reliability, Availability, and Maintainability	处理量、可靠性,可用性和可维护性
TSDF	Ttreatment, Storage, and Disposal Facility	处理、储存和处置设施
TU	Temporary Unit	临时单元
UMSC	Universal Munitions Storage Container	通用弹药储存容器
USACE	U. S. Army Corps of Engineers	美国陆军工程兵部队

续表

缩写	全称	中文翻译
USACMDA	U. S. Army Chemical Materiel Destruction Agency	美国陆军化学物资销毁局
USAEC 或 AEC	U. S. Army Environmental Command	美国陆军环境司令部
USAESCH	U. S. Army Engineering Support Center, Huntsville	美国陆军亨茨维尔工程支持中心
USATCES	USATCES U. S. Army Technical Center for Explosives Safety	美国陆军爆炸物安全技术中心
USD(A&T)	Under Secretary of Defense for Acquisition and Technology [renamed USD(AT&L)]	美国国防部副部长(负责采办与技术)
USD(AT&L)	Under Secretary of Defense for Acquisition, Technology and Logistics [formerly USD(A&T)]	美国国防部副部长(负责采办、技术与后勤),原称为USD(A&T)
USD (Comptroller)	Under Secretary of Defense Comptroller	美国国防部副部长总审计长
USD(I&E)	Under Secretary of Defense for Installations and Environment	美国国防部副部长(负责设施和环境)
UTS	Universal Treatment Standards	通用处理标准
UXO	Unexploded Ordnance	未爆弹药
VSL	Vapor Screening Level	蒸气屏蔽水平
WP	White Phosphorus	白磷
3X	Level of agent decontamination (suitable for transport for further processing) (obsolete)	毒剂洗消水平(适合传送至进一步处理)(陈旧弹)
5X	Level of agent decontamination (suitable for release for unrestricted use) (obsolete)	毒剂洗消水平(适合无限制使用)(陈旧弹)

目 录

第0章

概 要

根据20世纪初至20世纪中叶处置化学武器的结果，已知或怀疑在美国40个州中大约250个场地、哥伦比亚特区和3个地区埋藏有化学武器物资（CWM）。大部分CWM是以“小规模”的形式被零星发现，这就需要美国陆军具有将处理系统运送到这些地点，并对化学武器物资进行销毁的能力，并且要求美国陆军长期具备这种能力❶。未来最值得关注的、零星发现化学武器物资的地方是居民区（例如，美国华盛顿特区春谷市的部分地区现在已经成为城市中心区）和旧军事设施内的大型埋藏场地，例如美国亚拉巴马州的红石兵工厂（Redstone Arsenal，RSA）内长度超过5英里（1英里=1.61千米）的废弃沟渠。

不管是《关于禁止发展、生产、储存和使用化学武器及销毁此种武器的公约》（CWC，1997年生效），还是现有的美国法规，都没有要求对埋藏的CWM进行回收，但是越来越大的外部压力迫使相关部门必须对埋藏的CWM进行处理。对这些大型埋藏CWM场地进行检测、选择修复措施甚至关闭场地，都需要大量资金支持。仅在RSA，完全销毁埋藏的CWM和修复场地的费用估计高达数十亿美元。尽管目前尚无法预测完全修复所有埋藏CWM的成本，但美国国防部（DoD）开始计划在未来几年内为此投入数十亿美元。

相比于清理弹药和有害物质，美国陆军修复RCWM的规模正变得越来越庞大。目前，美国陆军临时负责处理CWM的机构，主要由美国陆军内约12个单位和美国国防部的若干个办公室组成。例如，由几个办公室联合编制化学武器销毁计划并获得专门的场地、设施和其他辅助设备；而一些办公室负责该

---

❶ 这种快速处理零散的化学武器响应通常被称为“消防站”功能。

计划中的相关行动的实施；另外的机构负责运送设备和人员。美国陆军工程兵部队（U. S. Army Corps of Engineers，USACE）、美国陆军部长办公室（Offices of the Secretary of the Army）和美国国防部长办公室（Offices of the Secretary of Defense，OSD）在制定政策、获得美国联邦资金、确定修复场地的优先级以及与项目监管者共同选择修复措施中都发挥着重要作用。

美国国家研究委员会（NRC）认为，美国陆军要求评估委员会审查这一不断变化任务的部分原因在于任务未来面临重大的变化，并且随着现有储存化学武器的销毁工作即将完成，任务的变化将更明显。埋藏CWM的回收审查任务研究的重点之一是非储存化学物资项目（NSCMP）的当前形势和未来发展趋势，NSCMP目前在修复回收的化学武器物资中发挥着核心作用，其由美国陆军化学物资局（CMA）监管。

评估委员会的主要任务是根据NRC对任务的解释说明，与美国陆军和美国国防部部长办公室（OSD）人员讨论的结果，结合组织间关系与美国DoD任务资金之间的联系，对修复任务所需资金进行审查。除了负责监督和资金监管外，评估委员会还被要求审查目前用于探测、挖掘、包装、存储、运输、评估和销毁埋藏CWM的技术工具以及将来可能需要的工具。第1章列出了评估委员会完整的任务说明，该评估委员会主要职责如下：

① 调查可疑CWM处置场地修复工作的组织形式，以确定处理方法是否适当并进行协调。

② 审查当前有关清理CWM场地的支持技术。

③ 根据对上述支持技术的审查，识别工作区域中存在的潜在问题，并研究和开发具有针对性的解决方法。

④ 有效协调参与调查、回收和清理非储存CWM工作的各个组织。

0.1 涉及CWM处置场修复的组织

无论是在计划事项中还是应急情况下，NSCMP都是CWM销毁作业经费和设备的主要提供方。对于预先计划好的事项，例如美国华盛顿特区春谷市和美国亚拉巴马州西伯特营地的修复工作，NSCMP通常会在USACE项目经理的指导下运作。而在应急情况下，例如对美国特拉华州多佛空军基地（Dover

Air Force Base）发现的75mm化学武器弹药进行销毁，NSCMP将按照内部操作规程进行处理。

NSCMP负责管理所有RCWM的评估和处置项目，包括确定处置成本、分配用于评估和处置的资金、制定项目时间表，以及向NSCMP管理部门提供相关文件并获得所需的批准。这些文件包括场地计划、场地安全许可、销毁作业计划和环境许可证。如果回收弹药被确定可能含有化学武器填充物，则必须将与该弹药密切相关的所有信息转发给物资评估审查委员会（Materiel Assessment Review Board，MARB），该委员会对弹药进行评估以确定其化学武器填充物和爆炸物结构。此外，执行NSCMP有履行《禁止化学武器公约》的义务。

NSCMP提供用于评估、储存和销毁回收弹药的设备，并有一个持续的计划来改进设备和开发新技术。

除MARB和USACE外，以下组织也参与了埋藏CWM的修复工作：美国第20保障司令部化学、生物、放射、核武器和爆炸物分析和修复行动小组（the 20th Support Command Chemical，Biological，Radiological，Nuclear and Explosives Analytical and Remediation Activity，CARA），美国埃居伍德化生中心（Edgewood Chemical and Biological Center，ECBC），美国陆军爆炸物安全技术中心（U. S. Army Technical Center for Explosives Safety，USATCES），美国国防部爆炸物安全管理委员会（Department of Defense Explosives Safety Board，DDESB）。

0.2 埋藏CWM的修复技术

评估委员会的其他职责包括：①审查用于清理CWM场地的技术并识别任何潜在的问题；②进行有针对性的研究和开发合适的技术以解决这些问题。例如，一般项目中会使用多种技术，如通过应用物探技术（通常是磁力计或有源电磁传感器），对可疑地下CWM定位。通过机械或人工挖掘发现CWM物件，监测现场周围的空气中是否存在化学毒剂。有资质的人员将可疑的CWM移走，如将其放入一个经批准的容器中，并从现场运输到仓库或临时存放设施（Interim Holding Facility，IHF）中，再进行评估。

将移动弹药评估系统（Mobile Munitions Assessment System，MMAS）运输到现场，将可疑CWM从仓库中取出，并利用该系统对CWM的内在填充物进行非侵入式检测。起关键作用的MMAS设备如下：

① 数字射线照相和计算机断层扫描设备（Digital Radiography and Computed Tomography，DRCT）；

② 便携式同位素中子光谱仪（Portable Isotopic Neutron Spectroscopy，PINS）；

③ 拉曼光谱仪。

事后再次将RCWM放置在临时存储区中，以等待MARB评估的结论。鉴于IHF可能不在现场的情况，需将RCWM装在经过美国运输部认证的多种圆形容器（Multiple Round Container，MRC）中，然后由CARA在公共道路上运输。

MARB对内在填充物进行评估后，将使用以下技术之一将其破坏或处理：

① 爆炸破坏系统（EDS）；

② 移动式爆炸舱（Transportable Detonation Chamber，TDC）；

③ 在真空集成舱内引爆弹药（Detonation of ammunition in a vacuum integrated Chamber，DAVINCH）；

④ 静态引爆舱（Static Detonation Chamber，SDC）。

如果RCWM是可识别批次的化学毒剂（Chemical Agent Identification Set，CAIS），则使用单次处理已识别化学毒剂的装置和中和系统（Single CAIS Access and Neutralization System，SCANS）对其进行销毁。上述处理过程产生的二次废弃物将被运送到商业设施中进行最终处置。

评估委员会对上述技术以下方面的研究和开发没有提出任何建议：

① 物探检测。其他组织在这一领域正在开展大型的研发计划。NSCMP的最佳策略是关注跟踪这些计划的发展。

② 个人保护设备，没有发现研发需求。

③ 常规挖掘设备，没有发现研发需求。

④ CWM包装和运输。NSCMP正在开发一种由高密度聚乙烯制成的通用弹药储存容器（详见第4章）。这种容器可以作为CWM的外包装，在销毁时无须将CWM从外包装中取出，可直接一起送入EDS中销毁。没有发现额外

的研发需求。

⑤ CWM 储存，没有发现研发需求。

⑥ SCANS，没有发现研发需求。

⑥ DRCT，没有发现研发需求。

⑦ DAVINCH 或 TDC 上使用的引爆技术。尽管根据应用情况可能需要对技术进行改进或使其更小型化，但仍未发现研发需求。

0.3 有针对性修复技术的研究与开发

建议在多个领域中选择有针对性的研发方案。

0.3.1 机器人挖掘设备

机器人技术的多功能性和可靠性不断提高。评估委员会认为，应该进一步研究和开发机器人挖掘技术，机器人技术在埋藏化学武器物资的修复领域具有广阔的应用前景。

【建议 6-1】美国陆军应证明机器人系统可以可靠地用于处理和清除埋藏化学武器物资，并且确定在不同情况下的适用性。

0.3.2 空气监测

当检测到的地下物体被挖掘出时，需监视该区域的空气中是否存在化学毒剂。微型化学毒剂监测系统（Miniature Chemical AgentMonitoring System，MINICAMS）便用于此目的。该系统较敏感，能够快速识别毒剂，但当毒剂源移除后，其难以快速恢复到正常状态，必须长时间停机才能从报警状态转变为正常状态。因此需要一种更灵敏耐用的便携式系统来进行实时的空气监测，以减少停机时间。NSCMP 正在资助开发的多种化学毒剂监测仪器可满足此需求。

0.3.3 评估回收的弹药

在 RCWM 被销毁之前，需要对每件物资进行评估，PINS 作为非侵入性检测技术可用于确定每件物资中所含的毒剂和爆炸物。尽管 PINS 是评估回收弹药的重要工具，但它并不完全可靠，可能错误标识弹药。因此需要对 PINS 分析方法进行改进，以提供更多确定性信息，以确定回收弹药中的化学毒剂填充物。

【建议 6-3】应对便携式同位素中子光谱数据的处理方法继续进行研究和开发，为鉴定回收弹药中的化学毒剂填充物提供更多确定性信息。

在对填充物和爆炸物含量进行 PINS 检测之后，MARB 审查了每个 RCWM 的所有可用信息并提出评估意见。尽管过程很严格，但涉及的过程过于冗长。未来的大型修复项目，例如在 RSA，可能需要对成千上万的弹药或已破损的弹药进行评估，确定内部填充物的类型和含量。当前使用的 PINS/DRCT/MARB 评估方法所需时间长，在处理大量弹药时，不能提供及时、足够的有关内部填充物的信息，另外得到的评估结果也不够准确，难以保证处理设备操作者的安全。

【建议 6-4】NSCMP 应建议修改现行的 PINS/DRCT/MARB 评估方法，或采用另一种替代方法。确保当在一个场地需要评估数万或数十万枚弹药时，评估方法仍能更好地发挥作用，并有更明确和更准确的结果。

① 销毁受污染的 RCWM。尽管上文中认为可以使用四种爆炸物销毁技术处理 RCWM，但是根据现有的信息，评估委员对四种爆炸物销毁技术的适用范围进行了判断，评估委员会只认为 EDS 和 SDC 销毁系统可以用于 RCWM 的销毁，而不确定 DAVINCH 和 TDC 销毁系统是否可以用于 RCWM 的销毁。

② 爆炸破坏系统（EDS）。NSCMP 正资助一项 EDS 改进计划，以提高 EDS 的销毁能力，包括使用蒸汽注入来减少完成 1 个周期处理的时间，以及开发一种对所有化学毒剂均有效的通用洗消剂。

③ Dynasafe 静态引爆舱（SDC）销毁系统。评估委员会认为，Dynasafe 公司的静态引爆舱销毁系统可用于大量处理烧过和破损的化学武器弹体（在这些弹体中可能含有残留的毒剂或炸药）。

如第 4 章所述，美国亚拉巴马州安尼斯顿化学毒剂处置设施（Anniston Chemical Agent Disposal Facility，ANCDF）使用 Dynasafe SDC 1200 设备销毁化学武器弹药，但在其使用过程中，遇到了许多问题，解决方法正在开发中。问题之一是一氧化碳（CO）有时不完全燃烧。鉴于此，Dynasafe 公司为其 SDC 1200 增装了热氧化器，从而可提供更多额外的氧气，以充分燃烧 CO。

【建议 6-5】 NSCMP 应该资助 Dynasafe 公司在标准 SDC 1200 上使用大氧化器的研究。如果如预期的那样，较大的热氧化器有助于提供过量的氧气，从而使 CO 燃烧得更加彻底，对该设备就应该考虑用更大的热氧化器取代现在使用的热氧化器。

自 SDC 销毁系统启动以来，喷雾干燥器不能有效防止二噁英和呋喃的形成，必须依靠废气处理系统中的活性炭吸附剂来捕获生成的二噁英和呋喃。此外，有时喷雾干燥器中形成的固体会积聚在其内壁上。可以采用类似 CH2M HILL TDC 中的工艺，取消喷雾干燥器并使用热交换器冷却引爆室中的热气体，从而提高销毁工艺的可靠性。

【建议 6-6】 NSCMP 应评估提高 Dynasafe 静态引爆舱系统的可靠性和成本收益，如采用水冷式换热器代替喷雾干燥器，并继续使用活性炭吸附剂捕获来自热氧化器废气中的二噁英和呋喃。如果存在处理废液（即废洗涤液）的问题，则 NSCMP 应考虑使用干式石灰注入系统替换碱性洗涤液。

在撰写本书时，ANCDF 正执行 Dynasafe SDC 1200 系统的主要工艺改进计划。该计划经过精心部署，有望提高工艺流程的可靠性。

【建议 6-7】 NSCMP 应该继续资助相关研究努力提高 SDC 的处理量和可靠性。

大型埋藏场所中的某些 RCWM 不包含爆炸物和引信等高能物质，但仍可能在其中检测到化学毒剂。有许多方法可将上述 RCWM 中的化学毒剂消除至≤1 蒸气屏蔽水平（Vapor Screening Level，VSL）或达到不受限制排放的标准。主要方法包括几种：

① 通过高温炉加工，包括类似于化学武器储存厂使用的熔炉。可通过商业公司运输至危险废物焚烧炉，再进行处理。

② 通过车底式炉进行处理。

③ 用洗消溶液进行处理，直到使用顶空法测得的气体浓度≤1 VSL。

④ 如上所述，使用 Dynasafe SDC 1200。

【建议 6-8】 NSCMP 应通过检测先前烧过和破损的弹体（这些弹体中仍含有可检测到的痕量毒剂或被毒剂污染的废金属）来评估 Dynasafe SDC 销毁 CWM 的能力。该评估应包括修改 SDC 进料系统参数、改变 CWM 在 SDC 舱室中停留时间以及调节废气处理系统。

0.4 当前执行 RCWM 任务的资金来源和组织结构

如前所述，美国陆军作为销毁非储存化学武器物资的执行机构，其组织架构模式必须调整，以便为美国 250 多个场所的 CWM 修复工作做好准备。当前的组织架构始建于 2010 年 3 月 1 日，当时美国 DoD 负责采办、技术和后勤的副部长［Under Secretary of Defense for Acquisition，Technology and Logistics，USD（AT&L)］正式指定美国陆军部长（the Secretary of the Army）担任 RCWM 任务的执行负责人（请参阅附录 C）。在 2011 年，美国陆军建立了一个临时 RCWM 任务综合办公室，以整合、协调和同步美国 DoD 的 RCWM 应急响应和相关行动。美国 USD（AT&L）的备忘录要求美国陆军向美国 DoD 提交 RCWM 任务的最终实施计划。但直至 2012 年 4 月 30 日，美国 DoD 和美国陆军内的相关负责人也没有完成 2010 年 3 月 1 日美国 USD（AT&L）备忘录中要求他们完成的工作。

【建议 7-1】美国陆军应按照美国 USD（AT&L）2010 年 3 月 1 日发布的备忘录中的要求，正式批准并提交一份回收和销毁埋藏 CWM 的最终实施计划。

0.4.1 资金问题

主要有三个资助计划在 RCWM 修复场地中发挥作用：化学毒剂和弹药处置、防御计划（Chemical Agent and Munitions Disposal，Defense，CAMD，D)、美国国防环境修复项目（Defense Environmental Restoration Program，DERP)、运营与维持（Operations and Maintenance，O&M）计划。评估委员会知晓以下获取资金的方式：

① CAMD，D 资金用于销毁储存的化学武器计划（Chemical Stockpile Elimination，CSE)、NSCMP 和其他计划。CAMD，D 与其他预算一样，美国国会需要每年对总统申请的项目预算进行批准和拨款。上述预算需求包括接下来 4 年的年度估计预算，以及项目全部完成时所需费用。预算会随实际情况

发生变化。尚未确定2017年以后该计划的年度资金，但是最新估计，完成该计划的费用比以前多了约20亿美元，所需时间比以前多了2年[1]。

② DERP是一项涉及面比较广的项目，既包括为早期现场调查和鉴定提供资金，也包括为修复工作提供资金。从该计划的定位来说，也包括对处理化学毒剂和含化学毒剂的弹药项目提供资金。但通常DERP资金用于RCWM场地上的常规弹药清理，以及场地检测和修复。一旦发现RCWM弹药，便无法再使用DERP资金，而将从CAMD，D获取资金用于RCWM的评估和修复。

③ O&M资金用于各军种现役训练场的运行和维护，包括训练场范围内的环境恢复。像DERP资金一样，O&M资金也不用于评估和修复RCWM。评估和修复RCWM费用需要使用CAMD，D资金。

美国DoD（以及作为RCWM负责机构的美国陆军）在使用这些拨款时要严格遵守美国国会的指示。但是评估委员会注意到，目前不允许将DERP和O&M资金用于RCWM评估和修复的做法可能不符合相关要求。

【建议7-2】 关于禁止使用DERP资金和O&M资金来评估和修复RCWM，美国国防部部长应寻求一项法律解释。如果确定只有CAMD，D资金可用于RCWM评估和修复，美国国防部部长应寻求立法机构来改变这一限制，以便允许DERP、O&M资助RCWM任务，并与CAMD，D资金合并。

美国OSD的两个部门和美国陆军部长办公室的两个部门，根据发现CWM的方式和地点来决定RCWM任务的权限和资金。美国OSD的两个部门分别是管理CAMD，D的美国国防部助理部长（负责核生化防御项目）[Assistant Secretary of Defense（Nuclear，Chemical，and Biological Defense Programs），ASD（NCB）]办公室以及管理DERP和O&M的美国国防部副部长（负责设施与环境）[Deputy Under Secretary of Defense for Installations and Environment，DUSD（I&E）]办公室，见图0-1。美国陆军部长办公室的两个部门，分别是管理CAMD，D的美国陆军助理部长（负责采办、后勤与技术）[Assistant Secretary of the Army for Acquisition，Logistics and Technology，ASA（ALT）]办公室以及管理DERP和O&M的美国陆军助理部长

---

[1] 美国陆军部队，装配式化学武器替代品。新闻稿“Department of Defense approves new cost and schedule estimates for chemical weapous destruction plants”2012年4月17日。马里兰州阿伯丁试验场。

（负责设施、能源与环境）［Assistant Secretary of the Army（Installations, Energy and Environment），ASA（IE&E）］办公室，见图0-1。可见该任务没有单一的领导者。此外，CAMD，D是大部分化学武器储存销毁计划的资金来源，目前NSCMP每年必须向CAMD，D申请预算并获得资金。。由于发现的CWM数量显著增加，这使完成储存销毁计划的时间已延长至2021—2023年[1]。随着储存销毁计划接近尾声，可以预期即便不是完全取消CAMD，D账户，该账户也将面临越来越大的资金压力。同时RCWM修复任务也面临诸多问题，例如需要解决修复任务中不断增长、持久长期获得资金问题与修复任务监督问题，而将其与其他长期的环境修复计划整合在一起，建立稳定的资金流可能是解决问题的途径之一。

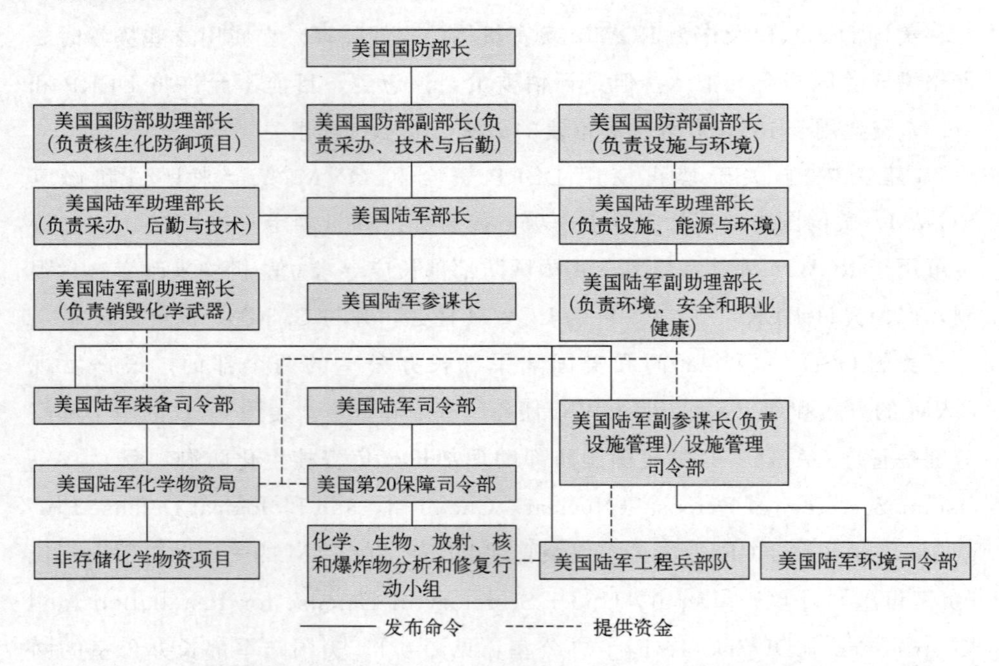

图0-1 当前与回收化学武器物资任务（RCWM）政策，监督和资金相关的组织结构图

【建议7-3】美国国防部长和美国陆军部长办公室应各自选择一个相关部门来支持和资助所有RCWM和CWM的修复。

[1] 美国陆军部队，装配式化学武器替代品。新闻稿“Department of Defense approves new cost and schedule estimates for chemical weapous destruction plants”2012年4月17日。马里兰州阿伯丁试验场。

在已知的大型埋藏场中，只有美国RSA曾努力收集可疑的埋藏弹药和埋藏场所的完整清单（请参阅第5章）。无法执行埋藏弹药（包括CWM）修复措施的部分原因是可疑埋藏弹药的种类、数量和地点的清单不完全。由于缺乏埋藏弹药的准确数据，这使RCWM任务难以估算全部成本，这限制了美国DUSD（I&E）、美国国防部审计长与美国ASD（NCB）和美国陆军协商并制定预算的能力，导致为新的单独RCWM任务账户制定适当的资金计划被推迟。

【建议7-4a】 作为紧急事项，美国国防部长应增加用于修复化学武器物资的资金，以使美国陆军能够在2013年之前完成已知和疑似RCWM的库存清点工作，并为该任务需要的总体资金筹措奠定量化基础，并可根据需要进行更新，从而建立准确的预算需求。在建立最终RCWM任务管理架构前，应由临时RCWM任务综合办公室的上级CMA主管CWM修复任务。

【建议7-4b】 作为RCWM任务的执行负责人，美国陆军部长应制定一项政策，以解决化学武器物资修复所有方面的问题，并优先考虑修复要求的优先级，而美国国防部长应确定新的长期资金来源以支持该任务。

【建议7-5】 美国DUSD（I&E）、美国国防部审计长应与美国ASD（NCB）以及美国陆军协调，立即着手建立一个独立的预算账户，以推进修复工作。根据美国USD（AT&L）于2010年3月1日签署的备忘录指示，确保将RCWM任务的资金需求写在2014—2018财年项目目标备忘录（Program Objective Memorandum，POM）中。

0.4.2 执行组织

美国ASD（NCB）和美国DUSD（I&E）办公室负责策划RCWM任务政策和规划资金事项（见图0-2）。对应的美国陆军内部，美国ASA（IE&E）和美国ASA（ALT）两个办公室参与相关RCWM任务。目前美国陆军开始建立一个长期组织来领导该任务的实施，并将管理权交给了ASA（IE&E）办公室。在陆军执行层，主要参与者是美国陆军助理参谋长（Assistant Chief of Staff，ACSIM）办公室及其现场运营机构美国陆军设施管理司令部（Installation Management Command，IMCOM）。评估委员会认为ACSIM办公室和IMCOM在整合陆军的清理要求（包括DERP和CAMD，D的要求）并将其以可辩护的POM和预算形式提出方面，做出了称职的工作。但管理IMCOM的美国陆军环境司令部（Army Environmental Command，USAEC）和USACE的工作仍有一些重复，值得美国陆军注意。

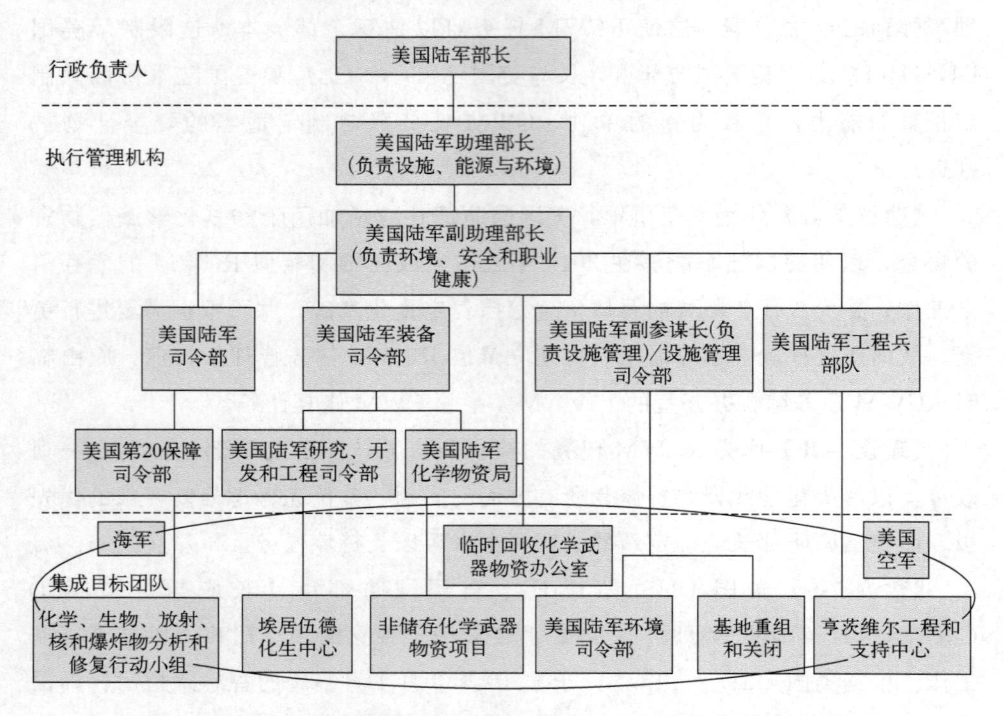

图 0-2　美国陆军执行回收化学武器物资任务（RCWM）的组织结构图

消息来源：改编自2011年9月26日J.C.金向委员会的介绍

【建议 7-6】美国陆军应检查负责RCWM任务机构的职能和职责，以达到消除重复性职能（如USAEC和ACE的部分职能）和节省资金的目的。

0.4.3　临时RCWM任务综合办公室

作为RCWM任务执行人的美国陆军，临时RCWM任务综合办公室（Integrating Office，IO）负责协调美国DoD的应急响应和计划的RCWM任务。根据图0-2中的结构，各成员组织建立团队。临时RCWM任务IO在等待美国陆军和美国DoD正式批准的同时举行了一些会议。评估委员会认为，临时RCWM任务IO的建立是朝着正确方向上迈出的一步，但仍存在一些重大问题。简而言之，临时RCWM任务IO负责人缺乏指挥权，在陆军组织中的地位和职级太低，无法对涉及 RCWM 任务执行负责。

在 CMA 管理的 NSCMP 和领导的 USACE 中，亨茨维尔工程与支持中心（Huntsville Engineering and Support Center，HNC）是执行紧急响应和计划 RCWM 任务的关键参与者。在 NSCMP 中，HNC 深度参与到规划和技术利用之中；而在 USACE 中，HNC 则负责 RCWM 任务进度管理、施工管理和合同管理。评估委员会还担心，在未来几年内用于储存计划的资金逐渐减少，CMA 不能在美国陆军中继续发挥支持作用，从而失去对 NSCMP 的持久指挥权。这些因素给 RCWM 任务带来了巨大的风险和不确定性，从而减少了应急响应或大型计划修复项目获得充分或可持续管理和资金支持的可能性。

【建议 7-7】美国陆军应重新检查 ECBC 和 CARA 的作用和职责，特别是在应急响应工作上消除重复工作内容。

【建议 7-8】美国陆军应审查执行 RCWM 任务的长期要求，目的是进行组织变革，以消除重复性工作，确保可持续的管理支持。

0.5　组织替代方案

根据上述发现的情况，评估委员会提出了两个重大组织变更方案（见图 0-2），以提高执行 RCWM 任务的效率及提升 RCWM 任务领导层工作的有效性和责任感。

根据评估委员会的结论，即临时 RCWM 任务 IO 及其领导层缺乏指挥权，并且在美国陆军组织中的地位太低，因此第一个变更是针对临时 RCWM 任务 IO 及其领导层的责任和工作有效性。如第 7 章所述，临时 RCWM 任务 IO 负责人 GS-15 的职级太低，将无法招募到一名能够有效领导完成任务的人员。评估委员会认为该职位应升级为具有高级行政职务（Senior Executive Service，SES）的文职人员或由将军级军官担任。

【建议 7-9】美国陆军部长应为具有高级行政职务人员（文职人员）或将军级军官（军人）设立新职位，以领导 RCWM 任务。担任这一职位的人将直接向美国陆军助理部长（负责设施、能源与环境）[Assistant Secretary of the Army（Installations，Energy and Environment），ASA（IE&E）] 报告。美国陆军部长应将有关 RCWM 任务执行的全部责任委托给任务负责人，包括方案制定、规划、预算编制和执行，以及对任务的日常监督、指导和管理。

按照先前的建议，RCWM 任务需要一名文职 SES 或将军级别的领导者，负责该计划的总体执行和问责。此人对美国陆军计划中的其他参与者具有指挥权，并通过与其他军种达成协议，在美国空军和美国海军的适当 RCWM 任务中拥有指挥权，主持并指挥一个新的 RCWM 任务顶层集成目标团队（Overarching Integrated Product Team，OIPT）。

评估委员会探索了在美国陆军中 RCWM 任务负责人的最有效汇报关系，认为最佳的汇报关系是任务负责人直接向美国［ASA（IE&E）］报告，授予负责人有效领导任务所需的权力和管理范围。新的 RCWM 任务 OIPT 将取代临时 RCWM 任务 IO，该 OIPT 由当前临时 RCWM 任务 IO 中各组织的高级代表和美国 OSD 的适当成员组成。OIPT 的成员应该在职级、知识和经验上匹配，其上级组织应授予他们决策权（见图 0-3）。

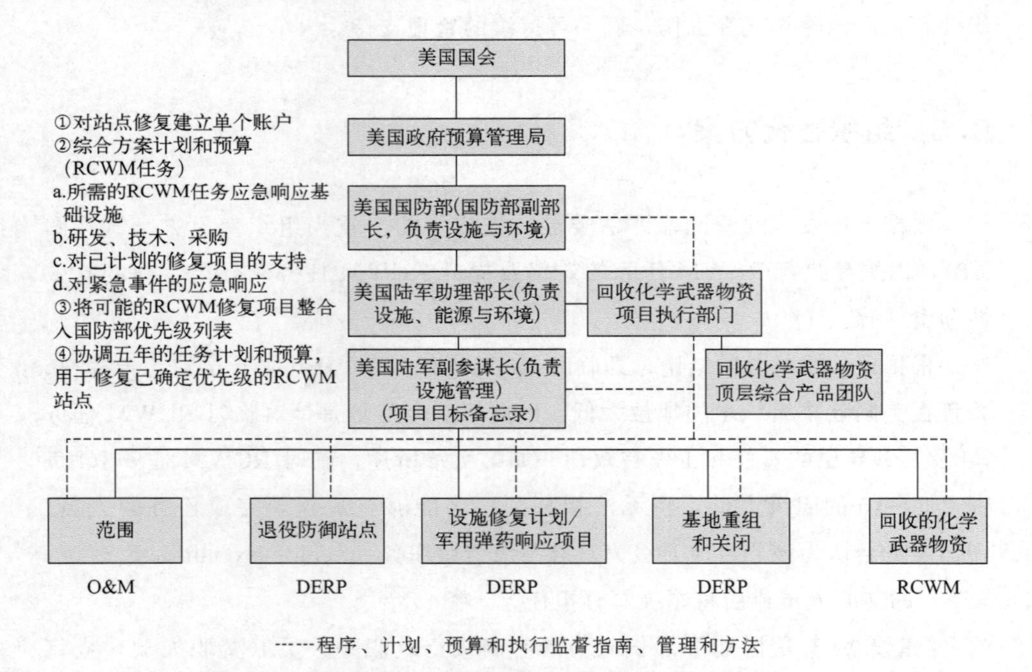

图 0-3 RCWM 任务未来的资金来源图

O&M—运营和维护计划；DERP—国防环境修复计划；RCWM—回收的化学武器物资

评估委员会评估的第 2 个变更涉及执行 RCWM 任务的组织。评估委员会评估了 NSCMP 长期汇报关系的几种替代方案，并选择了其中一种方案。选中的方案不但可提供任务执行的连续性，还具有成本效益的协同作用，而且还能建立持久的 NSCMP 汇报关系。

【建议 7-10】 美国陆军应将 NSCMP 的管理权从美国陆军物资司令部（the Army Materiel Command，AMC）/CMA 调整到 HNC。

【建议 7-11】 为了提供有效的过渡，新的任务负责人应与 ACE 的司令官和 AMC/CMA 签订谅解备忘录。谅解备忘录中概述 NSCMP 重新调整的汇报层级变化和过渡计划。

评估委员会认为，如果指派一名 SES 文职或一名将军全权负责 RCWM 任务的规划、计划、预算和执行，他们能够直接接触美国陆军和美国 OSD 的最高层，这对该任务的成功绝对至关重要。对于任务执行人和任务的有效性至关重要的是，在任务计划与预算的制定和维护期间，以及年度任务的执行期间，任务负责人必须拥有对 RCWM 任务的运营进行监督和管理、提供财务和运营指导、控制 RCWM 任务资金的权力和能力。

一旦设立了新的 RCWM 任务负责人职位和建议的 OIPT，美国陆军便可以开始将 NSCMP 的对接工作从 AMC/CMA 过渡到 USACE 下的 HNC。

【建议 7-12】 作为必要的第一步，负责设施和环境的美国国防部副部长［Under Secretary of Defense for Installations and Environment，USD（I&E）］、美国 ASD（NCB）以及美国陆军部长应立即着手执行 2010 年 3 月 1 日 USD（AT&L）备忘录中的指示。

评估委员会建议的美国陆军中执行 RCWM 任务的部门组织和权限，如图 0-4 所示。其中，将文职 SES 或向［ASA（IE&E）］汇报的将军级军官与 RCWM 任务负责人合并，RCWM OIPT 由 RCWM 任务负责人指导，确定了 RCWM 任务负责人的任务范围，对 USACE 下的 NSCMP 进行了重新调整。图 0-4 还给出了任务中各部门之间的隶属关系、任务授权和相互协调关系。

0.6 监管问题

CWM 储存与非储存项目的执行经验表明，监管方面的问题以及公众的参与度低可能会大大延迟项目实施并增加成本。用于实施 CWM 储存和非储存项目中的许多监管经验可用于修复埋藏的 CWM，以提高监管的有效性和效率。

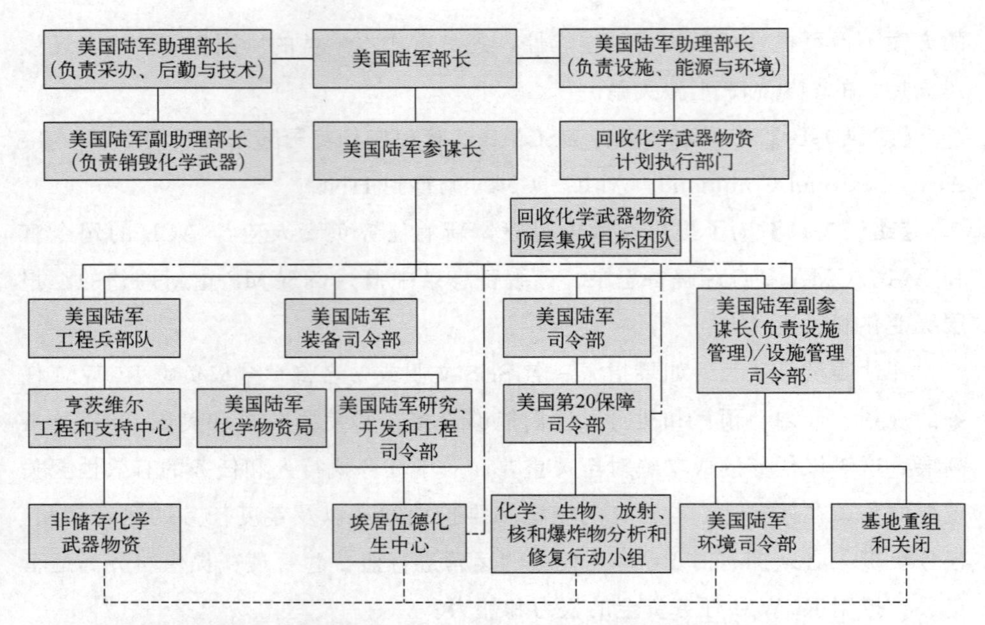

注意：任务授权是指RCWM任务授权负责人在所有RCWM任务的事务中对美国陆军相关部门进行日常监督、领导、管理和指导，包括计划和预算的规划和分配，以及RCWM任务的计划和预算的执行

—— 命令；-·— 任务授权；---- 协调

图 0-4　评估委员会建议的美国陆军中回收化学武器物资任务（RCWM）的部门组织和权限示意图

如第 3 章所述，必须依据适当的美国联邦和州环境法规并在遵守 CWC 的条件下进行修复活动。这些规定主要是《全面环境响应，赔偿和责任法》（Comprehensive Environmental Response，Compensation and Liability Act，CERCLA）和《资源保护与恢复法》（Resource Conservation and Recovery Act，RCRA），以及现有的《军用弹药响应项目的修复调查/可行性研究》（Military Munitions Response Program remedial investigation/feasibility study，MMRP RI/FS），并根据这些规定来指导埋藏 CWM 的修复工作。MMRP RI/FS 建议要依据美国陆军的技术项目流程，开展场地活动。评估委员会确定了几个需要注意的问题，包括：修复工作监管灵活性、沟通途径畅通性和风险可控性，但在对埋藏 CWM 的修复中，只有极少数站点具有足够的埋藏化学武器物资数据可用于选择修复技术；需要考虑在修复埋藏化学武器物资过程的工作活动范围内，出现的特殊情况，如使用改进行动管理单元（Corrective Action Management Unit，CAMU）管理修复废物；在 RCRA 修正法案中要求危险废物不能

存储 90 天以上；使用爆炸销毁技术销毁 RCWM 需要通过监管审批流程。

评估委员会还注意到在有关 RCWM 修复工作上，公众参与对美国陆军决策起重要作用。RCRA 和 CERCLA、《应急计划和公众知情权法》（Emergency Planning and Community Right-to-Know Act，EPCRA）以及美国 DoD 和美国陆军法规与政策中都包含公众参与的内容。例如，在美国华盛顿特区春谷地区的修复项目中，公众合作和高度参与项目被证明是最大程度地减少不必要的项目延误和修复成本的关键。有关监管问题和公众参与的发现和建议见第 3 章。

0.7　案例研究：红石兵工厂

在这个案例的研究中，评估委员会意识到美国亚拉巴马州亨茨维尔的 RSA 是美国现存最大、最复杂的 RCWM 站点（就化学武器相关物资的数量和种类、监管问题和现有用途而言）。RSA 是一个极佳的场地修复案例，评估委员会发现在这里进行修复工作时，存在任务说明阐述不清晰、支持技术不足和操作程序不完善等问题，而这些问题都需要有针对性地改进，可能还需要现有 RCWM 修复组织之间进行协调。评估委员会将以 RSA 为例，说明美国陆军在修复大型 CWM 场地时面临的技术挑战以及与当地社区关系的问题。与 RSA 相关的监管方面的结论和建议，请参见第 5 章。

第 1 章

绪 论

截至 2012 年初，美国陆军完成了一项复杂艰巨的工作，即销毁了 90％来自第二次世界大战和冷战时期由美国储存的旧化学武器和其他 CWM[1]。自 20 世纪中期以来，保存 CWM 的 6 个军事地点对其周围社区造成了巨大的风险，通过上述工作，消除了这些风险。而在接下来数十年，美国陆军将完全销毁其他两个军事地点储存的占总储量 10％的剩余 CWM。这项艰巨的工作已持续了几十年，并且将继续按照美国联邦和州对环境、健康和安全的要求执行。

上述第一阶段的工作即将完成，这项工作克服了来自科学、法规和政治上的不同障碍。但挑战性的任务仍然存在，并在未来二十年中变得越来越严峻。美国是《关于禁止发展、生产、储存和使用化学武器及销毁此种武器的公约》（简称《禁止化学武器公约》，CWC，1997 年批准生效）的缔约国。根据美国法律规定，属于上述物资并需要销毁的只有存储的 CWM（即大量储备）、被拆除的旧生产设施以及偶然从美国各埋藏地点发现并回收的 CWM（通常称为“零星发现”）（EPA，1980）。但是自第一次世界大战以来，已经发现和清点出成千上万种非储存类型的埋藏 CWM 物品。这些物品大部分是露天焚烧后，当做使用过的军用品被掩埋。按照《禁止化学武器公约》，上述发现的 CWM 不被视为已宣称属于“储存”CWM 的一部分。此外，由于 CWM 在埋藏地点对可用土地的侵占，给美国和美国 DoD 带来了巨大的麻烦。

在美国 40 个州中大约 250 个场地、哥伦比亚特区和 3 个地区埋藏了或被

---

[1] 参见 http：//www.cma.army.mil/aboutcma.asp＃的图表。访问日期：2012 年 4 月 10 日。

怀疑埋藏有CWM，其中包括一些大型埋藏CWM的场地（DoD，2007）。尽管如此，未来还可能会继续找到“零星发现”的许多被埋藏的CWM，这就要求美国陆军能够持续快速地将处理系统运送到埋藏地点［这种快速的响应能力通常称为“消防站（firehouse）”功能］。最受关注的埋藏点是——美国华盛顿特区春谷的住宅区场地以及传统军事设施中的大型场地，例如在美国亚拉巴马州的RSA内已经发现了超过5mile（1mile＝1.6km）的弃置沟渠。通常埋藏的CWM内包含有发射药或仍具有一定发射能力的哑弹，以及其他危险物质和废物的混合物，这些物品通常由美国DoD的军用弹药响应项目（MMRP）和其他修复计划负责清理。

无论是《禁止化学武器公约》还是现有的美国国内化学武器管理法规都没有涉及回收埋藏的化学武器。因此，决定CWM继续埋藏还是回收的关键在于是否使其变成RCWM，并根据相关国际条约将其销毁。由美国联邦和州环境法规推动的环境恢复工作来决定是否将CWM变成RCWM。此类决定本质上是针对特定地点的措施，因此需要考虑各个场地的独特情况，例如风险、可用技术的成熟度和适用性、是否有其他有毒化学品、现有和将来土地使用规划（例如有效设施或设施范围）以及费用。这些大型埋藏CWM的场地调查、修复方法选择和修复过程的成本可能高达数十亿美元[1]。尽管目前尚无法预测完全修复20世纪埋藏全部CWM所需费用，但美国DoD已制订一个为期数十年，价值数十亿美元的初步计划。当获得有关要回收CWM数量和状况的更多信息时，将对上述计划进行修订。

RCWM的修复项目正逐渐演变成一个非常庞大的计划，大大超过了现有的小规模弹药和有害物质清理计划。美国陆军为完成处理特定CWM进行了部门重组。美国陆军内部和美国DoD内部的许多办公室都参与了对现有RCWM站点的修复。目前，不同办公室负责不同工作内容，部分办公室参与研发并购买了专门的CWM销毁设备等，部分办公室则负责使用这些设备，而另外一些办公室则负责运送设备和人员。此外，USACE以及美国陆军部长办公室和美国OSD下辖的各级办公室在制定政策、获得美国联邦资金、确定修复场地的

---

[1] 2011年11月2日，国防部设施与环境部副部长办公室负责环境管理的黛博拉·A.莫尔菲尔德（Deborah A. Morefield）向委员会作报告——“从国防部设施与环境部的角度看补救行动”。

优先级以及与项目监管者共同选择修复措施中都发挥着重要作用。

由于任务范围发生了巨大的变化，以及所涉及的决策问题和组织问题的复杂性，美国陆军要求NRC重新审视这一新任务，以提高其处理效率。除了检查组织形式、职责和资金外，NRC还被要求审查现在和未来可用于检测、挖掘、包装、存储、运输、评估和销毁埋藏的CWM的技术及设备。

评估委员会为了获得最新的信息，可不受限制地接触参与RCWM修复过程的所有人员（包括获益方、监管机构）。该委员会将从与美国陆军工作人员与美国DoD工作人员、承包商与其他利益相关方的高效沟通中获益。

1.1 回收CWM问题的本质

美国陆军负责的NSCMP其任务是“向美国DoD提供管理和指导意见，以安全、环保、经济的方式处置非储存化学武器物资[1]”。因此，NSCMP一直致力于四个任务领域：

① 销毁二元化学武器物资；

② 销毁以前的化学武器生产设施；

③ 销毁《禁止化学武器公约》涵盖的其他化学武器物资，例如化学武器样品、空罐容器和金属零件；

④ 销毁回收的CAIS[2]和化学武器。

目前上述①、②和③已完成。自国家安全管理计划建立以来，一直致力于开展④的工作，并在可预见的未来会继续下去。

在过去20年中，美国陆军发布了数份报告，阐述美国DoD对曾洗消后埋藏CWM的定位、挖掘和销毁工作以及管理相关污染土壤或地下水方面可能所需承担的责任。因为多个机构使用不同的假设来制定预算，而这些假设涉及需要修复的地点数量，每个地点要挖掘、销毁或洗消的CWM数量，以及需要进行管理的被污染土壤或地下水的数量，以上数据的差别会导致任务成本估算差

---

[1] 劳伦斯·G. 戈特沙尔克（Laurence G. Gottschalk），PMNSCM，“非储存化学武器物资项目现状和最新情况”，2011年9月27日向委员会作报告。

[2] 从1928年到1969年可识别批次的化学毒剂（CAIS）被大量生产用于训练目的。一套CAIS可容纳多个玻璃容器，每个玻璃容器都装有一种糜烂剂或窒息剂。

异很大。RCWM任务为期30年生命周期总成本估计就有25亿美元到170亿美元之间的差异（DoD，2007）。

如图1-1所示，过去在5个地区进行任务④的工作内容包括：

a. 应急响应以及评估或销毁RCWM；

b. 计划的反馈、对计划和许可活动的支持；

c. 开展与美国陆军EDS/爆炸破坏技术（explosive destruction technologies，EDT）和PINS有关的研发工作；

d. 为CMA和负责装配式化学武器替代品（the Assembled Chemical Weapons Alternatives，ACWA）的陆军部门提供评估支持；

e. 海外地点的评估。

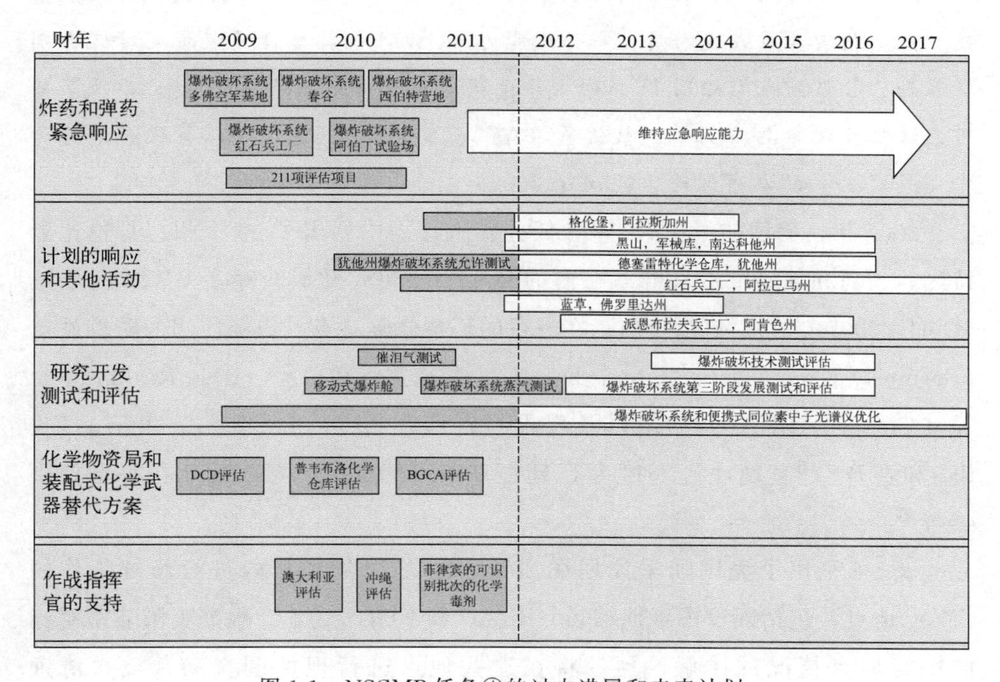

图1-1 NSCMP任务④的过去进展和未来计划

资料来源：NSCMP项目经理劳伦斯·G. 戈特沙尔克先生与NRC研究总监南希·舒尔茨的私人通讯，2012年3月7日

按计划美国陆军在美国阿拉斯加州、南达科他州、犹他州、亚拉巴马州、佛罗里达州和阿肯色州开展了工作。以上所列地点以及未列出的地点（请参阅下一节）预计包含大量埋藏的CWM，通过本报告的调查，建议可以推进修复

工作。

在2011年9月27日的NSCMP项目经理劳伦斯G. 戈特沙尔克向委员会的致辞中显示了大量的信息，包括以下内容：①已知或可能埋藏CWM的州；②在4个任务领域内，在过去或计划NSCMP行动的地点，开展了包括评估和销毁化学毒剂、设施和弹药，并研发相关销毁技术；③完成或计划销毁CWM的数量和类型。

1.1.1 美国非储存状态的CWM

DoD对CWM的定义如下：

通常CWM为一种装填在弹药中的化合物，旨在通过化合物的生理效应杀死、严重伤害人员或使人员丧失作战能力。CWM包括非弹药装填的神经毒剂V系列、G系列或糜烂剂H系列（芥子气）和L系列（路易氏剂）；以及某些可装填工业化学品［例如，氰化氢（AC）、氯化氰（CK）或二氯化碳（称为光气或CG）］的军事弹药。(DoD，2007)

2007年，美国陆军在RCWM任务实施计划中列出了35个州、哥伦比亚特区、关岛和美属维尔京群岛在内的249个已知或疑似的存在CWM的场地(DoD，2007)。它们包括目前正在进行的环境修复站点、曾经使用的防御站点(Formerly Used Defense Sites，FUDS)、基地重组和关闭（Base Realignment And Closure，BRAC）场地以及现役军事训练场（DoD，2007，表B-1，表B-2和表B-3）[1]。预计到2011年已知存在或可能埋藏CWM的州数将增加到40个[2]。

表1-1列出了美国陆军计划在2012—2018财年预算内进行修复工作的CWM地点，包括现役军事训练场、BRAC和FUDS场地。根据美国陆军对当前特定地点情况的了解，预计将在这些地点进行现场调查和（或）清理工作[3]。

---

[1] 根据传闻，还有699个地点存有化学武器。

[2] 劳伦斯·G. 戈特沙尔克（Laurence G. Gottschalk），PMNSCM，“非储存化学武器物资项目现状和最新情况”，2011年9月27日向委员会作报告。

[3] 陆军部环境司设施服务局副参谋长办公室负责设施管理的布莱恩·M. 弗雷（Bryan M. Frey）与NRC研究主管南希·舒尔特（Nancy Schulte）的个人通信，2012年2月3日。

表 1-1 美国陆军 RCWM 场地清单

设施名称	设施类型
美国亚拉巴马州红石兵工厂	现役军事训练场
美国阿肯色州派恩布拉夫兵工厂	现役军事训练场
美国马里兰州阿伯丁试验场	现役军事训练场
美国犹他州杜格威试验场	现役军事训练场
美国夏威夷斯科菲尔德军营	现役军事训练场
美国犹他州德塞雷特化学仓库	现役军事训练场
美国科罗拉多州普韦布洛化学仓库	BRAC
美国华盛顿特区春谷	FUDS
美国亚拉巴马州西伯特营地	FUDS
美国堪萨斯州前先令空军基地	FUDS
美国阿拉斯加格伦堡	FUDS
美国佛罗里达州威斯拉库奇	FUDS
美国南达科他州黑山	FUDS

资料来源：2012 年 1 月 18 日美国陆军环境司设施服务局副参谋长办公室负责设施管理的布赖恩·弗雷，向委员会作的报告。

已知和疑似有 CWM 的地点包括先前的制造点、先前的非军事化行动区、先前的存储区、处置沟槽和处置坑、化学武器示范区、测试场和培训设施。在《化学品非军事化计划管理》(第二版)(*Program Manager for Chemical Demilitarization*)(U. S Army，1996) 中的《调查和分析报告》可以找到关于早期埋藏化学武器可能情况的概述。

该报告的摘要中提到，“尽管查阅了文件、展开了访谈和实地调查，但有关埋藏 CWM 的许多信息仍然未知”。报告认为，对每个站点埋藏的 CWM 的性质所知甚少。具体如下：在这些可能埋藏 CWM 的站点发现的 CWM 包括 CAIS、迫击炮弹、空投炸弹、火箭、弹丸以及装在圆柱体中的毒剂、55gal (1gal=3.78541L) 的铁桶和吨箱 (Ton Containers，TC)，埋藏的化学毒剂包括但不限于糜烂剂 [芥子气 (H) 和路易氏剂 (L)]、神经毒剂 (GA、GB 和 VX)、窒息剂 [氰化氢 (AC)、氯化氰 (CK) 和光气 (CG)]。

美国陆军使用历史记录和文件，结合现场发现暴露的化学物资来确定每个场地的 CWM 数量、CWM 中可能包含的毒剂等最新信息，并且派专人与了解化学武器物资的退休美国陆军人员进行沟通。

1.1.2 研究内容

美国陆军对化学武器非军事化的工作正在从销毁应急响应计划中发现的较少量CWM、前化学武器生产设施以及在可能发生泄漏的地区定期发现的单个化学武器，过渡到CWM修复计划，并继续执行应急响应计划，但也回收和销毁或封存确定地点内处置坑和处置壕沟中发现的CWM。这项工作将在复杂的环境法规和指南中进行，本书还将对此进行研究。

本报告还讨论了NSCMP和ECBC负责的化学生物应用与降低风险（Chemical Biological Applications and Risk Reduction，CBARR）项目中需要开发和具备的能力，以进行应急响应并支持大规模的修复工作，而在美国华盛顿特区的春谷地区和美国亚拉巴马州西伯特营地的修复工作，表明已经具备修复埋藏化学武器大型场地的关键技术和经验。

美国联邦和州监管机构关注监管状况以及可用的技术和专业知识，他们倡导利用现有的技术和经验继续进行修复工作，一名参与美国亚拉巴马州RSA的州监管人员总结了在修复过程中的一些经验：

① 专业知识，技术和人员相结合；

② RSA的经济增长需要土地资源再利用；

③ 地下水会影响到修复场地及其周围地区；

④ 可能需要花费数年的时间来开发、设计和实施修复措施，以充分减少已知危害的暴露途径，并降低对人类健康和环境影响的风险[1]；

⑤ 如果工作从不开始，则永远不会完成[2]。

此外，本报告还确定了其他因素：

① 有些军事场所包括埋藏的化学武器、常规武器、工业污染物以及受污染的土壤和地下水。为了清理此类场所，项目负责人需要确保其清理能力能够应对所有潜在危害，包括CWM、常规武器和受污染的介质（土壤、水和空

---

[1] 暴露途径是指来自污染源的污染物到可能接触介质（空气、土壤、地表水或地下水）的途径，并对人类健康或环境构成潜在威胁。

[2] 2011年11月2日，亚拉巴马州环境管理局土地司危险废物处处长史蒂文·A. 科布（Steven A. Cobb）在委员会上的发言——“从州政策制定者角度看亚拉巴马州修复埋藏的化学武器”。

气）。根据《禁止化学武器公约》的规定，一旦确定某项物品属于公约涵盖的化学品类别之一，就必须采取措施公布并销毁该物品[1]。

② 一旦军事设施不再使用，该设施将极大可能转变为非军事用途。美国地方政府希望利用该设施获得税收，开发商希望将部分房产用于住宅或商业开发。在用于这些目的之前，必须清除埋藏的化学武器、常规武器和受污染的土壤，并且必须对受污染的地下水进行管控。

③ 建立机制，为修复工作提供资金。有关此主题的讨论，请参见第6章。

为了使用更有效和低成本的方式处理埋藏的化学武器，美国陆军和美国DoD内许多相关组织的作用和职责需要改变，本报告将解决该问题。

1.1.3 任务说明

NRC将建立一个评估委员会，主要职能如下。

① 对参与可疑CWM处置地点的修复机构进行调查，以评估和协调当前的工作。评估委员会至少会征求以下办公室/组织的情况简报：美国陆军副助理部长（负责环境、安全和职业健康）[Deputy Assistant Secretary of the Army，Environment，Safety and Occupational Health，DASA（ESOH）]；美国陆军副助理部长（负责销毁化学武器）[Deputy Assistant Secretary of the Army for the Elimination of Chemical Weapons，DASA（ECW）]；CMA；HNC；CARA；ECBC；以及其他直接参与的单位，这些单位在CWM埋藏地点修复中发挥了作用。

② 审查当前可用于清理CWM场地的技术。审查包括挖掘设备和技术、收纳设施、过滤技术、个人防护装备、监测、评估、包装、存储、运输（现场和州内）、销毁技术以及废物的存储和处置技术。

③ 根据对当前清理CWM场地技术的审查，确定工作区域中可能存在的问题，进行针对性研究并选择修复方案，致力于避免或减少可能出现的问题。

④ 非储存化学废物管理的调查、回收和清理活动的各组织之间要相互协

---

[1] 2012年1月6日，美国国防部负责核、生、化的副助理部长办公室化武条约管理主任林恩·M. 霍金斯（Lynn M. Hoggins）与NRC研究主管南希·舒尔特（Nancy Schulte）的个人通信。

调，以达到更高的工作效率。

1.1.4 针对任务说明的探讨

第 1 章概述了非储存化学物资非军事化的方案和计划，以及对此类物资所在场地的修复问题。

以下是对本书其余各章内容的介绍。每章都探讨了总体工作的一个方面和它如何影响目前的计划工作，以及如何向完成 CWM 大规模修复工作过渡。

第 2 章探讨了完成 NSCMP 所涉及的组织结构。简要介绍了 CWM 非军事化计划的历史，包括启动 NSCMP。列出并描述了管理 NSCMP 所涉及的众多美国 DoD 和美国陆军办公室与机构。描述了 NSCMP 与本书关系和 NSCMP 资金的流向。最后，讨论了在 NSCMP 支持下，执行 RCWM 修复任务而采用的管理方法。

第 3 章总结了 NSCMP 支持下 RCWM 任务的监管框架。近年来，对已知或可疑的化学武器埋藏场所（尤其是较大的埋藏场）进行修复的需求变得越来越紧迫。本章研究了造成这种情况的因素。介绍了《禁止化学武器公约》，它是管理与化学武器有关所有活动的条约。简要介绍了美国两个主要的监管法规《资源保护与恢复法》[*Resource Conservation and Recovery Act*，RCRA (EPA，1976)] 和《全面环境响应、赔偿和责任法案》[*Comprehensive Environmental Response*，*Compensation and Liability Act*，CERCLA (EPA，1980)]。最后，讨论了 NSCMP 在公众参与方面的作用和责任。附录 D 中提供了监管的背景信息。

第 4 章总结了目前 NSCMP 中使用过的技术和相关机构可供使用的技术，包括定位埋藏的化学弹药、挖掘弹药、评估弹药和销毁弹药等一系列技术。列出并讨论了上述技术在最新修复工作上的应用、最新进展以及 NSCMP 和其他机构支持的研发活动。

第 5 章介绍了美国规模最大、最复杂的化学武器物资埋藏地亚拉巴马州亨茨维尔 RSA 的情况，讨论了未来在此进行修复工作的相关内容，介绍发现和处置非储备化学物资的历史，列出了可能发现的军需品和其他物资。评估了当前在 NSCMP 支持下所具备的回收、销毁或洗消 CMW 的技术能力。描述了 RSA 的监管注意事项，以及机构间的合作理念。

第 6 章为在以下领域开展有针对性的研究和开发提供了建议：①弹药评估，②销毁完整的弹药，③对空的受污染容器进行洗消。

第 7 章继续对第 2 章介绍的 NSCMP 组织关系和资金流向的未来变化进行了讨论，研究 CMA 执行能力减弱的影响。然后，提出并讨论了关于改变 NSCMP 组织关系和为 CWM 场地提供修复资金的建议。

第2章

现行政策、经费、组织和管理实践

2.1 引言

本章描述了处理RCWM的现行美国联邦政策、资金计划和相关政府部门的职责，特别是美国DoD下属部门的作用，并简要回顾了在RCWM任务中逐步发展起来的管理方法与改进措施。政策讨论涉及采办项目的立法历史，以及相关美国DoD政策和程序指引。由于RCWM任务的特殊性，美国DoD多层级不同机构需要对其计划、规划、预算和执行方法进行审核。美国陆军办公室专门关注遗留化学武器的安全储存与非军事化，以及关注处理非储存化学武器物资修复行动。而美国DoD内RCWM任务的整体组织架构遵循美国DoD相关办公室现有的任务和职能。在现行美国DoD架构基础上融合处理RCWM任务的需求，形成了一套复杂的管理实践，本章将对此进行介绍。

本章重点介绍RCWM任务的现行政策、筹资组织和工作流程，而第7章将检验当前计划的执行结果、未来需求和不足，并以评估委员会对RCWM任务的各方面进行了全面的、带有前瞻性的指导而结束。

2.2 政策制定

2.2.1 政策发展的历史和组织概况（第一次世界大战—2007年）

第一次世界大战期间是美国化学武器销毁计划发展的初始阶段。美国和其他国家通过露天焚烧、陆地埋藏或海洋倾倒，销毁和处置过期或已不能使用的化学毒剂和弹药。20世纪60年代末，由于健康、安全和环境问题，上述方法不再使用，取而代之的销毁方法是化学中和法和高温焚烧法。20 世纪 70 年代，美国销毁了数千吨神经性毒剂和芥子气毒剂及其弹药，并扩大了销毁化学毒剂和弹药的研发计划。

美国是联合国《禁止化学武器公约》（CWC）的缔约国。1997 年 4 月 29 日，《禁止化学武器公约》生效。在 1997 年 4 月 29 日以前和之后，美国的国家政策都一直致力于销毁国内储存的全部化学武器，并回收销毁所有的非储存化学武器及物资。

在签署 CWC 之前，美国已经开始销毁其储存的化学武器，即储存化学武器销毁项目（Chemical Stockpile Disposal Program，CSDP）。此外，美国还开始清除与化学毒剂和化学武器有关的非国防物资，这些物资被定性为非储存化学物资（Non Stockpile Chemical Material，NSCM）。

由于装配式化学武器数量（二元化学武器等）巨大，并且在美国本土和夏威夷西南太平洋上约翰斯顿岛（Johnston Island）的 8 个储存点内还采用集装箱还储存了大量化学武器，这使化学武器非军事化项目经理专注于储存化学武器的非军事化。

界定非储存性物资和材料的类别是 NSCWM 的工作主要内容，这可以采用界定和确认储存性化武器大致相同的方法来实现。非储存性化学武器物资包含以下五类（U. S Army，2004c）：

① 二元化学武器；

② 以前制造化学武器的生产设施及相关物品；

③ 直接用于化学武器的各种物资，如未装填弹药和辅助设备；

④ RCWM—埋藏的 CAIS、化学武器，从未储存在储存库中的化学武器物资，以及在诸如训练场清理等活动中发现的化学毒剂；

⑤ 20 世纪 60 年代末采用露天焚烧、陆地埋藏和海洋倾倒方法处理化学武器均已经接近结束，但埋在地下的化学武器还有待处理。

美国陆军化学武器非军事化总体方案关注于前三类 NSCWM 的处理。截至 2011 年 7 月，前三类的处理已经完成[❶]。剩余的两类是本次研究的主要内容。

---

❶ 劳伦斯·G. 戈特沙尔克（Laurence G. Gottschalk），PMNSCM，“非储存化学武器物资项目现状和最新情况”，2011 年 9 月 27 日向委员会作报告。

图 2-1 是与 RCWM 任务、目前政策、资金和监督有关的组织机构图。图的目的是确定讨论的范围，并帮助读者了解 RCWM 任务涉及各个办公室的名称、首字母缩略词以及相关职责。更多细节将在随后的章节中提到。本章接下来将提供第二张总体结构图，以突出目前参与执行 RCWM 任务（即实施）的组织。

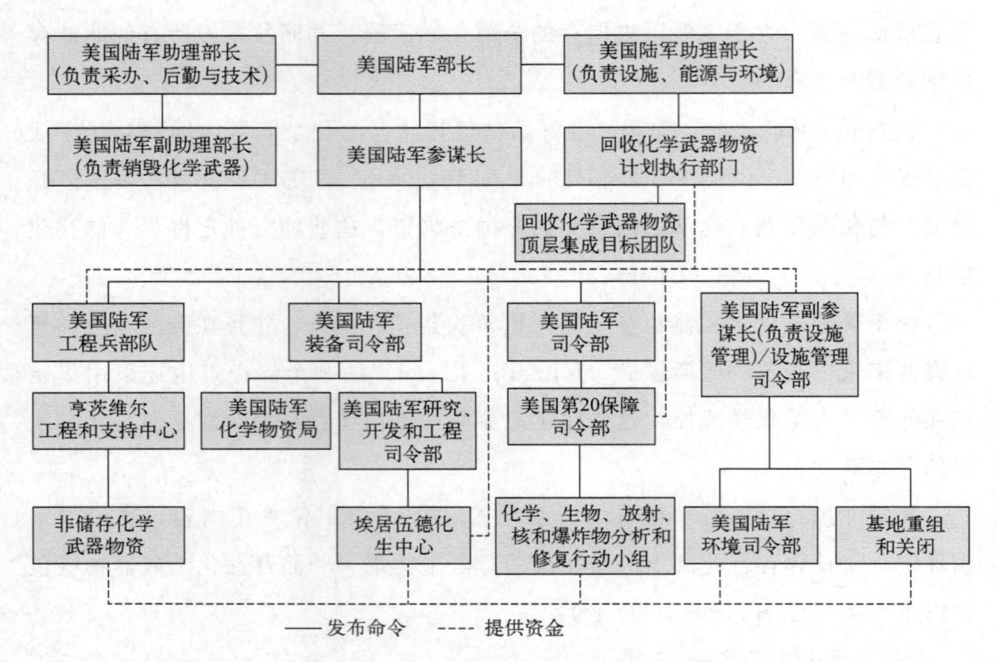

图 2-1 RCWM 的政策、资金和监督的组织机构图

资料来源：评估委员会根据收集的信息和新闻编写

2.2.2 指示和指令发布的年表和背景

在解决清除 NSCWM 过程中，过多指示和指令被发布，这造成了整个军队的职责过于分散，因此审查这些与销毁 NSCMW 有关的大量指令年表有助于任务和责任的整合。

1984 年，美国国会制订了 DERP❶。它结合 1986 年❷的《超级基金再授权

❶ 《美国法典》第 10 篇第 2701 和 2810 条。DERP 是根据 1986 年《超级基金修正和再授权法案》(SARA) 第 211 条设立。

❷ 见 http://epw.senate.gov/sara.pdf。访问日期：2012 年 4 月 10 日。

法案》要求美国国防部长实施 DERP。美国国防部部长指定美国 DUSD（I&E）办公室作为美国 DoD 规划、政策和监督机构。然而，DERP 不支持处理化学武器。并且从 20 世纪 80 年代末 BRAC 行动开始，DERP 重点支持的方向转向清理 FUDS。随着 DERP 的加强，美国陆军又指定美国 DASA（ESOH）办公室为主要执行机构。

1985 年 11 月，随着第 99～145 号法令的通过，美国国会要求销毁美国储存的致命性化学毒剂和单一化学弹药。美国 DoD 指定美国陆军为执行机构（Executive Agent，EA）。

美国陆军于 1990 年 4 月 23 日发布了条例 AR 200-1（U. S Army，2007a），非常详细地阐述了 DERP 的作用和责任。但是，DERP 不支持处理非储存性或储存性化学武器和物资。条例 AR 200-1 提到了 AR 50-6“化学安全保证（Chemical Surety）”（U. S Army，2008a），AR 385-10“美国陆军安全计划（The Army Safety Program）”（U. S Army，2007c），美国陆军手册 50-6“化学事故或事件响应与援助行动（Chemical Accident or Incident Response and Assistance，CAIRA）”（U. S Army，2003a），这些法规规定了处理化学毒剂的要求、政策和程序。

1990 年 10 月 9 日，美国国会众议院国防拨款委员会在众议院报告 101-822 中表示，行政部门内部销毁化学武器和副产物的责任过于分散可能导致工作重复、效率低下、成本过高，并危及安全和环境。拨款委员会责成美国国防部部长制订一个总体计划，“使美国 DoD 所有化学武器销毁活动的任务由一个办公室负责，该办公室应全面负责整个计划的执行”[1]。1991 年 3 月 13 日，美国国防部副部长任命美国陆军部长为美国国防部化学武器非军事化行动的执行机构负责人，工作包括“非储存化学弹药、毒剂和副产物的非军事化”。

1992 年，《国防授权法》（*The National Defense Authorization Act*，NDAA）[1993 财年（P. L. 102-484）[2]] 要求美国陆军部长向美国国会提交一份报告，说明美国陆军需要销毁的所有美国化学武器物资未涵盖 NDAA 第 1412 节

---

[1] 众议院报告 101～822，拨款委员会报告，附于 H. R. 5803，国防部拨款法案，1991 年，第Ⅵ篇，第 239 页，美国众议院，1990 年 10 月 9 日。

[2] H. R. 5006，《1993 财政年度国防授权法案》，公法 102-484，第 161 节，（d）段，销毁非储存化学材料，美国众议院，1992 年 10 月 23 日。

1986 条（《美国法典》第 50 卷第 1521 节）的内容，而一旦美国成为 CWC 的缔约国，以上物资将被要求销毁。

1992 年 11 月联合国大会批准了 CWC，禁止生产和使用化学武器，并为销毁所有储存的化学毒剂和武器、前化学武器生产设施和各种化学武器物资创造了条件。CWC（美国为其缔约国）于 1997 年 4 月生效。

根据 P. L. 102-484，美国陆军创立了 NSCMP，用于安全评估、处理和销毁不属于申报储存的化学武器。美国陆军还支持设立了化学武器销毁局(Chemical Material Destruction Agency)，这使销毁化学武器的工作合并到一个办公室，并将 EA 的责任交给美国陆军助理部长（负责设施、后勤与环境）[Assistant Secretary of the Army for（Installation，Logistics and Environment，ASA（ILE)] 办公室，该机构在 1995 年之前一直承担销毁储存和非储存化学武器和化学武器物资的职责。

1994 年 12 月，负责采办与技术的美国国防部副部长 [Under Secretary of Defense for Acquisition and Technology，USD（A&T)，后又改称为 USD (AT&L)][1]，将整个化学武器非军事化项目重新划定为 Ⅰ 类采办项目（Acquisition Category Ⅰ，ACAT Ⅰ)，由负责研究、开发和采办的美国陆军助理部长 [Assistant Secretary of the Army for Research，Development and Acquisition，ASA（RDA)] 管理项目。根据法律的要求和美国 DoD 指令，国防采办委员会（the Defense Acquisition Board，DAB）对 ACAT I 项目各阶段进行审查，美国 USD（A&T）担任 DAB 主席。

一名经验丰富的化学部队总干事被选为化学品非军事化项目经理(Program Manager for Chemical Demilitarization，PMCD)，这使化学武器非军事化项目与美国陆军其他主要项目处于同等地位。PMCD 直接负责储存项目的管理。此外，在化学武器非军事化项目办公室内设立了一名非储存产品经理[2]，向 PMCD 汇报工作。AMC 下属的 CMA 提供技术和系统工程专业支持。

1997 年 2 月 21 日，条例 AR 200-1 进行了全面更新，从表面上看是因为

[1] USD（A&T）随后更多为负责采购、技术和后勤的国防部副部长 [USD（AT&L)]。

[2] 这个职位更名为“项目”经理。

逐渐加强的BRAC行动增加了FUDS环境清理的压力。更新后的条例仍然非常详细地介绍了DERP，但仅包括了一份关于RCWM处置的一般性声明，它提到了与NSCMP政策相关的美国陆军条例AR 50-6与AR 385-61和程序手册50-6。

1997年4月29日，第67个国家批准了CWC后，该公约正式生效。该公约要求缔约国报告并销毁单一储存的化学武器和NSCWM。从1997年到2007年，化学武器非军事化项目继续作为ACAT I向美国ASA（ALT）报告。监督和阶段审查仍由DAB负责。

2003年9月，美国国防部审计长（DOD Inspector General，DODIG）提交了一份报告，建议美国国防部各部门的环境办公室确定、安排并资助处理来自现役设施、BRAC设施中埋藏的CWM（DoD，2003、2010）。

2005年5月，美国USD（AT&L）批准将埋藏CWM回收和销毁中的监督和政策指导责任从美国ASD（NCB）移交给美国DUSD（I&E）的报告（见图2-1）。在上述报告中，美国USD（AT&L）指示美国陆军部长与美国DUSD（I&E）协调制订一项实施计划，以回收和销毁受DERP资助的现役设施和FUDS内埋藏的CWM。在美国USD（AT&L）给美国国防部部长的一份报告中表示，能否完成该计划将成为美国国防部部长决定是否指定美国陆军部长作为回收和销毁埋藏的化学武器物资EA负责人所需考虑的几个因素之一。至少，该计划要解决以下问题：

① 将相关资源合并到一个美国陆军办公室；

② 项目范围；

③ 残留污染物的鉴定、销毁和清除；

④ 根据CWC要求，申报尚未发现的化学武器和化学武器相关物资的计划；

⑤ 可用资源；

⑥ 未来几年美国国防计划的资金需求；

⑦ 生命周期成本需求（DoD，2005）。

2007年9月20日，美国陆军部长在“回收化学武器物资（RCWM）任务实施计划（回收和销毁埋藏化学武器材料）”中回应了美国USD（AT&L）提出的任务内容（DoD，2007）。美国陆军2007年RCWM任务实施计划的细节及其对 RCWM 任务的影响将在第 7 章讨论。

截至 2008 年 7 月 28 日，条例 AR 50-6 已完成全部修订。该条例中规定的主要职责概括如下：

① 除其他事项外，美国 ASA（IE&E）作为主要陆军部长办公室，负责与 CWM 回收有关的美国陆军事务。

② 美国 ASA（ALT）负责化学毒剂非军事化。

③ 所有美国陆军司令部和美国陆军军种部队司令部都必须坚持化学武器物资保证计划，并指定一名化学武器物资安全负责人。

④ AMC 需要培养一支专门的部队以应对化学设施或化学毒剂运输过程中发生的事故或事件。

⑤ 美国陆军司令部委托美国第 20 保障司令部为保障计划实施提供技术支持。

⑥ 对于美国陆军设施上的 CAIRA，美国陆军条例要求驻军指挥官与驻军化学武器物资负责人联合制订报告和响应计划。

⑦ 条例 AR 50-6 要求对发现可疑化学武器物资后展开行动，但总体管理方法和责任不明确，需要完善。

2.3 经费

美国国会授权批准总统年度预算中的项目，并为实施这些项目拨款。在大多数情况下，一个项目的经费只能用于该项目内的活动（即不得与分配给其他项目的资金混合，并用于其他目的）。对于 RCWM 任务，由 CAMD，D 单独供资（见图 2-2）。CAMD，D 是在修复工作的某些方面或阶段经常发挥作用的三个主要资金来源之一。美国国会对每一项资助均有使用限制并要求行政部门（主要是美国 DoD）仔细协调和说明这些资金的使用情况。在许多地点，RCWM 与常规弹药一起被埋藏，这使得每种情况下，对工作和资金进行合理核算将变得复杂和费用巨大。对于涉及 RCWM 的行动，另一个可预见的复杂情况将出现，即由于 CAMD，D 是为了销毁储存的化学武器而设立，一旦储存的化学武器被完全销毁并且修复了销毁地点（预计大约在 2023 年），由 CAMD，D 资助的资金预计也将到期，这使未来 RCWM 任务的资金成为问题。

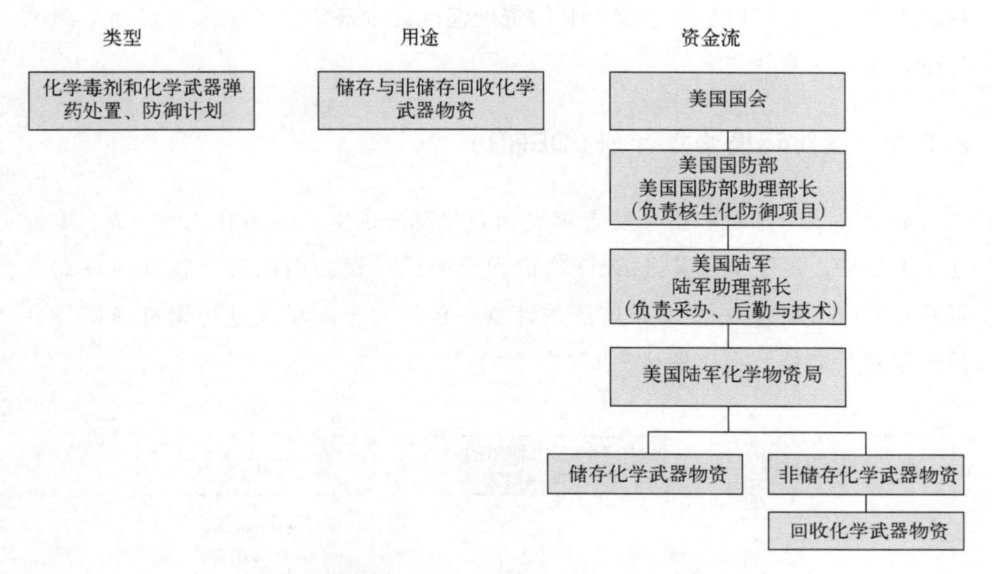

图 2-2　化学毒剂和弹药处置、防御计划（CAMD，D）的经费

接下来将介绍可能在 RCWM 场地发挥作用的三个资金计划。

2.3.1　化学毒剂和弹药处置、防御计划（CAMD，D）

如 2.2.2 节指示和指令发布的年表和背景所述，1985 年根据 P. L. 99-145 法案，美国国会要求销毁化学武器。美国 DoD 要求 CAMD，D 账户提供资金，并成为其年度预算的一部分。CAMD，D 拨款资助范围包括 CSE、CSEPP、ACWA 项目以及 NSCMP（为销毁 RCWM 提供资金）。2013 财年 CAMD，D 预算申请为 13 亿美元（2011 财年和 2012 财年均为 15 亿美元），其中约 1.32 亿美元用于 NSCMP 的运行、维护、研究、开发、测试和评估（Research，Development，Test，and Evaluation，RDT&E）以及采购[1]。RCWM 的评估和销毁通过 CAMD，D 资助完成。CAMD，D 对 CSE 和 CSEPP 的资助将持续减少，因为销毁储存的化学武器已经完成了 90%。资助 ACWA 项目用于销毁剩余 10%储存的化学武器，直到销毁工作完成，随后相关设施将被拆除。目前对 NSCMP 资助将持续到 2017 年，预计在 ACWA 项目未结束前都将继续提

[1] 摘自《化学毒剂和弹药销毁》，国防部 2013 财年预估总统预算。见 http：//asafm. army. mil/Documents/OfficeDocuments/Budget/BudgetMaterials/FY13//camdd. pdf。访问日期：2012 年 4 月 16 日。

供资金[1]。2017 年以后对 NSCMP 的资助情况尚未确定。关于未来资助来源的讨论，见第 7 章。

2.3.2 国防环境修复计划(DERP)

如 2.2.2 节指示和指令发布年表和背景部分所述，美国国会于 1984 年设立了 DERP，用于清理美国 DoD 现役和曾使用过设施内的废弃物（现役训练场除外）。DERP 是一个非常广泛的计划，包括为早期场地进行调查和特征分析，以及后期修复提供资金[2]（见图 2-3）。

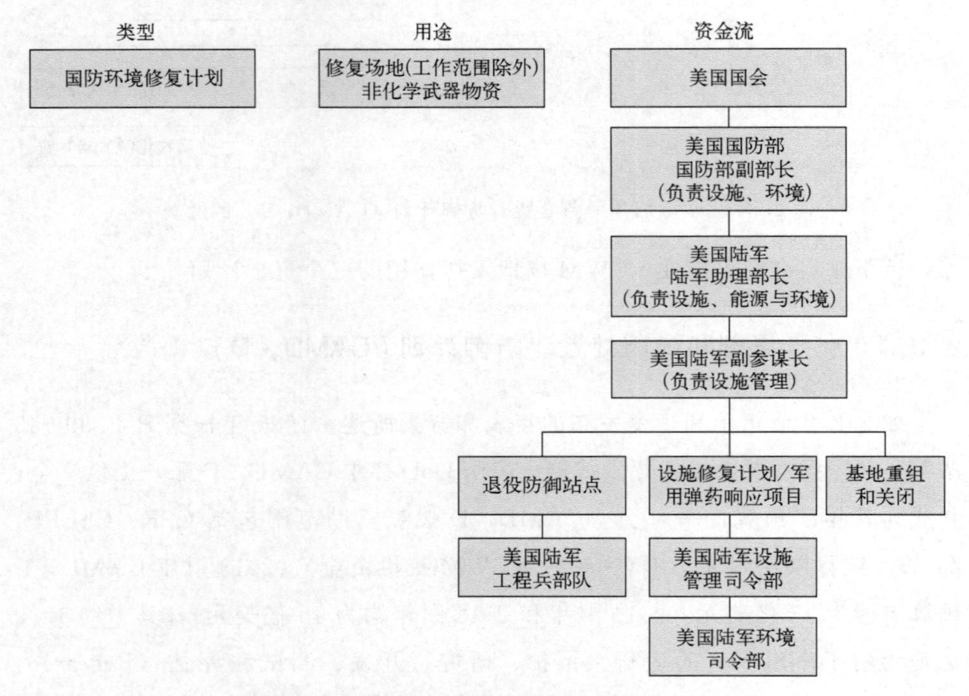

图 2-3 美国国防环境修复计划（DERP）经费

DERP 包括三个主要项目：

① 设立设施修复计划（Installation Restoration Program，IRP）。这为美国 DoD 现役设施内的废弃物清理提供资金。2002 年设立的军用弹药响应项目

---

[1] 摘自《化学毒剂和弹药销毁》，国防部 2013 财年预估总统预算。见 http：//asafm. army. mil/Documents/OfficeDocuments/Budget/BudgetMaterials/FY13//camdd. pdf。访问日期：2012 年 4 月 16 日。

[2] RCWM 修复适用于 RCWM 弹药及其造成的污染的评估、处理和废物处置。

(MMRP) 适用于清理未爆弹药 (Unexploded Ordnance, UXO)、废弃军用弹药 (Discarded Military Munitions, DMM), 以及可能存在于军事设施内的弹药组分[1]。

② 退役防御站点 (FUDS) 的清理项目。FUDS 提供资金用于清理以前美国 DoD 拥有、租赁或以其他方式拥有而现在属于其他组织所有场地上的废弃物。根据 AEC 准备的一份情况说明, 有 9900 多处潜在的 FUDS 和计划或正在对 3000 多处已经评估过的场地进行清理。一个 FUDS 可能由多个清理场地组成。然而, 每年都会启动新的 FUDS 清理项目。截至 2007 年, FUDS 中有超过 4600 个场地正在进行清理[2]。

③ 基地重组与关闭 (BRAC) 清理项目。该项目资助 BRAC 清理工作, 但在美国国会授权的各个 BRAC 场地中, 由于许多关闭的美国 DoD 场地在移交给下一个拥有者之前需要清理, 并进行财产转移, 所以与美国 DoD 其他目前仍服务的场地分开资助。用于上述清理要求的 BRAC 资金不用于修复军事行动范围内的 RCWM, 而这部分费用则由 CAMD, D 资助。

注意《MMPG 管理手册》(U. S Army, 2009 c) 中第 5.3 段的声明: 当场地符合国防场地的条件或来自国防场地的军需品放置到非国防场地, 以及军需品从非国防场地迁移到另一个非国防场地时, 拨给美国陆军环境响应计划 (ER, A) 账户的资金, 可用于鉴别、调查、清除、修复或用于清除-修复工作, 以处理未爆弹药、非军事弹药和 (或) MRRP。

然而, 需要注意, DERP 资金通常用于清理美国 DoD 的废弃物和 RCWM 场地的常规弹药, 并仅用于场地定性和修复, 以及确认是否为 RCWM 弹药。如果确认为 RCWM, 通常的做法是转而使用 CAMD, D 经费来处理和修复 RCWM。

2.3.3 运营与维护计划 (O&M)

O&M 是美国 DoD 的一项重要计划 (每年经费约 2500 亿～3000 亿美元),

---

[1] 军用弹药包括武装部队为国防和安全生产或使用的所有弹药产品和部件。该术语是指化学毒剂和防爆剂、烟雾剂和燃烧剂, 包括散装炸药和化学毒剂、化学弹药和火箭弹。废弃军用弹药是指未经适当处置而被遗弃的军用弹药, 或为处置目的而从军用弹药库或其他储存区移出的军用弹药。

[2] 美国陆军工程兵部队概况介绍。"Formerly Used Defense Sites Program". 见 https: //environment. usace. army. mil/downloaddbfile. cfm? file _ id = C98708FB-188B-313F-1B2BBF5FFBB85FA1。最后访问日期: 2012 年 6 月 4 日。

为美国 DoD 的各种需求提供资金，包括招募、培训、设备的日常维护、燃料、运营、战争需求等（见图 2-4）。O&M 通过不同的项目将经费分配给所有公共服务系统以满足其需求。例如，分配给美国陆军的资助项目通常称为美国陆军运营和维护计划（Operations and Maintenance，Army；OMA），分配给美国海军资助项目标记为（Operations and Maintenance，Navy；OMN）等等。在大规模处理 RCWM 的背景下，O&M 资金用于美国军队现役训练场的运行和维护，包括军事区域的环境修复。与 DERP 一样，O&M 资金不用于修复作战训练场内的 RCWM。相反 CAMD，D 经费可以资助上述活动。

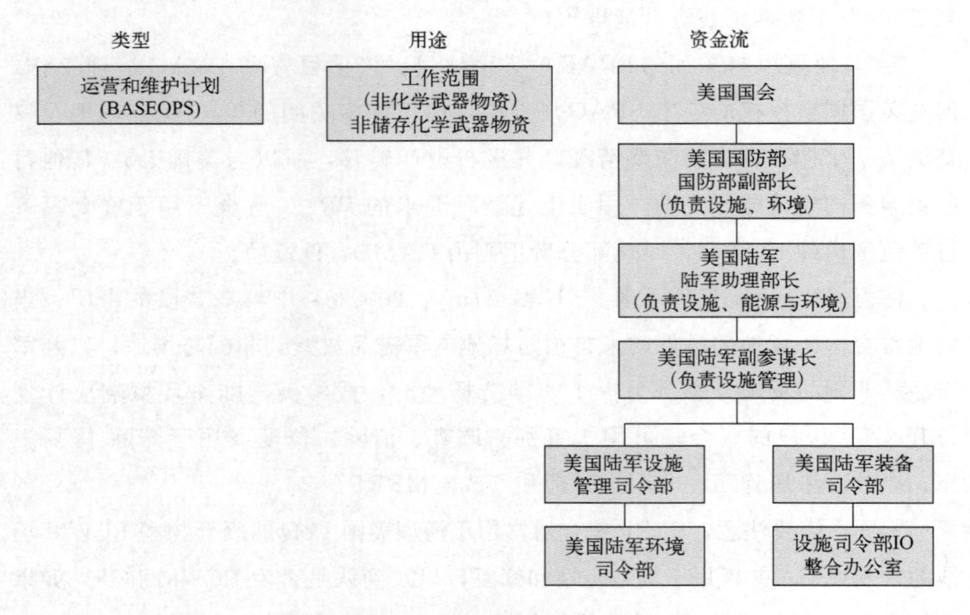

图 2-4 运营和维护计划（O&M）经费

注意：处理回收的化学武器物资必须使用 CAMD，D 的经费

DoD（和作为 RCWM 任务 EA 的美国陆军）必须严格遵守美国国会关于使用上述各种拨款的指示。实际上，由于一旦发现 RCWM 就必须停止工作，直到有适当资金和人员参与。因此，工作被中断，会增加评估和修复 RCWM 以及修复该地点常规弹药的成本。另外由于 CAMD，D、DERP 和 O&M 经费由不同的组织机构管理，并且通常 RCWM 任务需求的经费低于其他需求，因此经费管理者必须针对这些意外带来的影响调整各自的预算。第 7 章包含了 RCWM 任务资金结构的详细分析、发现和建议。

2.4 组织机构

本节概述了为RCWM任务制订计划、规划、编制预算和执行中发挥重要作用的政府组织。主要参与者是美国DoD各级办公室。本节提供的信息大部分来自各办公室代表向评估委员会所作的报告。承包商在RCWM任务中发挥非常重要的作用，尤其是在政府设施的规划、设计和施工以及弹药处理场的修复方面。由于这些承包商是在政府监督下从事特定范围内的工作，本章不区分政府机关和雇员执行的任务，也不区分承包商协助他们完成的任务。

图2-5提供了与实施RCWM任务相关办公室的隶属关系。其中几个办公室还参与了该任务的政策制定、资金管理和监督执行，这在前面已经说明。

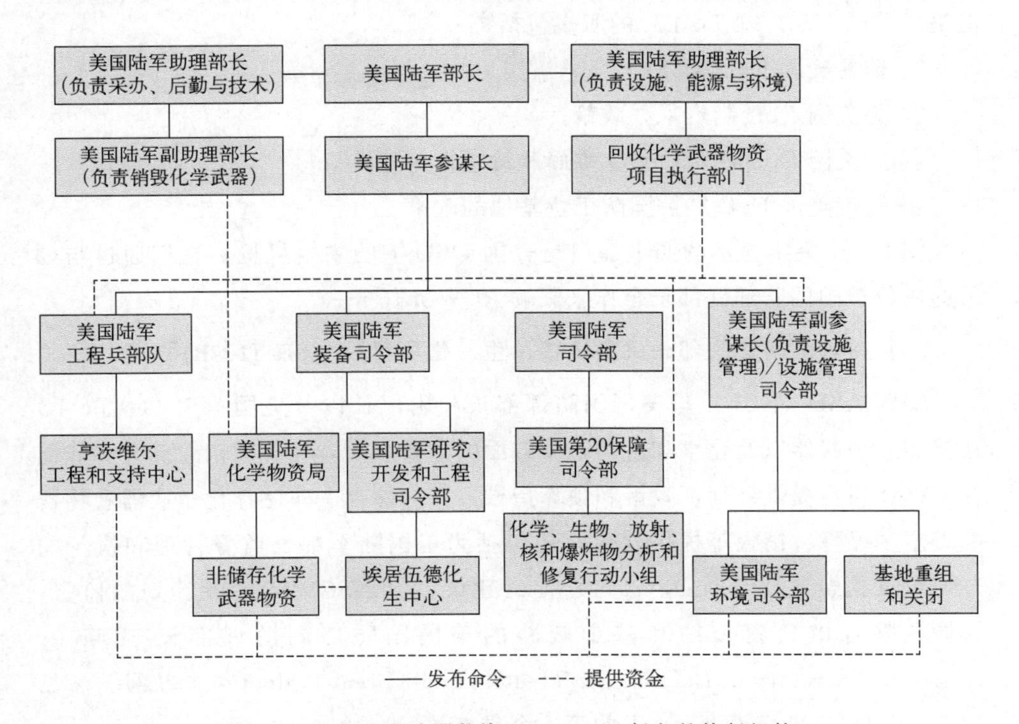

图2-5 回收化学武器物资（RCWM）任务的执行机构

2.4.1 美国国防部

图 2-5 显示了与 RCWM 任务相关的美国 DoD 组织。美国 DoD 是一个庞大而复杂的组织，具有稳定的结构，这导致许多 DoD 办公室的功能非常专业化。这种规模和专业化要求美国 DoD 办公室具备高水平的管理和协调能力，以便执行 RCWM 任务和本章后面介绍的许多其他项目。

（1）美国国防部部长办公室（OSD）

美国 OSD 是美国国防部最高级别的参谋机构。美国 OSD 由美国国防部长领导，有许多辅助的下级办公室。最高职位由任命官员或具有 SES 的文职人员担任。

（2）美国国防部副部长（负责采办、技术和后勤）［USD（AT&L）］

如图 2-6 所示，美国 USD（AT&L）办公室负责制定美国 DoD 内涉及多数作战人员的政策。该办公室负责人直接向美国国防部长和其他国防部副部长汇报。美国 USD（AT&L）的职责包括[1]：

① 监督美国 DoD 采办；

② 为美国 DoD 制定采办政策；

③ 为美国 DoD 制定后勤、维修和持续性保障政策；

④ 制定美国 DoD 维护国防工业基地的政策。

图 2-6 中突出显示的四个部门是美国 OSD 下的主要机构，它们通过与如下的两位美国国防部副部长合作来影响 RCWM 任务。

（3）美国国防部副部长（负责核、生、化项目）［ASD（NCB）］

美国 ASD（NCB）是美国国防部部长和副部长以及美国 USD（AT&L）在核能、核武器以及化学和生物防御方面的主要顾问，为美国销毁储存和非储存 CWM 项目提供计划、政策和预算指导，并为储存、非储存化学武器和物资的安全、保障、销毁等提供建议，还包括为美国陆军部长监督管理和执行的 NSCWM 销毁计划（DoD，2011）提供建议。但 NSCWM 销毁计划的监督、协调和整合由负责公约和减少威胁的美国国防部副助理部长（Deputy Assistant Secretary of Defense for Treaties and Threat Reduction）执行［参见图 2-6 中美国 ASD（NCB）下的第一个重点］。

---

[1] 见 http：//www.acq.osd.mil/。访问日期：2011 年 2 月 13 日。

美国国防部副部长(负责采办、技术与后勤)
常务副部长

人力资源倡议主任
采购资源与分析主管
国际合作主任
特别项目主管
小企业项目主管
行政主管
美国国防采办政策主任
美国国防科学委员会执行主任
美国国防部副助理部长(负责制造业产业基础政策)
美国国防部定价主管

美国国防部助理部长(负责采办项目)
国防部副助理部长(负责战略战术体系)
国防部副助理部长(负责航空与智能)
负责绩效评估和根本原因分析的经理
美国国防军需大学校长
美国国防合同管理局局长

美国国防助理部长(负责核生化防御项目)
美国国防部副助理部长(负责核生化防御项目)
美国国防部副助理部长(负责条约和减少威胁)
美国国防部副助理部长(负责核能物资)
美国国防部副助理部长(负责生化防御和化学武器非军事化)
美国国防威胁降低局局长

美国国防部助理部长(负责研究与工程)
美国国防部副助理部长(负责研究与工程项目)
美国国防部副助理部长(负责调查)
美国国防部副助理部长(负责系统工程)
美国国防部副助理部长(负责快速部署)
美国国防部副助理部长(负责发展性测试与评价)
美国国防高级研究计划局局长
美国国防教学信息管理中心

美国国防部助理部长(负责后勤和物资准备项目)
美国国防部副助理部长(负责后勤和物资准备项目)
美国国防部副助理部长(负责运输政策)
美国国防部副助理部长(负责物资准备)(代理)
美国国防部副助理部长(负责维护政策和程序)
美国国防部副助理部长(负责项目支持)
美国副助理助理部长(负责供应链整合)
美国国防后勤局局长

美国国防部副部长(负责设施与环境)
美国国防部副部长助理(负责设施与环境)
基地主管
企业集成主管
住房和竞争性采购主管
环境管理主管
环境准备和安全主管
设施投资与管理主管
设施能源主管

国防部助理部长(负责运行能源计划和方案项目)
美国国防部副助理部长(负责运行能源计划和方案项目)

美国导弹防御局局长
测试资源管理中心主任

图 2-6　美国 USD（AT&L）办公室组织结构图

资料来源：改编自评估委员会根据美国 USD（I&E）办公室环境管理部 DERP 负责人德博拉·莫尔菲尔德提供的材料，2011 年 11 月 1 日

(4) 美国国防部副部长(负责设施与环境)[DUSD(I&E)]

美国DUSD(I&E)办公室的任务是管理和监督世界各地的军事设施,并管理美国DoD的环境、安全和职业健康计划。美国DUSD(I&E)负责DERP及其经费分配。图2-6中在美国DUSD(I&E)下突出显示环境管理负责人对RCWM任务负有直接责任。

DDESB也归美国DUSD(I&E)管理,但未在图2-6中标出。DDESB负责管理美国DoD爆炸物安全计划,并确保安全操作化学毒剂。DDESB负责解决爆炸物安全和环境标准之间出现的问题。它还负责监督所有弹药反应地点安全标准的实施情况,以确保安全处理、储存和处置关注的常规弹药和爆炸物(Munitions and Explosives of Concern,MEC)。在弹药响应场所进行清理的服务部门必须向DDESB提交爆炸物安全场地申请,并在已知或预期CWM的情况下,向DDESB提交所有清理作业的化学品安全申请,以供其审查和批准。各项服务的申请必须首先由相应的服务安全组织批准。美国DoD弹药和爆炸物安全标准(6055.9M)中阐述了DDESB制定的条例。

2.4.2 美国陆军部长办公室

美国陆军部长办公室是由文职人员领导的政策机构,负责领导美国陆军。它的任务非常广泛,涵盖了美国陆军在和平时期和战时的所有职责。该办公室负有重要的环境保护责任,同时它还将该责任延伸到美国陆军各个层级。美国陆军助理部长可由文职人员和军官担任。美国陆军部长已被美国DoD指定为负责储存和非储存化学武器(RCWM)修复任务的EA负责人,即用美国陆军部长办公室及其他相关部门负责该任务。

图2-7提供了在美国陆军全部环境责任(其中小部分是RCWM任务)中发挥作用的美国陆军机构高层级结构图。

如图2-7所示,根据政策制定、传达或执行的角色,来区分美国陆军环境组织结构的层级。这些政策由五角大楼的部长办公室或美国陆军参谋部办公室共同制定。

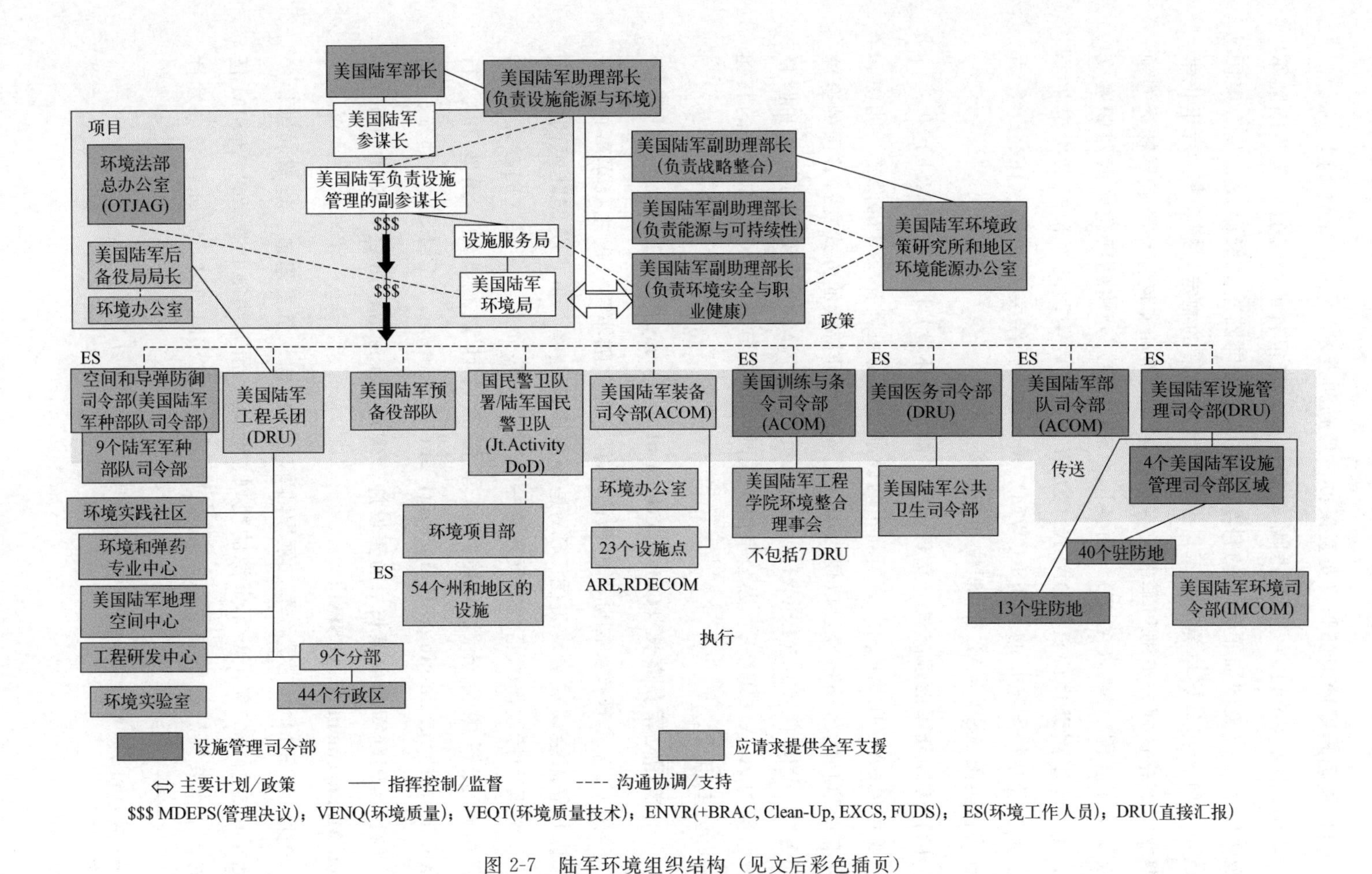

图 2-7　陆军环境组织结构（见文后彩色插页）

资料来源：陆军总部负责装备管理的助理参谋长办公室下辖设施服务局环境司布莱恩·弗雷，2012 年 1 月 18 日向委员会做的报告

（1）美国陆军助理部长（负责采办、后勤和技术）［ASA（ALT）］

美国 ASA（ALT）是向美国陆军部长办公室报告的政务官，是美国陆军高级采购主管、美国陆军部长的科学顾问以及美国陆军高级研发官员。美国 ASA（ALT）还负责与美国陆军后勤相关所有政策的制定与颁布❶。对于化学武器非军事化计划，美国陆军部长将储存化学武器和非储存化学武器物资的领导权交给了美国 ASA（ALT）。而美国 ASA（ALT）将销毁化学武器职责交给了美国陆军副助理部长［DASA（ECW）］。随后美国陆军部长又决定将非储存化学武器物资项目的（如 RCWM）领导权委托给美国 ASA（IE&E），后者与前者美国 ASA（ALT）职位相当。

（2）美国陆军助理部长（负责设施、能源和环境）［ASA（IE&E）］

美国 ASA（IE&E）为美国陆军的设施和装备发展提供基础设施、能源和环境有关事项的战略指导，以便以经济、安全和可持续的方式支持美国的全球性任务❷。美国 DASA（ESOH）办公室负责 RCWM 任务政策的制定和监督执行。美国 ASA（IE&E）办公室由美国陆军和参与执行 RCWM 任务的其他兵种办公室组成。

（3）美国陆军参谋长（Chief of Staff of the Army，CSA）

美国 CSA 是现役美国陆军的最高军官、美国陆军部长的主要军事顾问以及参谋长联席会议成员。美国 CSA 是一名四星上将，负责美国陆军的征兵、训练、战备和持续保障能力，领导着一个大型、多元化、多层次的参谋机构，负责完成美国国会分配给美国陆军任务的计划、规划、预算和执行（Planning，Programming，Budgeting，and Execution，PPBES）等部分。

（4）美国陆军副参谋长（负责设施管理）［Assistant Chief of Staff（Installation Management），ACSIM］

美国 ACSIM 为三星将军，领导陆军参谋机构，负责建造、运营和维护美国陆军设施所需的美国陆军资源的规划、计划、预算编制和执行。ACSIM 任务的一个重要部分是领导军队环境管理工作。ACSIM 在 RCWM 任务中发挥

---

❶ 见 http：//www.army.mil/asaiee。访问日期：2012 年 2 月 15 日。

❷ 同上。

着重要的作用，因为RCWM任务的需求和预算都由ACSIM负责，并由其领导的办公室进行维护。ACSIM领导的陆军参谋机构组织架构、角色和职责见图2-8。

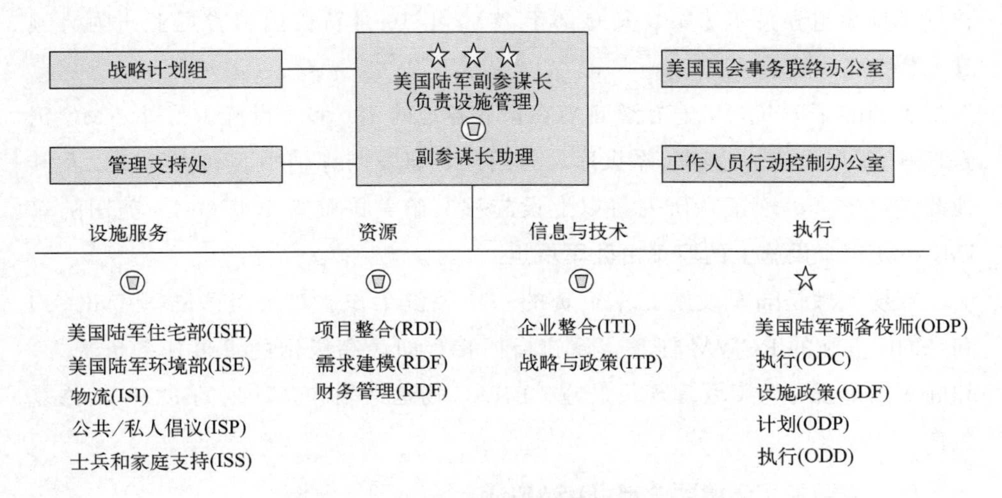

图2-8 负责设施管理的副参谋长办公室

资料来源：美国陆军总部负责装备管理的助理参谋长办公室下辖设施服务局环境司布莱恩-弗雷2012年1月18日向评估委员会做的报告

RCWM任务经费由设施服务局环境司下的清理部门管理。美国陆军环境司在RCWM任务中的职能如下[1]：

① 提供环境政策指导、资金分配和DERP下资源配置的总体项目管理。

② 协调和整合美国陆军项目执行经理的工作。

③ 作为RCWM任务集成目标团队的成员。

④ 向OSD论证RCWM任务经费需求。

(5) 美国陆军设施管理司令部（IMCOM）

美国陆军IMCOM是由美国陆军ACSIM领导的现场执行机构[2]。美国陆军ACSIM是三星将军，同时也是美国陆军IMCOM的指挥官。美国陆军IM-

---

[1] 2012年1月18日美国陆军部环境司设施服务局副参谋长办公室负责设施管理的布莱恩·M·弗雷，向委员会作的报告。

[2] 见http://www.imcom.army.mil/hq/kd/cache/files/69B948B6-423D-452D-4636808C49A57094.pdf，访问日期：2012年2月14日。

COM通过向士兵、文职人员和家庭提供标准化、有效和高效的服务、设施和基础设施，支持美国陆军的作战任务，帮助军队和国家应对持续不断的冲突。美国陆军IMCOM总部在美国得克萨斯州圣安东尼奥萨姆休斯敦堡。2005年根据基地重组和关闭法案，其总部于2010年10月从美国弗吉尼亚州阿灵顿迁入[1]。

美国陆军IMCOM直接管理着在世界各地的180多个设施。另外AMC仍管理其21个设施、仓库、军火库、弹药厂、研发与评估中心和实验室以及其他此类设施，尽管正在研究将以上设施移交给美国陆军IMCOM。美国陆军IMCOM每个设施上的职责由驻军承担。

环境管理是陆军设施驻军负责的一项关键工作。对于美国陆军IMCOM和AMC设施的RCWM任务，设施指挥官（即最高级别的军事任务负责人）和驻军指挥官将负责管理现役设施、BRAC场地计划和非计划的RCWM修复工作。

(6) 美国陆军环境司令部（USAEC）

USAEC是美国陆军IMCOM的组成之一，负责提供环境需求（包括RC-WM的需求）并按照美国ACSIM的指示执行预算项目。美国USAEC组织机构和RCWM角色如图2-9所示。

在非储存RCWM任务中，USAEC提出需求和制订计划，并执行DERP（IR和MR）和规范清理（Compliance Cleanup）计划。项目行动可由ER，A或OMA资助。USAEC负责从初步调查，到对含有危险废弃物、传统弹药和介质成分的场所进行修复工作。它还负责处理和处置不属于CWM的物品，如MEC、防爆剂、化学除草剂、烟雾和火焰发生剂以及被化学毒剂污染的土壤、水、弹体碎片或其他[2]。

(7) 美国陆军司令部［U. S. Army Forces Command，FORSCOM］

FORSCOM是美国陆军三大司令部（Major Commands）之一，使命如下。

---

[1] 见http：//www.imcom.army.mil/hq/about/commander/，访问日期：2012年2月22日。

[2] 美国USAEC清理和弹药处理处处长詹姆斯·D. 丹尼尔（James D. Daniel）与处蒂姆·罗德弗（Tim Rodeffer）在2011年12月12日向评估委员会作的报告——“回收埋藏场地化学武器物资的行动”。

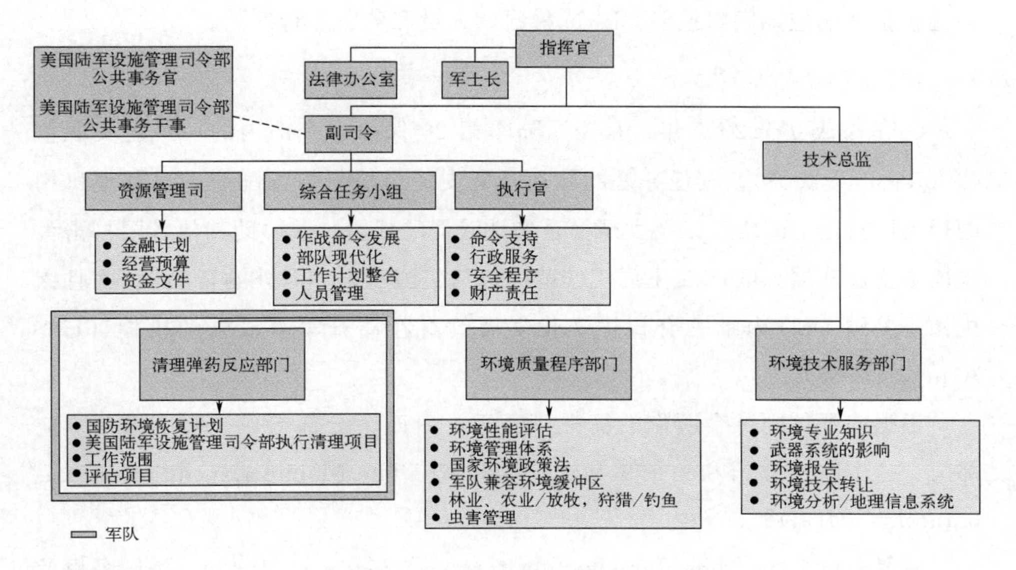

图 2-9　美国陆军环境司令部

资料来源：美国 USAEC 清理和弹药处理处处长吉姆·丹尼尔与清理和弹药处理处蒂姆·罗德弗在 2011 年 12 月 12 日向评估委员会的报告——“回收埋藏场地化学武器物资的行动”

FORSCOM 训练常规部队，为本土和海外防御的作战指挥官持续提供训练有素的军人❶。

FORSCOM 总部位于美国北卡罗来纳州的布拉格堡。其在 RCWM 任务中的职责由其下属美国陆军第 20 保障司令部完成。

(8) 美国陆军第 20 保障司令部（the 20th Support Command Chemical）（化学、生物、放射、核武器和高能炸药）[Chemical，Biological，Radiological，Nuclear and High-Yield Explosives，CBRNE]

美国陆军第 20 保障司令部（CBRNE）于 2004 年 10 月 16 日由 FORSCOM 设立，为支持军事行动和民事任务，专门提供 CBRN 响应。其下属单位包括第 48 化学旅、第 52 军械组［爆炸弹药处理（Explosive Ordnance Disposal，EOD)］、第 71 军械组（EOD）以及 CARA，上述单位都由美国马里兰州阿伯丁试验场埃居伍德地区的行动总部领导。CBRNE 的任务包括检测、识别、评估、拆除、转移和处置未爆弹药、简易爆炸装置和其他 CBRNE 危害。这些行

❶ 见 http：//www.forscom.army.mil/，访问日期：2012 年 2 月 15 日。

动还包括在响应期间对接触 CBRN 材料的人员和装备进行洗消。

(9) CBRNE/CARA

CARA 成立于 2007 年，是美国陆军第 20 保障司令部内的一个全文职单位（Jensen，2008）。其任务是部署和开展支援作战任务或配合政府其他机构的行动以打击 CBRNE 以及大规模杀伤性武器的威胁，并协助其他各国打击大规模杀伤性武器。CARA 主要工作范围包括美国本土和海外的行动[1]。并且该机构是美国 DoD 内唯一有权护送化学履约材料离开军事设施的机构（U. S Army，2008a）。

根据向评估委员会所作的简报，CARA 由四个分部组成：两个修复响应部门、一个航空部门和一个移动远征实验室（The Mobile Expeditionary Laboratory，MEL）[2]。

修复响应部门（The Remediation Response Sections，RRS）（美国马里兰州阿伯丁试验场东部 RRS 和美国阿肯色州松树崖兵工厂西部 RRS）执行 RCWM 场地调查、评估、非军事化和洗消和场地修复；RCWM 事件的应急响应；以及化学履约和非安全材料的技术护送。他们还支援军队的化学武器储存和非储存行动。

航空部门负责运送化学履约材料、RCWM 应急响应小组和美国陆军第 20 保障司令部的响应小组。

MEL 的任务是进行化学、生物和爆炸的现场分析以及准实时化学空气监测。该实验室还掌管战术移动远征实验室，一旦发现需求，就能在任何地点开展必要的分析检测。

CARA 在 FUD 场地、军事设施和 BRAC 场地执行修复行动，以支援设施负责人、其他机构和 USACE 的工作。CARA 在美国本土和海外均有任务。

在排查军用弹药的行动中，如果确定弹药是化学武器弹药，CARA 将执行应急响应。如果一枚弹药被确定含有液体填充物，CARA 将使用移动弹药评估系统（MMAS）上的 PINS 进行非侵入性评估。CARA 代表 NSCMP 操作

---

[1] 2011 年 9 月 28 日 CARA 代理主任查尔斯·A. 阿索瓦塔（Charles A. Asowata）中校和业务主管戴利斯·塔利（Dalys Talley），向委员会做了“CBRNE 分析和修复活动任务”的报告。

[2] 同上。

MMAS。

(10)美国陆军物资司令部(U. S. Army Materiel Command,AMC)

AMC是美国陆军的第二大司令部,负责RCWM任务。其作用和责任[1]如下。

AMC是美国陆军装备的主要供应部门。AMC的任务包括武器系统的研发、维修和零件分配;负责管理研发工程中心、美国陆军研究实验室、仓库、兵工厂、弹药厂和其他设施,并监督维护美国陆军装备的储备情况。AMC也是美国DoD负责化学武器和常规弹药储备的执行机构。在美国DoD内,AMC负责向美国盟友出售陆军装备和服务,并与其他国家就联合生产美国武器系统进行谈判和执行协议。目前,AMC的总部设在美国亚拉巴马州亨茨维尔的红石兵工厂,在美国49个州和50多个国家设立了大约149个分支机构,拥有超过70000名军人和文职人员。

(11)美国陆军物资评估审查委员会(MARB)

MARB根据从DRCT与PINS获取的数据、图片和历史资料,提出处理RCWM的方法与建议。MARB由12位来自美国陆军不同部门的代表组成,这些陆军部门包括美国陆军研究、开发和工程司令部(Research,Development,and Engineering Command,RDECOM)、ECBC、CMA、PMNSCM、20th Support Command和CARA[2]。通常MARB在收到需要评估的数据两三天后召开会议。在审查了所有评估数据后,成员们在处理可疑物品的4种方法中进行投票,并选择其中之一:如果发现物品含有化学毒剂,MARB可选择非爆炸性或爆炸性系统将其非军事化。如果发现该物品是常规物品,则当场确定处理措施,但如果发现该物品不安全,MARB则会建议立即销毁[3]。

(12)美国陆军化学物资局(CMA)

CMA是AMC的下属机构,主要负责储存化学弹药与非储存化学毒剂和物资的销毁。CMA的任务如下:

---

[1] 见http://www.amc.army.mil/amc/Fact%20sheets/HQA MC2011.pdf,访问日期:2012年2月15日。

[2] MARB情况介绍,美国陆军化学材料局,见http://www.pmcd.army.mil/fndocumentviewer.aspx?docid=003677814,访问日期:2012年2月6日。

[3] 同上。

CMA 开发运用的技术在 7 个储存点安全储存和销毁化学武器，同时保护公众、工作人员和环境安全。CMA 还负责美国最后 2 个化学武器储存点的储存任务。CMA 是由前化学非军事化项目部门与美国陆军士兵和生化司令部部分机构合并而成的❶。

（13）非存储化学武器物资项目（NSCMP）

第 1 章介绍了 NSCMP 的背景信息。在组织结构上，CMA 管理 NSCMP。其任务是为美国 DoD 提供集中管理和指导处置 NSCWM 的建议，以安全、环保、低成本的方式处置 NSCWM，同时确保遵守《禁止化学武器公约》❷。目前以及在可预见的未来，需要处置的 NSCWM 主要是偶然发现或有计划地挖掘从水体或埋藏地点回收的 CAIS 和化学武器。NSCMP 的组织机构结构图以及作用和职责如图 2-10 所示❸。

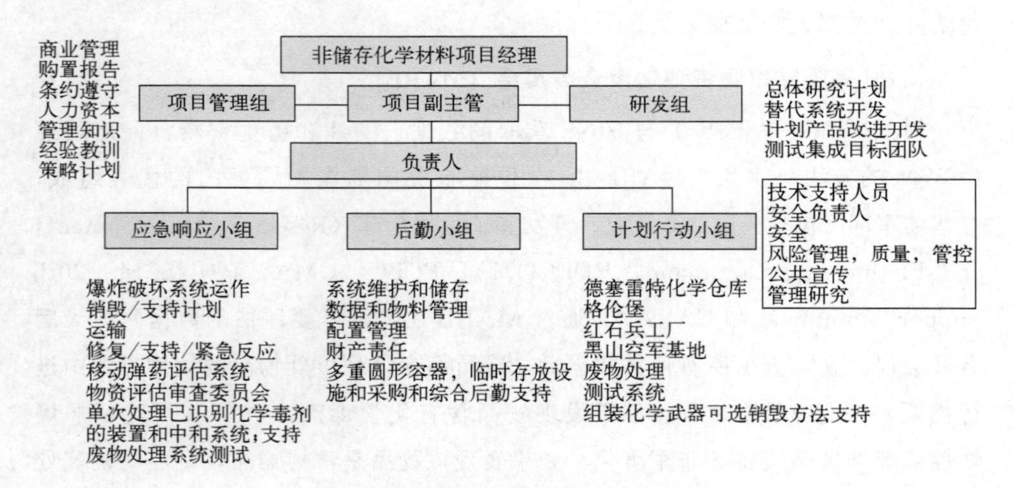

图 2-10 NSCMP 组织结构图

资料来源：2012 年 3 月 7 日，NSCWP 经理劳伦斯·G. 戈特沙尔克与 NRC 研究主管南希·舒尔茨的个人交流

① 项目管理。NSCMP 经理负责评估和管理所有涉及 RCWM 的项目。其

❶ 见 http：//www. cma. army. mil/home. aspx，访问日期：2012 年 2 月 15 日。

❷ 美国陆军化学材料局，概况介绍，非储存化学武器物资项目概述，见 http：//www. cma. army. mil/fndocumentviewer. aspx? DocID=003671053，访问日期：2012 年 3 月 21 日。

❸ 劳伦斯·G. 戈特沙尔克（Laurence G. Gottschalk），PMNSCM，“非储存化学武器物资项目现状和最新情况”，2011 年 9 月 27 日向委员会作报告。

工作包括评估和处置费用估算、评估和支付处置费用以及项目计划的编制。根据提交的相关准备文件，NSCMP经理具有批准相关工作执行的权利。涉及的文件包括场地计划、场地安全报告、销毁计划和环境许可证。但如果涉及爆炸物或化学毒剂，或两者兼而有之，场地安全报告文件必须得到DDESB的批准。如果要销毁回收的弹药，必须将与该弹药有关的所有信息转交给MARB，MARB需要对弹药进行评估，以确定其化学毒剂填充物和爆炸物成分。MARB的评估结果将决定销毁弹药的过程与方法。NSCMP经理还具有履行《禁止化学武器公约》的职责❶（见第3章“条约要求”一节）。NSCMP经理还与USACE合作，在修复项目附近的社区开展公众参与和公共关系工作，并根据需要提供资料和进行公开演讲。

② 评估和处置系统的所有权和（或）管理。第4章列出了NSCMP中使用的评估和处置设备。大多数情况下，这类设备（特别是EDS）由NSCMP提供资金购买并进行维护，但是TC-60TDC是个例外，因为它的所有权属于CH2M HILL公司，其他部门只能从CH2M HILL公司租赁。EDS和TDC的现场操作由ECBC执行。这些系统和其他设备在第4章中进行介绍。

NSCMP还资助购买了临时存放设施（IHF），用于保管从修复场地回收的弹药，该设施的情况将在第4章进行描述。

NSCMP还资助有前景的长期研发计划，用于对评估和销毁CWM的各种系统进行改进。第4章和第7章描述了这些系统及其正在进行的改进。

③ NSCMP与其他组织的关系。由NSCMP经理与USACE合作进行管理大规模的CWM修复工作。NSCMP还派人直接参与其他的军事机构（包括USATCES、DDESB、CARA、USACE和ECBC）的工作。在执行USACE管理的项目时，这些组织之间的总体关系如图2-11所示。

（14）美国陆军研究、开发和工程司令部（RDECOM）

RDECOM是AMC直属部门❷。

RDECOM不但是美国陆军技术领导者也是美国陆军最大的技术研发机

❶ 2011年11月1日，美国陆军工程兵部队巴尔的摩地区春谷项目经理丹·G. 诺布尔（Dan G. Noble）在春谷实地考察期间向委员会提出的意见。

❷ 见http：//www.army.mil/rdecom.

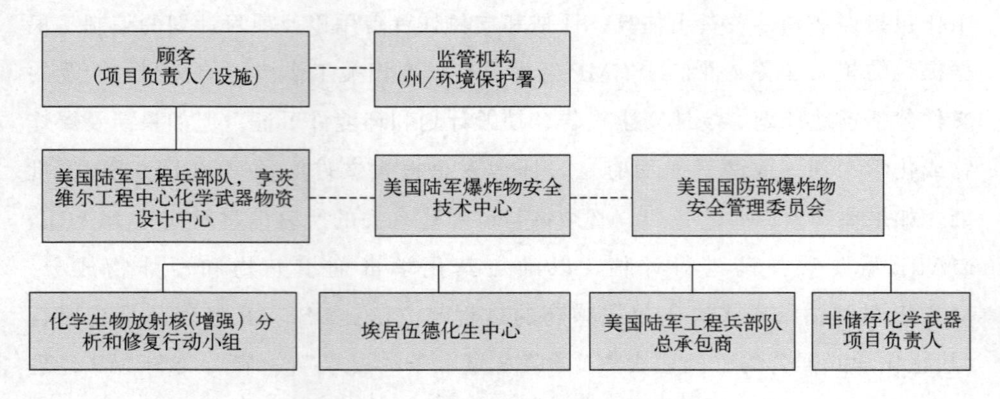

图 2-11　典型 CWM 项目责任关系结构图

资料来源：USAEC 军事弹药保障服务总部特别助理克里斯托弗·L. 埃文斯于 2011 年 12 月 13 日向评估委员会作的报告——“USACE 对 CWM 的军事弹药保障服务”

构。RDECOM 通过创新、整合和提供技术，以支持和确保美国陆军在军事力量中的主导地位，并为士兵的战场需求提供解决方案。为了履行对美国陆军的承诺，RDECOM 在其 8 个主要实验室和工程中心进行新技术开发；它还将学术界、工业界以及国际合作者集合，为美国陆军提供持久的研发能力。由士兵、文职雇员和直接承包商组成这个世界级团队，总人数超过 17000 名，其中包括不同领域军内顶尖专家在内的 11000 名工程师和科学家。

(15) 埃居伍德化生中心 (ECBC)

根据《禁止化学武器公约》的规定，美国陆军 ECBC 配备了能够准确识别出违禁化合物的实验室。美国陆军 ECBC 还是《禁止化学武器公约》认可的美国唯一化学毒剂生产场所，可以生产《禁止化学武器公约》规定的用于保护目的的 CWM。它还有美国陆军研发化学毒剂的唯一储存库。

美国陆军 ECBC 备有分析设备，包括独立的移动模块化实验室，可以对空气中的化学毒剂进行实时监测。

为支持 USACE 对 FUDS 场地的修复，美国陆军 ECBC 提供了用于环境样本的化学、生物及化学毒剂分析的过滤系统。ECBC 还建造了气密结构的实验室，并对其性能进行了认证。

美国陆军 ECBC 运营和维护（但不拥有）若干处理 RCWM 的系统，包括 EDS、TDC、DAVINCH 和 SDC。这些系统将在第 4 章中讨论。

(16) 美国陆军工程兵部队（USACE）

USACE在CWM非军事化方面发挥着重要作用。USACE总部在华盛顿特区，有9个分区办事处、41个地区办事处和900多个驻外办事处。USACE总共拥有大约600名军人和37000名文职人员。USACE有两项主要任务：军事计划和应急行动以及民用工程与紧急行动。军事计划和应急行动由美国DoD授权和资助，而民用工程与紧急行动由美国陆军和美国DoD授权并单独获得资金资助。除了总部和部门办公室外，USACE其他部门是通过项目资助的方式获得上述2项任务的大部分资金。此外，USACE还通过1万多份合同，使大量承包商为其服务[1]。

化学武器非军事化计划由USACE下辖的美国陆军HNC集中管理。美国陆军HNC虽然没有任何驻外办事处，但它与USACE地区办事处合作执行任务，私营部门负责的HNC项目包括化学武器非军事化在内的任务，是根据美国陆军HNC和USACE地区办事处管理的合同来执行。任何特定要求的经费都由美国国会拨款。

根据美国陆军和美国DoD的要求，长期以来一直由USACE负责实施储存和非储存化学武器非军事化项目。通常，USACE为化学武器非军事化的客户履行以下职能：

① 项目和财务的集中管理；

② 计划、合同和质量的分散管理；

③ 现场技术专家、承包商质量和安全保证；

④ 需求评估和场地调查；

⑤ 公共外联服务和战略交流；

⑥ 监管协调工作和检查履行工作情况；

⑦ 房地产评估、收购和处置；

⑧ 有针对性地应用研发。

USACE内的不同部门参与到了军事环境管理项目，其中包括军需支援服

---

[1] 见 http：//www.amc.army.mil/amc/Fact％20sheets/HQA MC2011.pdf 和 http：//www.usace.army.mil/Missions/MilitaryPrograms.aspx，访问日期：2012年3月22日。

务（Military Munitions Support Services）的 HQUSACE（美国陆军工程兵部队总部）特别辅助部门、5 个军需品设计中心、美国陆军 HNC 化学武器法定专业中心和 9 个修复行动区管理部门。USACE 各组织机构之间的关系如图 2-12 所示。

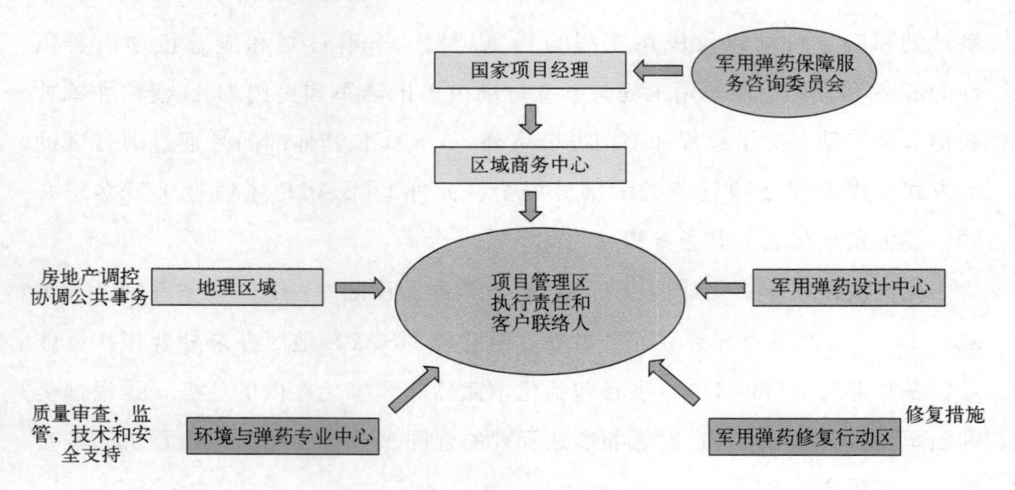

图 2-12　USACE 军用弹药保障服务

资料来源：USACE 军用弹药保障服务总部特别助理克里斯托弗·L. 埃文斯于 2011 年 12 月 13 日向评估委员会作的陈述——“USACE 对 CWM 的军用弹药保障服务”

正如向评估委员会介绍的那样，USACE 在非储存埋藏化学武器物资项目中的作用还包括以下职能[1]，以达到陆军项目主管的要求。

① 执行 CWM 响应行动和其他行动计划，但在大概率发现 CWM 或 CAIS 的地点，或遇到 CWM 或 CAIS 的爆炸物或弹药时，上述行动计划暂缓执行。

② 作为临时 RCWM 任务综合办公室（见第 7 章）的唯一负责人，拥有决策和任务分配的权力，目的是协调和执行 CWM 响应行动或其他行动计划。

③ 与 RCWM 任务 IO［必要时还有美国 ASA（IE&E）］协调 CWM 响应行动或可能涉及 CWM 或 CAIS 的其他行动计划的时间安排（如训练场清理行动）。

④ 在大概率遭遇 CWM 或 CAIS 的地点，或按上级要求在小概率遭遇

[1] 2011 年 9 月 27 日，美国陆军副助理部长办公室（负责环境、安全和职业健康）弹药和化学事务助理 J. C. 金（J. C. King）向委员会提交的报告——“政策视角看陆军 RCWM 计划”。

CWM或CAIS的地点开展清理行动，向美国DoD各部门提供有关CWM响应行动的需求、方案、行动区域清理和其他处理方法的技术建议。

⑤ 为美国DoD各部门提供保障。

a. 提供与《禁止化学武器公约》相关的信息，为公众参与提供公共事务支持，包括实施必要的未爆炸弹药防范安全教育。

b. 回应监管部门的问询。

c. 根据美国DoD和相关公共事业部门的政策，编制DDESB要求的常规弹药安全性报告。

d. 与参与者协调计划和行动细节。

⑥ 规划CWM响应行动。

⑦ 在RCWM任务中，与美国陆军项目负责人协作完成场地成本的DERP部分估算。

⑧ 编制并提交与CWM响应行动或其管理下其他行动的相关报告。

⑨ 协调和整合现场CWM响应的所有行动，包括RCWM和其他相关弹药或物资的安全。

⑩ 根据美国DoD和美国陆军的政策，协调和开展所需的战前调查和沙盘演习。

⑪ 与美国DoD军种环境项目长官、美国陆军项目执行军官和场地项目负责军官协调管理现场CWM场地行动。

⑫ 执行CWM的履约行动，但与评估和销毁CWM以及涉及CAIS处理相关的行动除外。

⑬ 执行与房地产相关的工作，例如，获得进入权、审查不动产契约限制等，以支持CWM响应行动。

⑭ 对所有CWM响应行动和涉及CAIS的响应行动进行安全监督。

⑮ 评估弹药或其他相关物资，并酌情评估CAIS。

⑯ 参与MARB工作。

USACE与美国DoD其他组织、监管机构和承包商之间的关系如图2-12所示。第3章描述了美国各州和美国联邦监管机构的作用和职责。第4章描述了DDESB的作用和职责。

2.4.3 美国海军部长办公室

与美国陆军相比，美国海军中涉及 RCWM 的场地很少。据统计，美国海军只确定了 2 个 RCWM 场地和 3 个疑似的 RCWM 场地。RCWM 是造成场地设施周边环境问题的主因，因此需要在该场地回收所有埋藏的化学武器弹药。一旦在美国海军内部发现 RCWM，美国海军将通过美国陆军（即化学武器非军事化计划的执行机构）采取行动，对所有 RCWM 弹药进行销毁。

与美国陆军部长办公室一样，美国海军部长办公室为美国海军提供需要遵从的民用政策和指导。美国海军 RCWM 任务由美国海军助理部长（设施和环境）[Assistant Secretary of the Navy（Installations and Environment）] 监督。相关的资金和政策需求由美国海军部长办公室确定和维护。美国海军相关行动的规划、计划、预算和执行由美国海军作战部长领导的美国海军参谋部实施，如下所述。

(1) 美国海军作战部长办公室（Office of the Chief of Naval Operations）

美国海军作战部长（the Chief of Naval Operations，CNO）是美国海军部的高级将领，作为四星上将，CNO 在美国海军部长的领导下，负责海军部队的指挥、资源利用和提高作战效率，以及按美国海军部部长要求进行美国海军陆上活动。CNO 在美国海军中的地位相当于 CSA 在美国陆军中的地位。根据 RCWM 任务需求，由美国海军装备工程司令部代表 CNO 参与和执行相关的处理任务，美国海军装备工程司令部总部位于华盛顿特区。

(2) 美国海军装备工程司令部（Naval Facilities Engineering Command, NAVFAC）

在军队设施建设上，NAVFAC 的职责与 USACE 类似，而在公共工程建设上，NAVFAC 的职责与美国陆军 IMCOM 类似。NAVFAC 关系见图 2-13。

NAVFAC 的作用与 USAEC 相似，其目前在美国海军中执行海军的 DERP，并与美国陆军临时 RCWM 任务综合办公室密切协调，确定疑似 RCWM 和消除海军中的 RCWM。因此还需要将美国海军的 RCWM 任务计划整合到相关的 DERP 中（ACSIM 为美国陆军管理 DERP）。NAVFAC 指派一名项目负责人与 USACE 协调完成美国海军中 RCWM 修复工作（由 CAMD，D

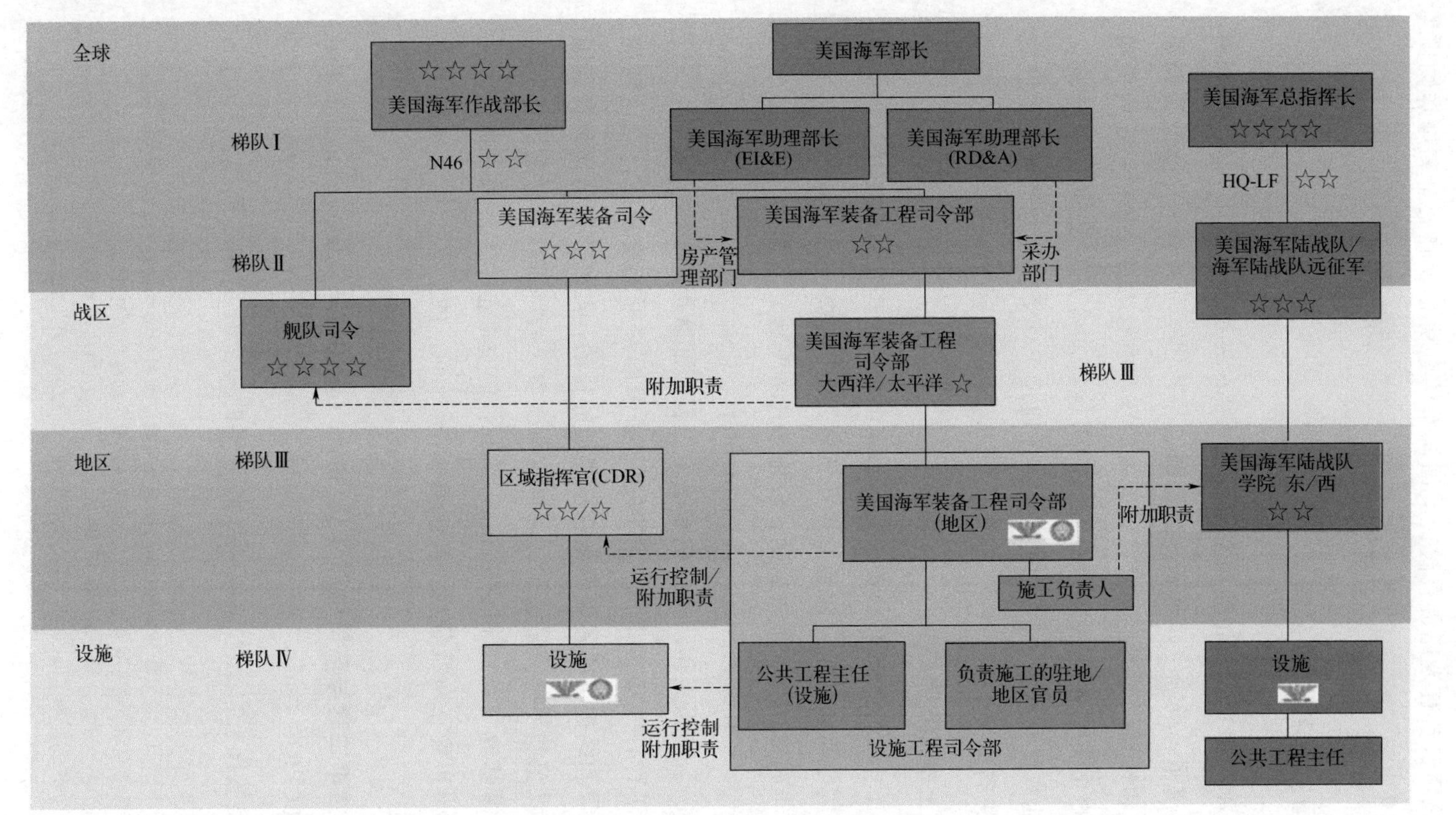

美国海军装备工程司令部的使命：NAVFAC为系统司令部，负责向美国海军交付和维护高质量的装备，为美国海军远征作战部队提升战斗力、提高管理和应急响应能力提供保证，并致力于为美国国家能源安全和环境保护服务。

远景目标：通过在装备生命周期内的维护工作，为海岸远征任务提供支援，强化美国海军和海军陆战队的备战能力。

图 2-13　美国海军装备工程司令部（NAVFAC）关系

资料来源：NAVFAC 军用弹药处理项目负责人罗伯特·萨多尔拉于 2012 年 1 月 18 日向评估委员会作的陈述——“海军在修复 RCWM 方面的作用和责任”。

资助)，同时该项目负责人还负有履行美国海军的营房、设施安全和爆炸物安全的相关责任❶。

2.4.4 美国空军部长办公室

与美国陆军和海军一样，美国空军部长（the Secretary of the Air Force）负责领导美国空军。美国空军部长办公室通过与其他军种类似的方式监督美国空军执行任务和计划。美国空军对其设施内的环境质量负责，包括对任何待和（或）已发现的化学武器弹药进行处理。与美国陆军相比，美国空军中涉及RCWM的场地数量非常少。因此由美国陆军通过PMNSCM对美国空军设施上的RCWM进行修复。

(1) 空军土木工程师部队

美国空军土木工程师部队由美国空军参谋部的一名两星少将领导。美国空军参谋部由美国空军参谋长（四星上将）领导。美国空军土木工程师部队的指挥官向美国空军副参谋长（负责后勤、设施和任务支援）[The Air Force Civil Engineer reports to the Deputy，Chief of Staff，Logistics，Installations and Mission Support] 汇报工作。美国空军土木工程师部队负责美国空军166个设施的建设保障工作，并负责组织、培训和装备美国空军工程部队，以达到规划、开发、建设和维护世界各地美国空军基地的目的，此外该部队还负责美国空军基地公用设施和环境质量维护。美国空军土木工程师部队下辖美国佛罗里达州廷德尔空军基地（Tyndall Air Force Base）的空军土木工程师支援机构和美国得克萨斯州布鲁克斯城基地（Brooks City Base）的空军工程与环境中心两个机构❷。

(2) 美国空军工程与环境中心（Air Force Center for Engineering and Environment，AFCEE）

AFCEE是美国空军土木工程师部队下属的一个外勤业务机构。AFCEE

---

❶ 2012年1月18日，美国海军设施工程司令部弹药响应项目经理罗伯特·萨多拉（Robert Sadorra）向委员会所作的介绍—“美国海军在相关RCWM修复中的作用和责任”。

❷ 见 http：//www. afcesa. af. mil/shared/media/document/AFD-110103-058. pdf 和 http：//www. af. mil/information/bios/bio. asp? bioID=9882，访问日期：2012年4月16日。

由一名SES级别空军文职人员领导。AFCEE的任务是“提供集成工程和环境产品、服务与宣传，并通过可持续的设施优化来提高美国空军和联合部队的实力[1]。”AFCEE的组织结构如图2-14所示。

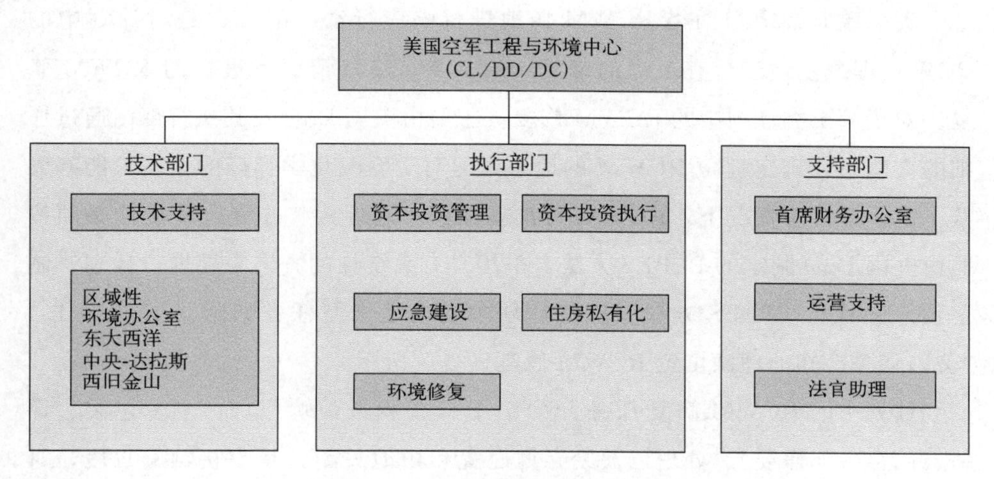

图2-14　空军工程与环境中心

资料来源：改编自 http://www.afcee.af.mil/about/organizational chart/index.asp

美国空军的RCWM任务由环境修复（Environmental Restoration）部门管理。该部门“负责美国空军环境修复计划的集中管理，并作为美国空军修复计划管理办公室，促进美国空军所有工作设施（美国空军国民警卫队、基地重组和关闭的设施除外）污染场地的清理[2]。”对于DERP需求，ER部门履行的职能与USAEC和NAVFAC类似，并与美国陆军协调，作为执行机构负责现役美国空军设施上所有的RCWM任务。

2.5 管理

如上所述，RCWM任务受美国联邦、美国各州和地方各级法律、法规和政策的长期制约。对RCWM任务制约而产生的遗留问题（以及随之而来的资

---

[1] 见 http://www.afcee.af.mil/about/organization/index.asp，访问日期：2012年3月14日。

[2] 见 http://www.afcee.af.mil/publications/factsheets/factsheet.asp?id=18928，访问日期：2012年3月14日。

金来源的问题）与现有的多级政府机构相关，致使需要采用一套复杂的管理模式。最后一节概述了各个机构在不确定威胁的情况下，对回收化学武器所执行政策的流程。其管理实践见附录 E。

美国政府必须对两类 RCWM 场地进行响应行动：第 1 类是对计划中的 RCWM 埋藏场地进行有组织的修复，第 2 类是应急情况下进行的 RCWM 修复。对于第 1 类计划中的 RCWM 修复，主要由美国 DoD 及其执行部门通过详细的文献研究确定埋藏 RCWM 的地点，但对于埋藏化学弹药的性质只能有大概了解。在许多情况下，RCWM 与常规弹药一起埋藏。修复这些场地必须按照由美国 DoD 制定的 PPBES 方法，采用具有系统性的方法来规划、计划、制定预算和执行 PPBES 方法。这些计划中的场地修复任务如附录 E 中图 E-1 “美国陆军已知的埋藏位置 RCWM 修复任务” 所示。

计划中的 RCWM 修复任务分为 7 个执行阶段：响应、计划、包装、评估、储存（如需要）、处理以及废弃物处置和场地关闭。其中在响应阶段，对于美国现役陆军基地、阿拉斯加或夏威夷现役陆军基地、FUDS 还是 BRAC 等具体场地，根据场地负责房地产和修复经费政府部门的不同，对应的处理方式也有所不同。过程中每个阶段的经费会根据拨款规则进行调整：DERP 为响应、计划、包装和储存提供经费，而 CAMD，D 则负责评估、处理、废弃物处置和场地关闭的经费。美国陆军条例规定了每个阶段的执行部门，设施负责人、CARA、USACE、NSCMP、CMA、ECBC、ACSIM、AEC 和其他人员执行其相关职责范围内的任务。图 E-1 详细说明了规划、包装、评估、储存、处理和处置任务，并确定了负责 RCWM 任务 3 个层次的部门和参与任务的人员。随着特定地点弹药数量的增加，每个阶段的重点都不同。以上流程仅适用于美国陆军机构。美国海军和美国空军在机构安排上类似，并在执行修复任务时与美国陆军有相同的流程。

第 2 类 RCWM 修复任务（应急响应）主要包括处理通常在现役训练场或 BRAC 场地、FUDS 或私人土地上发现的可疑 RCWM。一旦发现可疑的 RCWM，需要政府和军队人员立即予以响应，直到对公众（包括军队人员）暴露在 CWM 的风险评估完成后约束。除了执法单位外，CARA 和 PMNSCM 也会收到警报，并参与 RCWM 应急响应的初级阶段。这些场所的 PMNSCM 任务通常被描述为“消防站”功能（参见图E-2，美国陆军埋藏地点RCWM应急响应修复任务）。在第2类RCWM修复任务中，与第1类有计划的RCWM修复任务流程相比较，除计划阶段外，RMNSCM的修复工作与第1类其它阶段的修复工作相同。与已计划的修复行动相比，在响应阶段，应急响应涉及更多组织机构。在对发现的弹药进行识别、包装和评估之前，应加快应急响应行动速度以确保公共安全得到维护。根据弹药类型和状况，可以加快或更慎重地进行储存、处理、废弃物处置和场地关闭。

这些复杂的RCWM管理涉及多个组织、多个资金来源、多种设备和技术。这种复杂性一定程度上是由于美国国会法规、美国联邦法规和内部指令（主要是美国DoD）等多重政策指导造成的结果。此外，为各种资金来源限定业务规则，并与众多政府机构协调，为管理实践增加了许多不必要的工作（和管理费用）。由于在公共安全环境中执行，对这些管理实践要求是故障零容忍，因此每个阶段消耗大量的成本和时间。

2.6 总结

本章概述了与RCWM任务相关的政府政策、组织和流程管理。虽然管理该任务的一些政策由美国国会颁布，而其他政策和法规则是由行政部门通过行政命令或条例形式发布，美国DoD内部制定了涉及RCWM任务的大量法规和改革。而其他与RCWM任务相关的政策和法规则来自于美国联邦政府而不是州政府，当然还涵盖了范围更广的环境或生命/安全政策。考虑到从埋藏的化学武器弹药中释放毒剂可能会对健康造成严重影响，因而这些政策和法规特别注重规避风险。

负责执行这些法规、政策和规章制度的组织广泛、多样并且复杂。为RCWM任务而设立的相对较小且专业的RCWM管理机构大多在美国DoD多个机构中。被美国OSD指定为化学武器储备和非储备计划执行机构的美国陆军，是RCWM任务中参与最多的军种。本章对几个比较重要的RCWM任务参与者进行了详细的分析，其中每个参与组织都有特定的作用。这些组织之间的密切协调对于确保在继续修复RCWM的同时，尽量减少RCWM对公众健康和安全的威胁至关重要。

本章最后简要概述了适用于 RCWM 任务的管理实践。由于适用于美国国防部所有项目的 PPBES 方法自身特点和 RCWM 任务所具有的特殊性质，导致 RCWM 任务的管理实践非常复杂，因此在 RCWM 修复过程还必须依据不同情况，如埋藏的化学武器弹药被发现的地点、时间和方式，在设计的几种管理方法中选择适用的管理方法。

第3章

条约和监管框架以及公众参与

正如引言所述，美国陆军必须清理埋藏在地下的大量CWM。清理工作一方面涉及CWM的控制，另一方面涉及CWM的回收和销毁，因此需要对涉及CWM处理的项目进行管理并计算所需成本。

本章第一节讨论涉及CWM的条约和法规规定，必须按这些条约和法规规定对处置坑或壕中可能存在的埋藏CWM进行控制或销毁。

第二节讨论美国联邦和州的环境监管要求，这些要求涉及总成本、成本效益和计算修复埋藏CWM的时间，以及评估委员对完成监管要求的建议。

最后一节讨论公众参与的问题，因为公众参与会影响军队和监管机构对修复措施的选择。

本章仅对适用于废弃CWM的环境监管计划进行概述，重点描述对埋藏CWM修复项目实施影响最大的法律和监管问题。附录D提供了废弃CWM的环境监管计划以及如何将其应用于美国陆军全部修复工作中（即弹药和工业危险废弃物的清理）的详细信息。

3.1 条约和法规对确定清理范围和成本的要求

CWM清理计划的范围和费用主要由以下三个法规决定：①CWC[1]；②CERCLA于1980年开展的有害物质清理项目（EPA，1980）；③RCRA修正案实施的项目（EPA，1976）。

[1] 见http：//www.opcw.org/chemical-weapons-convention/，访问日期：2012年3月15日。

3.1.1 条约义务

CWC 和相关的美国法律要求销毁 RCWM（NRC，2003）。但在事实上 CWC 中没有任何规定要求美国回收埋藏的化学武器弹药，因此只有在化学物资被确定属于公约所涵盖的化学品类别时，才必须按照 CWC 的要求对该化学物资进行公布和销毁❶。

3.1.2 CERCLA

(1) 概述

CERCLA 是由美国政府制定的法律，用于清理美国各地的危险废弃物场地，其中包括含有 CWM 的军事场地。由 EPA 负责该法规的执行，并且 EPA 还发布了许多指导方针来规范受 CERCLA 约束的场地（包括美国政府和私营公司在内的场地）的调查、处理措施的选择以及危险废弃物的清理。

需要根据一系列法律、法规、指南和 DoD 清理计划来确定对埋藏 CWM 的控制、回收和销毁措施。其中美国陆军以 CERCLA 为依据执行场地调查、修复方案评估，并提出处理建议（CERCLA 第 120 节以及 EPA，1988、1990a、1999）。而与非联邦机构依据 CERCLA 执行的清理过程不同，美国 DoD 根据待清理场地的类型确定美国 DoD 采用的清理场地流程、计划和资金的来源。

从某种程度上来说，根据不同的计划来处理美国 DoD 待清理场地，包括：①不再由美国 DoD 拥有或控制的场地由 FUDS 计划来处理❷（U. S Army，2009b）；②现役训练场由美国 DoD 的 DERP 来处理；③基地中处于关闭状态的场地由 BRAC 计划处理。

有些场地的修复项目被列入 EPA 的美国国家优先事项清单（National

---

❶ 2012 年 1 月 6 日，美国国防部负责核、生、化的副助理部长办公室化武条约管理主任林恩·M. 霍金斯（Lynn M. Hoggins）与 NRC 研究主管南希·舒尔特（Nancy Schulte）的个人通信。

❷ 美国国防部，环境修复计划，网址：https：//www. denix. osd. mil/denix/Public/Library/Cleanup/CleanupOfc/derp/index. html. 访问日期：2012 年 3 月 16 日，另请参见陆军条例 200-1，《环境保护与加强》（1997 年 2 月 21 日）；AR 200-1（第 3-3b 段）要求设施将危险物质应急/响应计划作为 SPCCP 的一部分。

Priorities List，NPL），这意味着在EPA更严格的监督下，优先开展上述场地的修复。在NPL场地，EPA和美国DoD必须协商确定美国联邦设施协议（Federal Facility Agreement，FFA），该协议就场地调查执行的过程和时间、选择的修复措施和实施的修复活动（包括监管审查）提出详细的计划（EPA，1988、1999）。

截至2010年，EPA和美国DoD对141个修复场地中的136个进行了FFA谈判（GAO，2010）并达成协议，自2010年后还签订了附加协议。然而，在少数修复场地上，EPA和美国DoD之间对FFA的实施还存在争议（GAO，2010）。在极少数情况下，由于EDA未向DoD提交重大清理工作方案，这导致EPA不承认美国DoD完成的清理工作，并强调美国DoD还需要完成额外的清理工作（GAO，2010；Ferrell和Prugh，2011）。根据美国政府问责局（GAO）的意见，"如果某个机构拒绝执行FFA，并且由于法律和其他限制条件造成清理进度滞后，EPA无法像对私营公司一样采取措施（比如发布命令）以迫使该机构按CERCLA要求进行清理"（GAO，2010）。EPA将会要求美国DoD执行额外的清理工作[1]（EPA，1988）。因此，必须通过机构间的协商来解决FFA实施上的争议（GAO，2010）。此外由于CERCLA第120节也包含了放弃主权豁免的规定，因此若某个机构不遵守CERCLA的规定，个人和政府可以提起民事诉讼（EPA，1999；GAO，2010；EPA，2011b）。

对于非NPL场地，EPA将不直接参与，这使清理工作具有更大的灵活性。在大多数情况下，政府机构负责监督美国DoD对非NPL场地的清理行动，而事实上，大多数美国DoD的场地均为非NPL场地（U. S Army，2009b）。

CERCLA第120节也要求美国政府下辖的联邦机构（例如处理CWM的美国陆军部门）在程序和流程上，与任何可履行责任的非政府实体一样，以同种方式在同等程度上遵守CERCLA（EPA，1980）。DERP要求美国DoD"对国防部部长管辖范围内的设施实施环境修复计划"，包括"受第120节约束并以符合第120节的方式"进行应急响应，即要求美国DoD与任何非政府实体一样，以相同的方式遵守CERCLA。爆炸安全（CERCLA约束的场地一般不涉及）是弹药处理过程中的"首要优先事项"（U. S Army，2009b），美国陆

[1] 1988年《联邦设施示范协议》第3分章，最终报告的后续修改第J段。

军最新版军事弹药指南确认基于 CERCLA 规定的修复措施选择程序适用于弹药处理场地。实际上，美国陆军在与监管机构的协调和满足监管要求方面，对 NPL 场地和非 NPL 场地的指南也是一致的[1]。因此，基于 CERCLA 修复措施的选择标准适用于美国 DoD 待清理场地，下文将对此进行详细讨论。

(2) 选择基于 CERCLA 的修复措施的影响因素

基于 CERCLA 的修复措施由 9 项标准确定。其中强制性阈值修复措施选择标准要求符合"人类健康和环境的全面保护"（EPA，1980）和"遵守美国联邦和州监管要求"（EPA，1990a）。因而必须有保护性措施。CWM 涉及"化学安全、爆炸物安全（如适用）、人类健康，或由化学毒剂填充弹药或弹药装置以外毒剂造成的环境风险"（U. S Army，2009b）。这就必须在遵守 CERCLA 和《国家石油和有害物质污染应急计划》（the National Oil and Hazardous Substances Pollution Contingency Plan，NCP）要求下，评定毒剂填充弹药可能造成的风险（U. S Army，2009b）。

通常根据目标物长期毒害性和稳定性，通过处理降低目标物的毒性、减少流动性或体积同时处理方案具有快速有效性、可行性和成本节约性，此外还需要符合保护性以及适用性、相关性和适当性要求（Applicable，Relevant，and Appropriate Requirement，ARAR）的多种方案中选择修复措施（EPA，1990a）。

必须考虑美国各州和社区的"可接受性"，但 CERCLA 并未规定州或地方公民拥有否决修复措施的权利（EPA，1990a）。美国陆军的指导方针明确规定，管理机构和地方政府必须参与到基于 CERCLA 的修复方案制定过程中来，并在关键决策中必须征求管理机构和地方政府的意见（U. S Army，2005）。然而，实际需要考虑确切的修复流程与项目中州和社区的分工，以及该场地是否为 NPL 场地。

(3) 逐案的平衡标准

根据逐案处理的基础，依据风险管理评判结果并综合相关标准的要求，来确定最适合的解决方案。（EPA，1990a）。根据 CERCLA，EPA"希望在可行的情况下，通过处理来消除某一场地中的主要威胁"（EPA，1996c，第 2 页）。

---

[1] 2011 年 11 月 2 日，国防部设施与环境部副部长办公室负责环境管理的黛博拉·A. 莫尔菲尔德（Deborah A. Morefield）向委员会作报告——"从国防部设施与环境部的角度看补救行动"。

然而实际上则是“在选择修复措施的过程中对多种方案进行权衡”（EPA，2009b）。在支持 NCP 法案应对寻求永久性修复措施的诉讼时，美国华盛顿巡回上诉法院认为“CERCLA 第 121 条中的规定并未表明选择永久性修复措施比选择节约成本的修复措施更为重要[1]。”相反，在强调永久性修复方式的同时，还要兼顾修复方式的成本效益（EPA，1996c）。事实上，从 1998 财年到 2008 财年 EPA 发布的基于 CERCLA 修复方案的决策记录（the Record of Decision，ROD）中，其中 65％的修复方案中包含了限制措施，而在 2005 年至 2008 年，在超级基金资助的修复场地中，发布的修复方案决策记录中，有 56％的修复方案不实用（EPA，2010c）。

3.1.3　RCRA 的修正案

RCRA 主要规定了如何管理废弃物（固体和危险废弃物）以避免对人类健康和环境造成潜在威胁，而 CERCLA 侧重于清除污染物（EPA，1976）。事实上，RCRA 的修正案类似于 CERCLA 中的危险废弃物清理计划，RCRA 的修正案适用于 RCRA 许可设施的废弃物处置地，以及未获得许可而关闭的设施（包括国防部设施）。虽然 RCRA 是美国联邦机构执行的法规，但大多数州都得到了 EPA 的授权在州内来执行该法规。

EPA 官方政策是，“RCRA 和 CERCLA 在修复计划执行中应该保持一致，并在面临相似情况时执行相似的环境解决方案”，即 RCRA 和 CERCLA 之间程序上的差异不应该对修复结果产生实质性的影响[2]（EPA，1996b，1997a，和 2011c），EPA 对基于 RCRA 与基于 CERCLA 的修复措施选择标准相同，需要强调的是“在可行性好和成本效益高的情况下，处理某个场地中的主要威胁[3]”（EPA，1996b）。实质上，通过比较 CERCLA 和 RCRA 以及两者的修

---

[1] 俄亥俄州诉环保局，997 F. 2d 1520，1533，D. C. Cir. Cir. 1993。

[2] EPA 使用《纠正行动建议规则制定预告》（ANPRM）作为其纠正行动指南。

[3] CERCLA 包括明确的法定修复措施选择标准，其中表达了对处理方法的偏好（见上文讨论）。这种偏好也被加入 CERCLA 清理条例中（EPA，1990a）。尽管 RCRA 法规不包含法定优先选择，但 EPA 指示其工作人员使用与 CERCLA 中规定的基本相同的修复选择标准作为“指导”（EPA，1997a）。特别是，它规定了“修复措施期望”，旨在“指导修复措施替代方案的开发”（EPA，1996b）。这些期望“不是具有约束力的要求”，但经常被遵循，因为它们“反映了［EPA］的集体经验”（EPA，1996a）。具体地说，“环保局希望在可行和具有成本效益的情况下，使用处理方法来解决场地造成的主要威胁”（环保局，1996b）。

复流程，可见基于 CERCLA 要求的清理工作和基于 RCRA 修正案要求的工作具有同等效果，见图 3-1，详见附录 D。

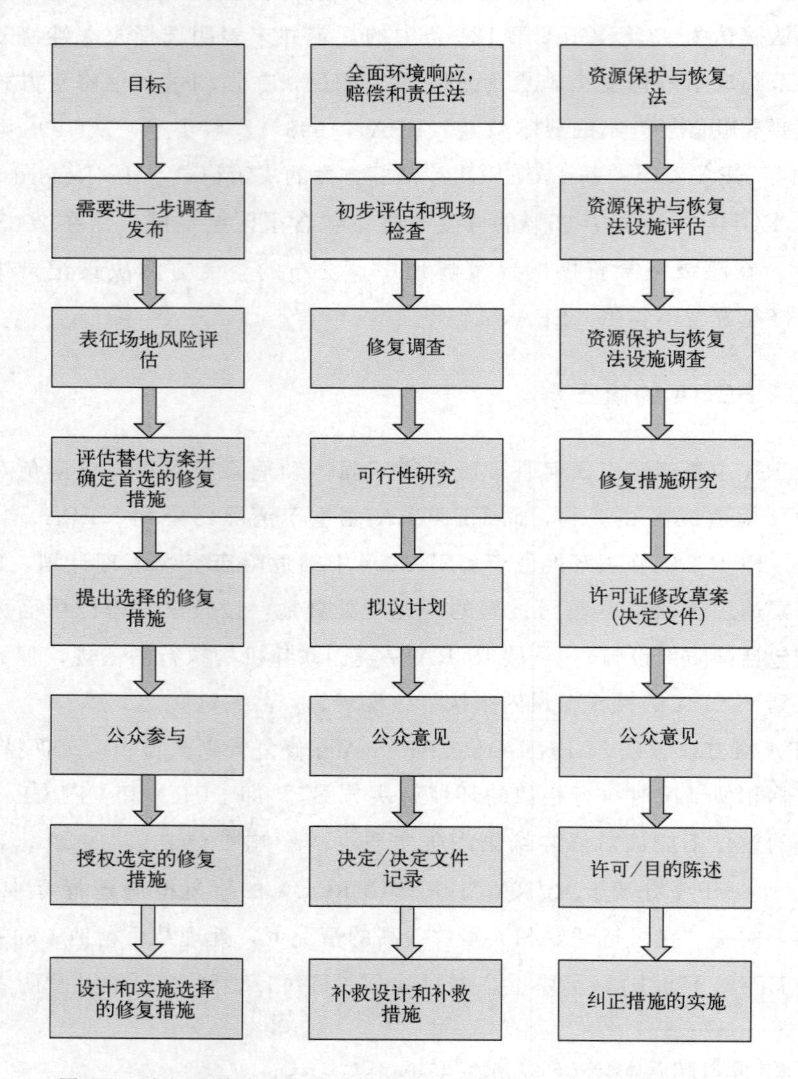

图 3-1　全面环境响应，赔偿和责任法（CERCLA）和资源保护与恢复法（RCRA）修复流程的比较

注：军用弹药响应项目（MMRP）修复调查/可行性研究（Remedial Investigation Feasibility Study，RI/FS）的最终草案指南。可 http：//www. milvet. state. pa. us/DMVA/Docs _ PNG/Environmental/MRRI-FSGuidance. pdf，第 1～14 页（U. S Army，2008c）。公布日期：2012 年 4 月 10 日

美国各州的清理情况如下，由于RCRA规定的清理过程主要是在相关文件指导下进行的，而不是由法规强制推动的，因此美国各州（在某些情况下还有EPA）在选择修复措施方面具有很大的灵活性。但实际情况是有些州并不遵循EPA的指导方针（指导方针不具有法律约束力），详见附录D。

美国各州在其管辖范围内遵守RCRA，通常政府机构作为非NPL设施的主要监管机构，或是BRAC场地的“监管团队成员”（U. S Army，2009b）。此外，由于ARAR可能包括州监管要求，因此州监管要求也可纳入CERCLA规定的清理工作中（EPA，1990a）。CERCLA明确规定，当美国政府拥有或运营的设施不包括在NPL中时，此类设施的清理和修复行动应遵守相应的州法律（包括与执法有关的州法律），同时设施的清理和修复行动应与相应法规相适应。[1]（U. S Army，2009b）。鉴于许多州的修复条例与美国政府的相似，因而各州可能会采用（有些州已经采用）自己的清理政策。

尽管有些州可能对相同的CWM或情况设定了不同于EPA的清理目标，但大多数州还是依据CERCLA和RCRA制定的法律，遵循EPA的指导方针，并基本上都采用了联邦RCRA的修复行动计划。

虽然美国纽约州目前还没有大型埋藏CWM的场地，但也应认识到：美国纽约州法规（要求将场地修复到“方便使用”，并在“在可行的范围内”）已被该州最高法院解释为，修复措施可以“减少危害但不用完全消除危害”，而且美国纽约州法规还表明，“鉴于技术可行性和成本效益，更倾向于将清理做到最彻底[2]。”美国纽约州的修复法规可能包括废弃物清理等各种措施，以解决实际发生的危害和潜在危害，但该法规不会“强制要求以上场地恢复到初始环境条件[3]。”

3.1.4 埋藏CWM清理的历史案例

RCRA和CERCLA已经或被计划用于解决CWM问题，如表3-1所示。

---

[1] 《美国法典》第42编第9620（a）（4）（2001）条。

[2] 纽约州超级基金联盟公司诉纽约州，DEC案，第9～10页。（纽约州，第189号，12/15/11）。（N. Y.，No. 189，12/15/11），见 http：//www. courts. state. ny. us/CTAPPS/Decisions/2011/Dec11/189opn11. pdf.

[3] 纽约州超级基金联盟公司诉纽约州，DEC案，第9～10页（纽约州，第189号，12/15/11），见 http：//www. courts. state. ny. us/CTAPPS/Decisions/2011/Dec11/189opn11. pdf，见10-12。

表 3-1 化学武器物资清理示例

场地	修复流程依据	遏制/销毁政策	技术	其他
美国落基山兵工厂(国家研究委员会,2002)	CERCLA 已通过 CERCLA 决议记录,并且符合该州 RCRA 要求,在紧急情况下,可进行基于 CERCLA 的危机消除行动	选择销毁	爆炸破坏系统	自 1980 年以来,一直在进行大规模的清理工作。国家优先事项清单中已经列出了落基山兵工厂公共区域中存在少量沙林炸弹,并且正在进行非化学武器物资的修复计划;沙林炸弹只是整个清理工作的一小部分。
美国华盛顿特区春谷(环境保护署,2011a)	CERCLA	迄今已选择销毁化学武器物资,尚未决定修复措施	爆炸破坏系统	住宅区,包括土壤调查正在进行中
美国希伯特营地	CERCLA	选择销毁	爆炸破坏系统	农场附近
美国红石兵工厂[①]	州签发了 RCRA 清理许可。EPA 正在主导谈判 CERCLA FFA。但美国陆军更愿意成为一名监管决策者。目前主要监管机构尚未确定。	州政策:州选择了销毁政策,并已下令销毁所有化学武器物资,最终尚未决定修复措施	未决定	现役训练场上有化学武器物资分布。居民区正在侵占训练场场地。地下水很浅,被污染的地下水正在流入美国田纳西河
美国犹他州图勒	RCRA	还未决定。州倾向于销毁表面的化学武器物资,和填埋的化学武器物资	未决定	化学武器物资被埋在美国陆军基地远离人口稠密的地区
美国杜格威试验场(环境保护与恢复法许可 2011)[②]	RCRA	进行了一些移除工作,许多数场地还进行了修复工作	使用覆土掩埋进行控制和持续监控。	美国杜格威试验场有 200 多个固体废物管理单位;在 20 世纪 90 年代,大多数单位都采取了修复措施。除封闭处理外(包括土地使用控制和持续监控),该试验场没有正在进行的 RCRA 许可活动。

续表

场地	修复流程依据	遏制/销毁政策	技术	其他
美国阿伯丁(美国陆军,2008d)	CERCLA	每隔5年审查一次,并且在1999年、2002年、2008年进行审查。	给O号填埋场内的化学武器物资上加盖,并使用远程技术和地下水抽水监测	是现役庞大的美国陆军训练场上的一个需要处理的场地。军需品物资不稳定。为了使修复措施具有长期保护作用,必须继续控制废物,并进行LTM和5年审查,直到现场条件允许无限制使用和暴露为止

① 环境保护署执法部门向委员会的演讲和电话会议（2011年12月5日）。

② 美国犹他州，环境保护与恢复法许可证程序Ⅶ。

3.2 要求

许多法规问题（尤其是修复措施的选择标准）影响了埋藏CWM的调查、修复方案的制定和修复工作的实施。评估委员会审查了在环境监管计划中需要采用高成本修复措施的原因，以及其他一些可能阻碍或影响埋藏CWM修复成本的监管问题。下面将讨论对大多数CWM修复行动产生影响的重要问题，并在第五章详细讨论涉及RSA的相关问题。

根据现行美国陆军指南[美国陆军（军用弹药响应项目）修复调查/可行性研究（MMRP RI/FS)]，要求在弹药处理场地执行合理且适当的修复调查（U.S Army，2009b），该指南还建议遵循技术方案规划（the Technical Project Planning，TPP）流程。TPP流程要求将决策者和技术人员召集在一起协商（TPP第一阶段），随后确定数据需求（TPP第二阶段），再制定数据收集选项（TPP第三阶段），最终确定数据收集计划（TPP第四阶段）。鉴于所有这些修复行动都已计划好，可以在实际行动开始之前确定可能存在的问题和制定相应的对策。虽然美国陆军指南可以加快军事弹药处理任务中处理埋藏CWM的进程，但从法律上来看该指南不具有法律约束力❶，而且根据评估委员会委员们的经验，还存在以下问题，即各机构并不总是遵循项目规划的指导方针和某些机构人员可能并不了解该机构全部指导方针的内容。

❶ McLouth钢铁产品集团诉Thomas，838F.2d 1317（DC Cir.，1988）。

【发现 3-1】 美国陆军 MMRP RI/FS 指导文件（U.S Army，2009b）要求以公开和协调的方法来引导利益相关方，并将利益相关方纳入 MMRP 决策过程内。

【建议 3-1】 在规划和实施 CWM 清理时，负责 CWM 项目的美国陆军长官应尽早全面执行 MMRP RI/FS 中所述的 TPP 过程。

由于只能通过监管清理程序来确定需清理 CWM 的数量和实施修复所需时间，而这超出了美国陆军的能力范围，因此无法准确预测最终的 CWM 清理数量和实施修复所需的时间。

3.2.1 CWM 修复的灵活性需求

“多种问题的存在使 CWM 场地的 RI/FS 变得非常独特”，如“存在可能接触化学毒剂的问题”、存在可能发现爆炸性物质的问题以及存在可能与非化学武器弹药或其他危害物质同地发现的问题（U.S Army，2009b）。而若存在爆炸性物质则需要其他项目来确保处理人员的安全，此外土壤和其他介质也可能被污染。

每个埋藏 CWM 场地都具有独特性。除环境等因素外，埋藏条件（如埋藏深度、覆土）、位置（如漫滩、浅层地下水等）和暴露路径（如距设施边界的距离）也各不相同。此外每个设施内的条件也不相同，例如许多设施内有多个 CWM 处理场地。由于在对现场进行实际调查之前，通常很难知晓埋藏的物资或埋藏化学物质的性质，这就要求在场地评估、调查、执行清除或临时挖掘行动、最终修复措施的选择与实施上需要采取灵活的处理方法。

CERCLA 和 RCRA 执行过程具有很大的灵活性，可以对评估、调查和最终清理行动采取合适的方法，但这些方法仍然需要满足 RCRA 和 CERCLA 监管要求（即客观挖掘真相、充分描述问题范围、确定风险和平衡修复措施中的选择性因素）。

假设对埋藏 CWM 的场地采取了挖掘和销毁的方法。在开始清理时，为进行清理和移除工作，可以采用挖掘试验掩埋坑的临时措施，这有助于更好地了解场地中遗留下来的物资及其状况。一旦对场地的具体情况有了更多的了解，则可采取其他的清除或临时措施以进一步降低风险，并且还能进一步地了解现有物资及其状况。只有在完全掌握场地的污染性质和程度、接触途径以及对人体健康和环境的风险后，才能确定采取的修复行动（CERCLA）和修复措施（RCRA）。

同时评估委员会也注意到，在某些情况下不必进行全面的修复调查（CERCLA）或 RCRA 要求的设施调查，就可以获得关于某些埋藏 CWM 的充分数据（见附录 D）。这些数据可能来源于历史信息、物探调查、有限的探坑和部分取样，基于这些数据信息就能选择出一种相对快速的调查和修复措施。尽管通常要求在修复计划中进行全面的修复调查或 RCRA 要求的设施调查，但一般得不到足够的数据来评估修复方案和修复工作决策。而根据少量或适量的数据来评估修复方案并选择修复技术，可以形成一种快速的调查和修复措施。该措施具有如下的优点：即使没有足够的数据来充分描述污染源的性质和程度以及释放和迁移途径，也可以将经费用于降低风险；在选择就地修复方法时，可以将经费用于污染屏蔽和持续性监测，并最终用于污染屏蔽设施的安装和监测系统的运转；在选择“拆除和销毁”方法的情况下，基于场地特点挖掘和处理已查明的地表弹药和埋藏弹药的同时，继续进行修复调查和执行修复工作，这与美国陆军在春谷场地所采取的“根据场地特征拆除和销毁”方法类似，随着调查的不断深入，风险将逐渐降低。

【发现 3-2】执行 CERCLA 和 RCRA 应具有足够的灵活性，能够解决埋藏 CWM 场地存在的特殊问题。

【发现 3-3】在某些情况下，一些 CWM 埋藏场地有足够的数据，无需调查污染源的性质或释放程度和迁移途径，便能够评估和选择修复方法和技术。

【建议 3-2】美国 DoD 和相关监管机构应听取公众的意见，利用 RCRA 和 CERCLA 自身的灵活性调整总体规划以解决单个埋藏 CWM 场地的特有问题。

【建议 3-3】即使没有足够的数据来充分描述场地中污染源的性质、污染物的释放程度和迁移途径，美国陆军也应考虑尽早进行场地修复以降低风险。

3.2.2 先调查再行动

在 RCRA 和 CERCLA 约束的弹药场地清理调查阶段，实地调查小组可能会遇到地表弹药以及地下埋藏弹药。根据 RCRA 关于废弃物管理的要求，一旦埋藏的弹药被发现，就应该引起重视并认定为新废物。同样，地表弹药一旦被发现也将被认定为新废物。另外如果这些弹药被认定为危险废弃物，则应遵守 RCRA 的废弃物管理要求。

如前所述，如果该弹药被认定为 CWM，则必须遵守 CWC。事实上，一旦弹药被认定为化学武器，则必须按照 CWC 销毁这些弹药，但公约未规定含化学武器弹药的具体销毁时限。根据 RCRA 和 CWC 的要求，已发现的 CWM 不得再置于地面或埋藏于地下。根据美国陆军 RI/FS 指南、EPA 指南和美国陆军条例，美国陆军制订了埋藏 CWM 的清除计划并获得批准。在与美国政府和州监管机构及其他利益相关方协商后，美国陆军希望对涉及 CWM 的项目制定一个具有通用性的全面处理方法。该方法应针对具体场地设立，包括对场地进一步评估的具体步骤，确定弹药类型和化学成分、临时储存方法、最终处置方法（包括现场销毁或场外销毁）、次生废弃物与其他残留物的管理方法，以及监管机构允许公众参与到场地监管的方案。

3.2.3 受污染军事活动区中间的清洁带

美国陆军许多军事活动区已经使用了很多年，甚至有些军事活动区已经服役了几十年。这些军事活动区域的设立具有多重目的，但主要是进行军事训练和武器装备研发。经过多年的使用，这些军事活动区域已经受到弹药污染，这些污染来源于与弹药有关的化学物质（如三硝基甲苯、高氯酸盐），或与弹药有关化学物质的分解产物（如二硝基甲苯、重金属）以及与弹药不相关的化学物质，例如用于化学弹药去污的物质（如漂白液、腐蚀剂和有机溶剂）。尽管美国陆军已确认这些军事活动区对士兵以及其他参与间歇训练和研发人员是安全的，但这些区域的污染仍然令人担忧。

清理军事活动区废弃物或装备的方法之一是清除具有爆炸性的弹体和降解弹体内的化学武器，以及清除和销毁完整的弹药，包括常规弹药和化学武器弹药。此外受污染的介质也应该被移除并进行处理。

评估委员会注意到，对于 FUDS 和 BRAC 场地，虽然清除和销毁爆炸的弹体和降解弹体中的化学武器、清除和处理完整的弹药（包括常规弹药和化学武器弹药）以及清除和（或）处理受污染介质的方法可以使用，但是应该进一步仔细评估对于FUDS和BRAC场地的清除和处理方案。评估委员会还关注军事活动区内的废旧处理装置的清除和处理，特别是关注在曾经污染区中清理出的干净中心带，如果这些中心带继续用于训练和用于其他目的，将再次受到污染，因此要对干净的中心带进行保护。

【发现3-4】由于美国陆军军事活动区一直用于训练、研究、开发和其他活动而遭受污染，若继续使用将导致军事活动区轻度或中度污染。

【建议3-4】在评估适当的埋藏CWM修复措施时，美国陆军以及批准同意对该军事场地进行修复的监管机构应考虑军事活动区的特殊性。

3.2.4 改进行动管理单位

修复污染场地的管理是一个非常复杂的课题。在RCRA的执行上，美国各州在修复污染场地时执行的标准有所不同。修复CWM处置场可能会产生大量的次生废弃物，包括受污染和未受污染的空弹药体、完好的化学武器弹药和常规弹药、废弃的制造和加工设备以及受污染的土壤和其他小片废物。虽然在本书的研究范围内不对CWM场地修复条例的复杂性进行评估，但对CWM废弃物进行管理仍是本书的研究内容。

军用场地废弃物包括废弃物（如有必要）、受污染的土壤和碎屑等。从历史上看，EPA将军事场地废弃物或受污染土壤等的转移解释为“危害物的产生”，这反过来又触发了RCRA对废弃物进行管理的要求。而为达到RCRA对土地处置限值（Land Disposal Restrictions，LDR）的规定，EPA设立了许多不同类型的废弃物处理装置，以便在选择修复废弃物、受污染土壤、其他介质和碎屑时，处理方法具有灵活性。如附录D所示，污染场地修复产生的废弃物，可在废弃物处理装置如改进行动管理单元（Corrective Action Management Units，CAMU）、临时处理装置和指定的“污染区域”进行处理，从而不必满足“产生废弃物”的全部限制性要求（包括对修复废弃物的处理），其中也包括不需要“产生的废弃物 ”满足一致的LDR要求。

当遇到从一个或多个场地产生大量修复废弃物的情况，这些废弃物特别适合装入CAMU中，从而使这些废弃物可以在同一现场位置或可接受的场外位置安全可靠地被管理。CAMU包括存储和处理修复产生的废弃物以及处置这些废弃物的装置。对于储存和处理修复产生废弃物上CAMU是临时设施，而对于处置修复产生的废弃物上，CAMU 可以作为永久性废物管理单元。

因此，具有处理修复废弃物功能的 CAMU 可能仅装备于未来美国陆军管辖的现役单位中。此外，当美国政府土地管理部门成为 BRAC 场地土地的所有方时，CAMU 也可在 BRAC 场地使用。

CAMU 能够处理受污染或已销毁的化学武器弹药和常规弹药，以及其他修复废弃物。事实上只要证明废弃物经 CAMU 处理后，废弃物对人类健康和环境无有害影响，则任何一种待修复废弃物都可以由 CAMU 进行处理。CAMU 还可用于被污染的碎屑和土壤的储存或处理。需要注意由于 CWC 要求对完整的化学武器进行销毁，因此上述物资无法由 CAMU 处理。然而这类物资销毁后剩余的次生废弃物可以由 CAMU 进行处理。

与 CAMU 类似，附录 D 中所述的污染区域也可用于修复产生废弃物的处理。如果证明设立污染区域对人类健康和环境有保护作用，那么在监管机构接收之前，如果决定保留修复废弃物，并进行适当的工程控制（如填埋场盖、渗滤液收集系统）、监测（如地下水监测）和土地使用控制，那么就可以将修复产生的废物（包括受污染的土壤）保留在这些区域。例如，在美国陆军阿伯丁试验场（埃居伍德地区）和落基山兵工厂都已经采用了保留修复废弃物的修复措施。附录 D（监管程序审查）中提供了在 RCRA 和 CERCLA 约束下进行修复措施选择的过程信息。特别是，附录 D 中关于修复措施类型的章节讨论了如何选择主动清除/销毁与保留/遏制的修复措施。

同样，附录 D 中所述的临时处理装置也可用于管理修复产生的废弃物，如 IHF 就是一个理想的临时存放装置。此外，在爆炸破坏系统（EDS）运行或采取任何爆炸破坏技术（EDT）时，IHF 可以作为临时处理单元使用。

为“空的”弹体和废金属以及可能存在于大型处置坑中受污染土壤和碎屑设立临时处理装置，将比基于 RCRA 或 CERCLA 要求的修复措施更有优势。

【发现 3-5】受 RCRA 或 CERCLA 约束的 CWM 处置场产生的大量修复废弃物，采用 CAMU、IHF 或指定污染区措施能较好地处理修复产生的废弃物。

【建议 3-5】尽管修复委员会已经认识到需要采取灵活的修复措施，但还需要根据具体场地的情况作出决定。在可能会产生大量修复废弃物的情况下，美国陆军应采用更多修复处理装置。

3.2.5　由RCRA储存要求带来的问题

在CWM调查和大规模修复行动中，美国陆军又遇到待评估或待销毁弹药储存时间过长的问题。根据RCRA要求，尽管有危险废物储存许可证，但废物在该场所的存放时间也不能超过90天。虽然监管机构又将该期限延长了90天，但RCWM可能需要储存更长的时间。例如在美国华盛顿特区春谷场地，EDS被运到现场并运行之前，RCWM在IHF中存放了大约2年❶。同样，在位于美国亚拉巴马州的西伯特营地的FUDS，RCWM在等待EDS或基于EDT的系统进行最终处理之前，已在IHF中存放了1年多❷。在CERCLA的约束下，RCRA修正案被认为满足ARAR，因此RCRA也是适用的❸。根据CERCLA要求处理的场地，因为储存许可将被视为一项行政（非实质性）要求，通常储存超过90天是没有问题的。同样如果根据RCRA修正案进行清理工作，90天的储存标准也是适用的。监管机构在这种情况下可指示处理装置开始运行，并允许IHF作为符合RCRA要求的储存设施。

评估委员会视察并检查了美国华盛顿特区春谷场地的一个IHF。此外，评估委员会了解了USATCES和DDESB对此类装置中弹药的处理规定。评估委员会认为，没有必要绕过RCRA许可，另行制定保护人类健康或环境的处理要求。事实上获取储存许可的过程与EPA根据美国DoD的意见制定军用弹药储存规则时出现的情况类似。在这方面，EPA和美国DoD均意识到常规武器和化学武器在非军事化之前可能会储存很长一段时间。在审查了美国DoD的监管要求后EPA同意，没必要要求美国DoD设施获取此类储存的RCRA许可（EPA，1997b）。由于认识到在上述情况下没有必要获得储存许可证，因此美国DoD制定了“冰屋”政策（DoD，1998）。根据这项政策，弹药在离开冰屋转化为非军事化用途之前，是不会被界定为受RCRA管制的废弃物，

---

❶ 2011年11月1日，美国环境保护局第3区修复项目经理，史蒂文·赫什（Steven Hirsh）向委员会发表演讲——“美国环境保护局视角：保护公众”。

❷ 2011年11月3日，美国陆军工程兵部队莫比尔区FUDS项目经理卡尔·E. 布兰肯希普（Karl E. Blankenship）向委员会提交的报告——“修复亚拉巴马州西伯特营地受污染的土壤”。

❸ 然而，委员会注意到，什么是适用和适当的，什么是不适用和不适当的，其定义取决于法规解释。

这同样也适用于待销毁的储存 RCWM。此外另一种解决方法是依据 RCRA，将 IHF 批准作为一个临时储存装置（见附录 D）。

3.2.6 EDS 和 EDTs 的监管批准和许可

EDS 和三种爆炸销毁技术（EDT）中的 2 种现已部署到美国境内多个场地，并已成功运行，如在美国夏威夷州斯科菲尔德兵营（Schofield Barracks）和美国华盛顿特区春谷等受 CERCLA 约束场地。相关的销毁技术文件已被确定为 CERCLA 要求的一部分。监管机构通过 CERCLA 规定的流程可以审查技术文件，并对这些装置的操作条件或控制措施提出意见。在某些受 CERCLA 约束的场地（如美国科罗拉多州的落基山兵工厂），由于该州制定了本州的 RCRA 紧急命令条款来确定销毁技术的工作条件，监管机构要求在销毁回收的沙林炸弹时进行额外控制。

除 CERCLA 约束的场地外，RCRA 许可运行 EDS 和其中一个基于 EDT 的装置。例如在用于销毁各类化学武器弹药的美国阿肯色州松树崖兵工厂以及美国亚拉巴马州安尼斯顿化学仓库，SDC 被实验性地用于处置废弃化学弹药，并随后将在美国普韦布洛（Pueblo）化学仓库使用。在这些情况下，监管部门对使用销毁装置的批准不是通过传统的 RCRA 许可流程，而是通过 RCRA 的其他监管审批机制，如研究开发和示范（Research Development and Demonstration，RD&D）许可。EDS 或任何基于 EDT 销毁系统与上述 IHF 一起批准为临时处理装置。这些替代的监管审批机制可以很好地发挥作用，以使监管机构能够及时审查文件并批准设备用于销毁 RCWM。此外为危险废弃物处理装置申请常规的 RCRA 操作许可是监管审批的另一种选择，如根据 RCRA 第 X 子部分为其他单位申请使用 EDS 或基于 EDT 销毁系统的许可。但是获取此类许可可能是一个耗时耗钱的过程，需要花费一年甚至更多时间和金钱才能最后获得。

【发现 3-6】美国一些州可能希望采用常规 RCRA 许可流程，RCRA 约束的弹药响应场地（Munitions Response，MRS）批准使用 EDS 或其中一个基于 EDT 的销毁系统，但其他监管部门批准的替代方法可能会节省时间和金钱。

【建议 3-6】美国军队应要求 EPA 或州监管机构（如适用）采用 RCRA 规

定的审批机制时更具灵活性，以取代EDS或基于EDT销毁系统的传统审批许可流程。

3.2.7　弹体、碎片和其他金属的处理回收

先前的NRC报告（NRC，2007，2010a）中已经讨论了金属碎片的回收和利用问题。然而在埋藏CWM的场地，此类金属部件的数量很大，因此需要总结处理经验。使用所有类型基于EDT的销毁系统和EDS都会产生大量的金属次生废弃物，包括处理过的弹体、碎片，在某些情况下还包括爆炸碎片保护系统。目前，PMNSCM计划将这些金属材料作为危险废弃物埋藏在RCRA允许的处理、储存和处置设施（Treatment，Storage，and Disposal Facility，TSDF）中[1]。如上所述，这些金属材料也可以在CAMU中进行处理，由此产生的次生废弃物可以作为废金属回收利用。经验表明，基于EDT的销毁系统和EDS处理可产生含有小于1VSL有害物质的废金属（NRC，2009a）。由Dynasafe公司生产的破坏装置产生的废金属可能会运往私营部门进行回收或被用于其他用途。同时预计所有装置都能完全清除和销毁金属上的化学毒剂。

评估委员会重申其先前的观点，即应将这些装置产生的废金属中的化学毒剂清除掉，并将废金属回收利用。然而，在采用其他技术回收金属之前，需要向美国政府和（或）州监管机构证明这些金属不应再被归类为危险废弃物。虽然小型和中型MRS中只能回收少量金属，但大型MRS（可能涉及数百甚至数千枚弹药）里可回收的金属量很大。评估委员会期望美国陆军继续探索RCWM处理产生的废金属回收利用的可能性。

3.2.8　扩展松树崖兵工厂模式

同样，NSCMP资助美国阿肯色州的松树崖兵工厂（Pine Bluff Arsenal）使用EDS销毁该处的NSCWM，并期望该装置将来不但可用于一个或多个大型修复场地，还能用于应急响应。每个大型埋藏CWM场地都需要对埋藏或回

---

[1] 2011年9月27日，非储存化学武器物资项目运营主管，富兰克林·D. 霍夫曼（Franklin D. Hoffman）向委员会介绍——“非储存化学武器物资项目所需设备和实现能力概述”。

收的CWM和其他相关污染介质进行调查，并进行一定程度的修复（控制或处理）。如果部分CWM应急响应团队和设备驻防在其中某个大型场地，这将节省成本，因为在常规情况下团队人员可以参与埋藏CWM的修复，从而持续保持其技能和训练以便在应急响应期间发挥作用。事实上，美国陆军将一些EDS安放在美国阿肯色州松树崖兵工厂时便有了以上的考虑。

【发现3-7】将资源集中在一个大型埋藏场，可以有效地部署应急响应功能，并有可能降低修复成本。

【建议3-7】美国陆军应评估并选择一个埋藏CWM场地作为其应急响应团队的驻地/设备储存库，以提高整个项目的成本效益并保持灵活性（NRC，2004）。

3.3 公众参与的重要性

NRC（NRC，1994，1999，2001a，2001b，2002）和其他组织（EPA，2001，2002b，2009a，2010b；U.S Army，2007d）编写的几份早期报告强调了美国陆军应积极并公开NSCWM的政策决策的重要性。事实上，许多化学毒剂的替代性处理技术都归功于公众的参与以及公众对美国国会和各州的影响。

军事弹药处理活动受美国联邦、州和地方各级的若干法律所管辖。如上所述，公众参与已纳入RCRA和CERCLA要求（U.S Army，2005；EPA，2005）。此外，《应急计划和公众知情权法案》（EPCRA）要求军事设施报告所列有害物质的排放情况，如果数量超过阈值，则需要每年完成并公布有毒物质释放清单[1]。

监管机构详细说明了由MRS作为牵头机构组织社区和利益相关者参与活动。此外，美国国防部和美国陆军部的法规和政策提供了一个基本方法，以指导军事决策者（即设施负责人）作为美国DoD现役设施的负责人，以及USACE作为FUDS的负责机构去执行和参与公共外联活动（U.S Army，2004a，

---

[1] 2011年11月23日，环境分部安装管理/供应局助理参谋长环境专家大卫·里昂（David Lyon）与委员会成员德里克·盖斯特（Derek Guest）的个人通信。

2004c，2005，2009c，2009d)。尽管NSCMP从未处于主导地位[1]，但该项目的相关机构确实发挥了辅助作用，例如分发资料、与受影响社区居民沟通。

在先前的评估委员会报告（NRC，2002）中报道了公众的反馈，表明美国陆军在向公众提供信息和改善与公众的沟通方面取得了很大进展。反馈的社区居民高度关注的一些问题，例如，公众普遍反对引进其他州的废弃物，因为这些废弃物可能导致某个场地成为倾倒场，并对于移动销毁技术有较高的偏好。此外，非焚烧技术作为一种比开放式爆炸更先进的技术已得到了广泛接受，但一些社区居民担忧新技术的成本问题（NRC，2002）。

根据公众的关注程度，不同场地采取的方法可能有所不同。例如，位于美国华盛顿特区的春谷有一个非常活跃的修复咨询委员会（Restoration Advisory Board)，而在美国亚拉巴马州的西伯特营，公众对设立这样的委员会没有任何兴趣。这两个地方都进行了公开宣传，向公众提供资料和向媒体提供信息。美国陆军在修复大型埋藏CWM场地时面临的关键问题是，在有限的公众兴趣下是否需要保持公众适度参与修复计划，还是应该扩大公众的参与以便让公众更多了解埋藏CWM修复计划和进展。

【发现3-8】 目前CWM场地的美国陆军项目负责人已经认识到公众参与的重要性，并得到了NSCMP的适当支持。

【建议3-8】 由于美国陆军对大型CWM场地进行修复，项目负责人应预计到公众会更多关注修复工作，同时继续寻求公众积极参与决策，并应采取措施以确保与不同组织机构的交流沟通顺畅。

---

[1] PMNSCM经理劳伦斯·G. 戈特沙尔克（Laurence G. Gottschalk）与主席理查德·J. 艾尔（Richard J. Ayen）2011年9月27日的私人交流报告。

第4章

修复CWM场地的技术

4.1 技术工作流程

本章介绍目前可用于CWM场地修复的技术，并给出技术应用于已知或可疑CWM场地修复的实例。

通过物探技术（一般是磁力计或有源电磁传感器）对地下可疑的CWM进行定位，通常这些技术用于检测关注的常规弹药和爆炸物（MEC）。与USACE签约的承包商寻找普通MEC的常用方法是，首先在检测到异常地点的上方设立栅形围栏，再通过机械或手动挖掘的方式（或两者兼有）来寻找可疑CWM。而一旦发现可疑CWM，在该区的作业将立即停止，并等待军事爆炸弹药处理（EOD）技术人员或CARA进行处理。随后EOD/CARA人员将完成对可疑CWM的移除和评估，并将其装入一个允许用于现场运输的容器中，再存入IHF中。

通常EOD/CARA使用野外X射线设备进行初步检测，来确定弹药是否应该先放入洗消剂中消毒，然后再进行包装并存放于IHF中。

如果RCWM属于CAIS，则利用SCANS对其进行处理，然后将其运至异地，再遵循RCRA的要求，在TSDF中处理。

将可疑的CWM从IHF中取出，并利用现场MMAS对可疑RCWM内的填充物进行非侵入式评估。关键的MMAS工具如下：

① DRCT。

② PINS。

③ 拉曼光谱仪。

如果怀疑存在填充化学毒剂，则将RCWM重新放置于另一个IHF中，以等待MARB进行评估。此外RCWM被封装到多种圆形容器（Multiple Round Container，MRC）中，该容器已通过美国运输部的认证，并可由CARA在公共道路上运输。

经MARB评估后，可采用以下销毁系统对RCWM进行销毁或处理：

① EDS。

② TDC。

③ DAVINCH。

④ SDC。

二次废弃物被运送到商业设施进行最终处置。

按时间顺序梳理，该过程包括：①初始检测到挖掘物和初步评估、包装、储存和运输；②或由SCANS处理CAIS；③进行光谱或X射线评估；④MARB评估；⑤销毁和二次废弃物处理。在检测和挖掘中必须重点关注三个关键事宜，即个人防护装备（personal protective equipment，PPE）、空气监测和空气质量控制系统。通常物探方法是完全非侵入式的，因此不需要PPE和空气监测。但是，一旦开始挖掘，鉴于存在被CWM污染的介质或弹壳碎片造成可能泄漏，就必须考虑到PPE和空气监测。

4.2 物探

根据DERP下MRP的相关要求，即使CWM以完整弹药的形式被发现，但在这些炮弹和碎片中仍可能包含MEC或其他弹药成分[1]。

MEC CWM是指包含有CWM的MEC，它既包含化学毒剂又包含爆炸危险成分。弹药的组成部分还应包括在炮弹外发现的毒剂，例如，渗入土壤并被土壤吸收的毒剂；此外还应包括与弹药有关的其他有害成分，如重金属、高能炸药（例如TNT）以及毒剂和高能炸药的分解产物。

鉴于MEC CWM同时具有爆炸和化学危险，因而具有极大的危害性。但由于炮弹外壳由钢制成，因此可以借助常规物探技术发现。

---

[1] MEC和弹药成分的正式定义见《场地优先顺序规程》（SPP，the Site Prioritization Protocol）见 http：//www. denix . osd . mil/mmrp/Prioritization/MRSPP. cfm.

用于检测 MEC CWM 的地球物理传感器与用于检测常规（高爆炸性）MEC 的相同。这类传感器主要包括磁力计和有源电磁系统。

美国政府和私人支持的研究机构取得的研究成果促进了检测 MEC 能力的不断提高。这些进步主要表现在提升传感器性能和提高其信号处理能力。在某些情况下这些设备使我们可以仅根据对象的地球物理信号就能区分或确定埋藏的对象是 MEC 还是非 MEC，而无需挖掘和通过视觉识别。

MEC CWM 既可能被单独发现，也可能被大量发现。在美国亚拉巴马州 8 号场地的西伯特营地发现过单个 MEC CWM，随后 8 号场地被确定为 CWM 弹药影响区域。在 8 号场地发现了一些埋藏的失效 4.2in（英寸）迫击炮弹，这些埋藏的炮弹每个都需要单独检测、挖掘和处置。

以前的处置工作中，在大规模埋藏的弹药中还发现了其他 MEC CWM。例如在美国华盛顿特区的春谷场地，由于多个 MEC CWM 埋藏在一起形成了一个较大的物探目标，容易借助于物探方法发现。但是由于无法在大量埋藏物中区分单个对象，通常无法从物探数据确定地下埋藏物的数量。

在含有 CWM 场地采用了常规 MEC 所使用的物探技术，这些技术足以检测单个和大规模埋藏的 MEC CWM。

另一方面，假如没有金属外壳，则与 CWM 相关的弹药成分很难检测。通常需要进行现场取样分析或实验室分析来确定弹药成分，包括吸附到土壤中的化学毒剂、重金属、高能炸药或吸收到土壤中的毒剂以及高能化合物的分解产物等。

本章稍后将介绍用于化学毒剂和某些分解产物检测的 CWM 毒剂检测仪和检测仪套件[1][2]。

4.3 个人防护装备

根据 NSCMP 要求，需要穿戴 PPE，该 PPE 与 OSHA（职业安全与健康管理局）批准用于其他危险和有毒物质处理工作的 PPE 相同。已证明各种 OS-

[1] 2011 年 11 月 3 日，美国陆军工程兵部队莫比尔区 FUDS 项目经理卡尔·E. 布兰肯希普（Karl E. Blankenship）向委员会提交的报告——“修复亚拉巴马州西伯特营地受污染的土壤”。

[2] 2012 年 1 月 17 日，国防部环境安全技术认证计划弹药响应计划战略环境研究与发展计划经理赫伯特·H. 纳尔逊（Herbert H. Nelson），向委员会作的报告——“RCWM 的地球物理探测及相关能力研发”。

HAPPE等级（A、B、C和D等级以及OSHA批准的改进等级）对许多非储存的CWM场地都适用，包括美国亚拉巴马州西伯特营地、美国华盛顿特区春谷、美国夏威夷州斯科菲尔德军营和美国印第安纳州纽波特（Newport）含神经毒剂维埃克斯（VX）的建筑。

4.4 开挖，临时存储和销毁期间的空气监测

在现场操作期间或由于现场工作，可能会使工人或公众暴露于化学毒剂的风险中，因此必须进行CWM空气检测，完整的工作计划包括制订计划的依据、目标、程序以及特定站点执行每一步响应行动。RCWM响应行动的详细政策以及安全和健康要求包含在美国陆军出版物中，包括手册、法规和宣传小册子（U.S Army，2004c，2004b，2006，2007b，2007c，2008b，2008e）。RCWM的大部分响应过程与其他MEC响应过程相同。可见，RCWM响应行动是根据MEC响应行动的流程制定（U.S Army，2006，2007b）。

当客户要求对NSCMP中其发现的化学品进行新的分析或检测时，通常由ECBC负责。而在美国陆军亨茨维尔工程支持中心（the U.S. Army Engineering Support Center，Huntsville，USAESCH）负责的RCWM任务中，ECBC通常根据美国陆军标准制订化学毒剂（如需要，也包括其他危险化学品）的空气监测计划和建立分析方法，并设立监测点，以便在响应行动的所有阶段监测空气中的化学毒剂；协助USACE维护污染蒸汽的过滤装置，并现场分析从怀疑受化学毒剂污染介质中收集的顶空样品。鉴于评估委员会认为蒸汽过滤设施和除尘技术足够满足需要，因此本章将不对其进行详细讨论。

4.4.1 监测设备

选择监测设备要基于执行的监测类型和涉及化学毒剂的类型。先前已经详细描述了空气监测设备系统。在非储存场所使用的监测系统及其相关的操作程序必须在使用前经过适当的认证。以下监测系统可用于监测非储存CWM处置场所、存储CWM处置场所和存储CWM设施内空气中存在的化学毒剂（U.S Army，2004c；NRC，2005a）。

① 微型化学毒剂监测系统（MINICAMS）是一种自动空气监测系统，可将化合物收集在固体吸附剂捕集阱（通常为多孔聚合物）中，并将其热解吸到毛细管气相色谱柱中进行分离和检测。它是一款轻巧、便携、接近实时的高灵敏检测装置，具有报警功能，能够响应 G 类神经毒剂、VX 神经毒剂、芥子气、氮芥气和路易氏剂。通常在非存储场所使用的 MINICAMS 其警报级别设置为与毒剂对应的空气暴露限值（Airborne Exposure Limit，AEL）的 0.70 倍[1]（NRC，2005a）。MINICAMS 在美国亚拉巴马州的西伯特营地使用时，结果好坏参半[2]。预计在其他修复场地中也会遇到类似的情况。

a. MINICAMS 被用于怀疑存在化学毒剂泄漏的地方，用于确定该可疑泄漏点是否应被处理。使用测试程序对 MINICAMS 进行校准，但如果初始校准不成功，测试程序可能会导致设备延迟运行 2～3h。

b. MINICAMS 不够耐用，不能迅速从报警状态恢复到正常状态。恢复到正常状态需要长时间的停机。因而需要一种更耐用的便携式系统来进行近实时空气监测。

c. 在美国西伯特营地被称为“芥子气浸泡坑”的地方，三氯乙烯（可用作洗消液或洗消液的组分）干扰了 MINICAMS 对芥子气的测定。

② 开放式傅里叶变换红外光谱空气监测装置，其检测原理为，在露天下将光束发送到反射器，然后光束再反射到接收器。如果在光路中存在吸收光的气体，则可以对其进行识别和定量分析。鉴于该技术的敏感度有限，其在非储存 CWM 清理工作中仅具有有限的适用性。在进行检测时，该方法的最低报警浓度设定值与短期暴露限值（the Short-Term Exposure Limit，STEL）浓度相近。

③ 弹药库区空气监测系统（the Depot Area Air Monitoring System，DAAMS）为便携式空气采样单元，通常用于化学毒剂采样（例如，MINICAMS

---

[1] 空气暴露接触限值（AEL）是工人和未受保护的普通人群接触危险材料而不会对健康造成不良影响的接触水平。空气暴露限值由美国疾病控制和预防中心（CDC）制定。其包括短期接触限值(STEL)，即未受保护的工人在 8 小时工作日内可以安全工作一个或多个 15 分钟（取决于毒剂）的水平；工人人群接触限值（WPL），即未受保护的工人在一生工作中每天工作 8 小时、每周工作 5 天而不会对健康产生不良影响的浓度；一般人群接触限值（GPL）：未受保护的一般人群每周 7 天、每天 24 小时接触而不会对健康造成任何不良影响的浓度；以及对生命或健康有直接危险的限值（IDLH）：未受保护的工人可忍受 30 分钟而不会对健康造成影响或不可逆转的影响的接触水平。

[2] 2011 年 11 月 3 日，美国陆军工程兵部队莫比尔区 FUDS 项目经理卡尔 · E. 布兰肯希普（Karl E. Blankenship）向委员会提交的报告——“修复亚拉巴马州西伯特营地受污染的土壤”。

报警后)。其设计原理是使定量体积的空气通过装有固体吸附剂收集材料的玻璃管，在经过预定的时间和流速采样后，将试管从管线中取出，并转移到实验室设备中[1]，进行气相色谱分析，以确定化学毒剂的类型和数量。此技术灵敏高，并且可以一直进行分析，直到相关化学毒剂浓度降至低于AEL。

④ 一种新型空气监测系统，即多化学毒剂检测装置（the multiagent meter)，由桑迪亚·利弗莫尔（Sandia Livermore）在NSCMP的资助下开发（Rahimian，2010)。这是一款手持设备，可以在AEL浓度附近同时分析芥子气和G类毒剂。完成一次检测耗时约10min，除非更换了检测器，否则（据报告）无需校准。该仪器已经完成了短期暴露限值测试，并在2012年该仪器在新的EDS-2测试装置中进行蒸气注入测试[2]。有关以下方面的更多信息，请参阅本章稍后的EDS部分的讨论。

4.4.2 监测类型

监测可以分为以下几种类型。

① 背景监测。在启动场地工作前进行这种类型监测，为后续分析提供背景值参考，并确定该区域是否存在干扰。通常DAAMS和（或）MINICAMS用于所关注类型化学毒剂的监测。

② 区域监测。常规区域监测可向人员发出预警，指出存在的问题和必须采取的措施。监测设备或采样端口放置在工作区域中的重要位置，这些位置可能会接触到化学毒剂蒸气。具体取样位置由以下因素确定的，例如所涉及的化学毒剂，该区域的气流流向，需要执行工作的位置以及可疑释放源的位置。MINICAMS和（或）市场销售的监测设备可用于此目的。新的毒剂监测设备（如MINICAMS、OP-FTIR、DAAMS等）对于区域监测也具有实用价值。DAAMS可用于判断MINICAMS是否为阳性。

③ 周边监测。这种类型的监测并非旨在对危险状况提供快速警告，而是用于记录一段时间内的状况，并用于确认MINICAMS危险状况的报警。基于

---

[1] 6. ECBC使用的移动分析平台就是合适的分析实验室设施的一个例子。

[2] 劳伦斯·G. 戈特沙尔克（Laurence G. Gottschalk)，PMNSCM，“非储存化学武器物资项目现状和最新情况”，2011年9月27日向委员会作报告。

DAAMS管的采样站和（或）OP-FTIR放置在工作区域周边，可记录MEC工作区域外的安全区域周围（禁区）任何释放的化学毒剂。

④ 移动区域监测。这是在工作场所对空气中污染物水平进行采样的一种方法。在整个工作日中，使用DAAMS管，并连接到双端口采样器上进行采样，该双端口采样器连接到便携式气泵，该气泵已校准流量。

⑤ 洗消站监测。个人洗消站监测用于验证是否对工人或设备进行了完全洗消。消毒监测通常使用MINICAMS。

⑥ 表面监测。根据美国陆军标准（U. S. Army，2007b，2008e），对处理的疑似被化学毒剂污染的设备和修复废弃物表面进行监测。

⑦ 顶空监测。在怀疑被化学毒剂污染的环境样品运离现场前，对其进行监测。进行该监测是为了防止在商业承运人运输样品时，污染物浓度超过VSL[1]。

4.5 挖掘设备和技术

用于CWM场地的挖掘设备可分为两类：常规挖掘设备和机器人挖掘设备。

4.5.1 常规挖掘设备

MEC通常使用常规挖掘方法，包括手工挖掘和使用机械设备进行挖掘。而在CWM项目中，也使用相同的工具和技术来挖掘地下CWM。在通过物探方法检测到地下异常后，接近到埋藏CWM的地点时（例如，在美国亚拉巴马州西伯特营地，将4.2in CWM迫击炮弹埋在目标区进行培训），受过训练的人员使用铲子和手铲之类的手动工具进行挖掘。

而对于大规模埋藏场所，通常使用机械设备进行挖掘。法规允许USACE使用机械设备（例如挖掘机）来挖掘MEC，但需要注意，机械挖掘机的工作区域必须距离MEC超过1英尺（U. S Army，2004a）。因此通常使用机械挖掘设备从埋藏地MEC/CWM处移除大部分覆土，使用手动挖掘工具清除最后

[1] VSL（蒸汽屏蔽水平）是一种控制限值，用于表明包装废料上方大气中的毒剂浓度，从而易于对清洁材料进行场外装运。VSL取决于相关特定设施的许可证，但通常设定为短期接触限值（STEL）或短期限值（STL），后者在数值上与STEL相同，但没有15min的时间要求（参见NRC，2007年）。

1ft 处的土壤。

将常规挖掘设备应用于 CWM 场地时，项目经理需要选用适当的 PPE，以便在开挖过程意外发生 CWM 释放时，可以确保现场挖掘队员的安全。选择合适的个人防护装备已成功用于许多场地，包括美国亚拉巴马州的西伯特营地、美国华盛顿特区春谷和美国夏威夷州斯科菲尔德军营。

4.5.2　机器人挖掘设备

机器人挖掘设备可以将场地上的危险因素与现场工作人员分开，以保障人员安全。如果发生 CWM 释放或意外爆炸，操作人员可以远离挖掘位置，避免受到伤害。另外机器人挖掘设备还具有其他好处，操作员可以在舒适的建筑物内进行操控，与挖掘目标隔离，并且不需要佩戴 PPE。

许多商业机构和美国 DoD 计划均在开发和装备机器人挖掘设备以用于 CWM 和常规 MEC 挖掘[1]。

在美国 DoD 和私人资助下，开发出更加可靠和耐用新型机器人挖掘设备，并且机器人挖掘设备自 1995 年在美国马里兰州阿伯丁试验场的旧 O 号营地（Old O-Field）上的 CWM 封闭场地中大量使用以来，广泛应用于其他 CWM 场地[2]。

同时期在工业领域，使用常规机械和机器人系统执行各种复杂的任务方面已取得了长足的进步。例如，机器人系统现在应用于医疗，民用炸弹清除以及战斗中简易爆炸装置的监视和拆除。未来机器人系统的发展有望提高各种任务的执行能力。

4.6　对 CWM 进行包装，运输和存储

通常必须将非储存的 CWM 包装、运输并放置在仓库中，然后进行下一步处理。美国陆军将 CWM 的包装、运输和存储归类为“政府分内的工作[3]”，

---

[1] 见 http：//www.globalsecurity.org/military/systems/ground/aoe.htm，http：//www.army.mil/article/16473/U_S_Army_Demonstrates_Robotic_Technologies/，http：//roboticrangeclearance.com/uploads/R2C2 Robo Clearance.pdf，访问日期均为 2012 年 4 月 11 日。

[2] 见 http：//pubs.usgs.gov/wri/wri00-4283/wrir-00-4283.pdf，访问日期为 2012 年 3 月 30 日。

[3] 劳伦斯·G. 戈特沙尔克（Laurence G. Gottschalk），PMNSCM，“非储存化学武器物资项目现状和最新情况”，2011 年 9 月 27 日向委员会作报告。

因此该工作由军事服务专业人员和美国联邦民政部门的专门雇员执行。

4.6.1 CWM 包装与运输

CWM 的包装属于“政府分内的工作”，由 CARA 执行。在包装之前，必须检查非储存化武储存容器是否有泄漏，如果发现有泄漏，则要密封。CARA 人员是公认的专家，在应急响应和清除计划中的 CWM 时都能履行这一职能。CARA 致力于完成该任务，其人员受过良好的培训，并且能够完成包装和运输工作。

通常将非储存的 CWM 包装在以下三种类型的容器之一[1]。

① 推进剂罐。为可重复使用的碳钢罐，最初设计用于装运单个 8in 弹丸状无烟粉体推进剂。该罐有 O 形圈密封盖，可以防止水分和污垢进入，还可防止化学毒剂发生的少量泄漏，因而也作为简易的 CWM 外包装容器。但是鉴于其不是为保存 CWM 而设计的，美国运输部不认为该罐适用于运输 CWM。因此尽管经常使用，但推进剂罐仅适合短期存储和由现场至 IHF 的短距离运输。

② 单个圆形容器（Single round containers，SRC）。SRC 为美国 DoD 设计的军用规格（Military Specification，MIL-SPEC）外包装容器，旨在将 CWM 进行集装箱化运输。虽然根据美国 DoT 和美国 DoD 要求对 SRC 进行测试，但未获得美国 DoT 认证。SRC 由碳钢制成，并采用 O 形圈密封以防止蒸气泄漏。SRC 具有多种尺寸规格，根据现场运输和存储使用的要求，可以从中选择适合的 CWM 外包装容器。

③ 多种圆形容器（MRC）。MRC 是美国 DoD 设计的军用外包装罐，其大小涵盖了多数非储存 CWM 的尺寸规格，专门用于包装各种尺寸的 CWM。表 4-1 列出了 MRC 及其内部容积。MRC 由不锈钢制成，旨在防止包装中的 CWM 泄漏和产生蒸气的释放。从而便于搬运和堆放，MRC 还可装在木质包装箱中运输。木制外包装中的 MRC 已经过测试，可以满足美国 DoD 和美国 DoT 的要求。MRC 作为唯一经美国 DoT 认证的 CWM 外包装，是远距离运输时的首选外包装，CWM 必须装入 MRC 中才能进行场外运输。

---

[1] 2011 年 9 月 27 日，非储存化学武器物资项目运营主管，富兰克林 · D. 霍夫曼（Franklin D. Hoffman）向委员会介绍——“非储存化学武器物资项目所需设备和实现能力概述”。

表4-1 多种圆形容器

MRC属性①	最大容量(磅)②	可包含物品
5×25	32	4in Stokes和4.2in迫击炮;75mm炮弹;M139和M125子弹
7×27	100	4.2in mortar;75mm和4.7in炮弹;155mm和2.36in火箭弹
9×41	200	Livens,155mm,175mm,and 8in炮弹
12×56	200	CAIS PIGs③;M47,E46,E52,M70,M70A1,和M113炸弹
18×5.5	61	地雷
26×79	1000	5000-和1000-lb(lb)炸弹
30×40	850	50gal(加仑)桶 gal(UK) gal(US) gal(US,dry)

① 第一个数字为内径，第二个数字为长度。

② 1lb=0.454kg；1in=2.54cm。

③ PIGs，包装的气体运输容器。

注：资料来源于SNMP提供的各个MRC情况说明书。

CWM在EDS中进行处理之前，必须将其从外包装中取出。NSCMP正在资助开发一种由高密度聚乙烯制成的通用弹药储存容器（Universal Munitions Storage Container，UMSC），该容器可以作为CWM的外包装与CWM一起在EDS中被直接销毁，而无需像以前一样将CWM从外包装中取出后再进行处理❶。UMSC含有内部对中系统，可使装在UMSC中的CWM始终对准中线。在UMSC外包覆炸药后，将重新包装好内含CWM的UMSC放在EDS中，随后引爆炸药，炸药爆炸时将完全破坏UMSC。此外在场地里，UMSC将提供更高的安全性。这是由于使用UMSC后，在放入EDS之前，不需要手动将CWM从外包装中取出再裹上塑性烈性炸药。但是USMC没有获得美国运输部认证，因而它仅能在现场使用，如果需要异地运输，则需使用DoT认证的容器。

以上所有外包装都无法防止意外爆炸。因此CARA的一部分任务是在包装和运输之前确保CWM的安全性。鉴于此CARA将CWM的运输作为其承担的“政府分内工作”之一来完成。

❶ 劳伦斯·G.戈特沙尔克（Laurence G. Gottschalk），PMNSCM，“非储存化学武器物资项目现状和最新情况”，2011年9月27日向委员会作报告。

4.6.2 CWM 储存

将埋藏的弹药或其他危险材料从地面移走后，最好将其放置在现有的仓库（地堡或冰屋）或 IHF 中（见图 4-1）。当前 NSCMP 使用 IHF 的详细信息，请参见《财产标识指南（修订版）（Property Identification Guide，Revision 0）》（U. S Army，2011e）和《临时持有设施概述情况说明书（Interim holding facility overview fact sheet)》（U. S Army，2011c）。NSCMP 提出 IHF 放置点的结构和安全功能的要求（U. S Army，2011e）。USACE 提供了有关 IHF 结构设计、安全、公告、物理安全计划和脆弱性评估等方面非常详尽的信息（U. S Army，2004c）。

图 4-1　临时存放设施（IHF）

资料来源：作为 PMNSCM 的劳伦斯・G. 戈特沙尔克先生，“NSCMP 的状态和更新”，2011 年 9 月 27 日向评估委员会作了介绍

使用 IHF 的主要原因是为 RCWM 提供安全性保护。为此可以使用高安全性的锁、栅栏和照明系统，IHF 还应由防腐蚀和耐腐蚀的材料制成。此外弹药应先放置在适当的外包装中（如推进剂罐、SRC 或 MRC 中），随后再存放在 IHF 中。

为了保护环境，在 IHF 内部地板格栅下方安装了一个集水槽式的二级收集器，以便在CWM容器发生泄漏时收集泄漏液。电气开关和夹具采用防爆设计，以降低产生电火花的可能。通过化学毒剂监测和空气污染控制系统（例如活性炭吸附系统）来降低化学毒剂或有害烟雾释放到环境中的风险。使用空调来调节温度从而控制CWM的蒸气压。提供监测口，便于在RCWM进入IHF后，检测RCWM散发出的蒸气中目标物（例如化学毒剂）的浓度。

NSCMP资助购买的IHF由卡波-兰博（Carber-Rambo）联合有限公司制造，该IHF达到海氏[HAZ SAFE]安全性要求和美国化学品储存要求。IHF由钢制框架组成基本结构，其内部框架由未上漆的304不锈钢制成，外部框架由碳钢制成，并进行了喷漆。IHF具有多种尺寸可供选购，同时其也无需特殊许可即可通过卡车运输。但是使用时要定期检查IHF，并记录维修情况。NSCMP在美国华盛顿特区春谷的营地、美国特拉华州多佛空军基地和美国亚拉巴马州的西伯特营地中使用了IHF❶。还将在美国阿拉斯加的格伦堡和美国南达科他州的布莱克希尔斯部署IHF。而在另外几个场所，NSCMP获得了使用冰屋储存RCWM的许可。

美国华盛顿特区春谷营地使用了3个存放设施❷。当对第1枚CWM进行回收时，该弹药将放置在存放设施中直至MMAS到达现场；随后MMAS将评估弹药，并将弹药放置在第2个存放设施中（即MARB存放设施）直至评估结束；最后评估完的弹药将放置在称为IHF的第3个存放设施中，弹药将在此保存2年，并最终在EDS中销毁。

4.7 SCANS

SCANS是一个小型由聚烯烃制造的消毒装置，用于对来自CAIS的完整安瓿瓶进行消毒。将4oz安瓿瓶与1gal的消毒剂（通常为二氯二甲基乙内酰脲溶液）一起放入SCANS中。密封装置后，用槌和木棒从SCANS外侧将安瓿瓶打碎，摇动装置将所有成分混合（U.S Army，2011e）。该系统已被成功

---

❶ 劳伦斯·G. 戈特沙尔克（Laurence G. Gottschalk），PMNSCM，“非储存化学武器物资项目现状和最新情况”，2011年9月27日向委员会作报告。

❷ 2011年11月2日，美国陆军工程兵部队巴尔的摩地区春谷项目经理丹·G. 诺布尔（Dan G. Noble）在春谷实地考察期间向委员会提出的意见。

使用了若干次，评估委员会认为不需要进一步研究。

4.8 光谱和X射线评估

4.8.1 DRCT

DRCT使用一项类似于CAT扫描的技术。它使用X射线在旋转平台上垂直扫描可疑的CWM。DRCT甚至可以穿透外包装容器，构建出弹药内部的数字视图。DRCT需要X射线源和检测器。检测器可以记录穿出扫描物体到达检测器的辐射，这部分辐射的强度会因在其前方扫描物体的吸收而衰减，而辐射的衰减程度取决于被扫描物体的厚度和密度：物体越厚，密度越大，辐射强度的衰减就越大。通过旋转或倾斜要扫描的弹体，可以产生弹药及其内部的各种视图，其中倾斜视图与水平视图之间的水平差可用于确定可疑CWM中是否存在液体。此外还可以远程操作DRCT，从而可以在安全距离扫描物体（U.S Army，2011a)。

DRCT扫描视图如图4-2所示。左侧容器显示了通过倾斜容器引起的液位变化可以用来确定存在液体。

DRCT具有便携性、可远程操作性、透视性（可以确定是否存在液体，即使CWM位于外包装内也可以直接使用）等优点，是一项可靠的技术。但是它不能用于确定容器中化学物质的类型。

PMNSCM提到，NSCMP正在资助研究对DRCT进行更新和赋予其更多成熟的新功能，并准备将PINS和DRCT集成在一起[1]。但是评估委员会未收到有关这些研发活动的任何详细信息。

尽管PINS被认为是确定化学弹药或容器中CWM存在的最有效工具，但具有多种功能的DRCT已成为MMAS的重要设备。

4.8.2 便携式同位素中子光谱仪

通常PINS被部署在现场，以识别密封弹药内可能含有的化学毒剂。由美国爱达荷国家实验室开发的PINS系统已获得专利，可通过美国田纳西州橡树

[1] 劳伦斯·G. 戈特沙尔克（Laurence G. Gottschalk），PMNSCM，“非储存化学武器物资项目现状和最新情况”，2011年9月27日向委员会作报告。

图 4-2 典型的DRCT扫描视图

资料来源：NSCMP运营团队主管富兰克林·D. 霍夫曼，“NSCMP设备与能力对NRC的概述”，2011年9月27日在评估委员会的演讲

岭的AMETE公司进行商业购买[1]。根据这种无损检测仪器获得的检测结果，可先确定采用何种消毒方式，然后按程序对非储存化学武器进行消毒。

PINS系统包含一个锎-252中子源。中子穿过聚乙烯块和两个钨极板，这两个钨极板既可以减慢中子的速度，又可以吸收中子源产生的伽马射线，然后中子再穿过安放在PINS内的弹药。而当中子穿过弹药的钢壁并与内部的化学物质相互作用时，将会产生伽马射线光谱（Skoog，1998）。使用多通道分析仪过滤掉钢或铝外壳产生的伽马射线，可检测发射出的其他伽马射线，并将检测到的射线数据以发射伽马射线元素或特异同位素的计数谱（以千电子伏特或keV为单位）的方式显示，再利用软件分析发射峰峰值，计算出化学物质的元素比或经验值，然后将获得的光谱数据与已知化学毒剂的光谱数据进行比较，以识别弹药的化学毒剂的含量（Caffrey，1992）。

PINS系统的显著优势是便携性、自动化性和用户友好性。PINS系统的设置包括每日背景扫描，以确定当地的环境因素，例如湿地中的高浓度氢、沿

---

[1] 见 http：//www. inl. gov/research/portable-isotopic-neutronspectroscopy-system/，访问日期2012年3月15日。

海地区的高浓度氯等。此外，峰值能量和相对强度不受化学物质降解或聚合的影响，从而使该技术适用于检测任何完整的化学武器。最后 PINS 仅产生寿命很短的放射线（Caffrey，1992），不会产生低放射性物质。

尽管 PINS 是评估回收弹药的重要工具，但它并不完全可靠。有关该主题的讨论以及与 PINS 相关的发现和建议，请参见第 7 章。

4.8.3 拉曼光谱

拉曼光谱仪仅用于分析回收玻璃容器中的液体成分[1]。其中包括 CAIS 样品瓶和安瓿瓶。拉曼光谱通过可见光散射产生，即用单色可见光或近红外光照射样品，该可见光或近红外光被电子吸收，电子将吸收的能量重新发射为红外光，可在以垂直于光源的角度检测到该红外光，该红外光的光谱会提供有关样品的结构信息。

4.9 MMAS

MMAS 是一种可运输的系统，该系统可在不破坏未识别炮弹的情况下，分析和确定炮弹内部装填物质（U. S Army，2011d）。它由 NSCMP 资助设计和制造，MMAS 可在现场使用，对弹药进行检测并将获得的弹药信息传输给处理人员。

如图 4-3 所示，MMAS 是一个可运输的操作平台，该平台能提供检测物件内部物质所需的各种设备。如非侵入性评估设备，可评估常规或化学弹药的 PINS、DRCT 和拉曼光谱设备等。而且它还有一个车载暗室，能够处理 X 射线胶片，并配备了用于持续监视天气状况的传感器和用于监视现场活动的摄像头。此外，它还包括便携式发电机，可提供稳定的电力供应。

MMAS 生成的数据存储在配备了备用电池的计算机系统中。MMAS 中配备的卫星链路/蜂窝电话和短波无线电确保在紧急情况下可以联系当地紧急响应人员。MMAS 包含用于个人防护用品的洗消装置，包含：供暖和空调系统、

[1] 劳伦斯·G. 戈特沙尔克（Laurence G. Gottschalk），PMNSCM，“非储存化学武器物资项目现状和最新情况”，2011 年 9 月 27 日向委员会作报告。

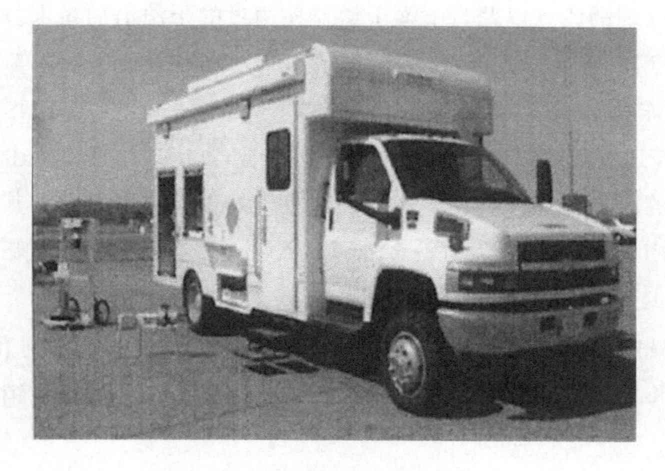

图 4-3 移动弹药评估系统

资料来源：作为 PMNSCM 的劳伦斯·G. 戈特沙尔克先生，“NRC 项目状态和更新”，2011 年 9 月 27 日提交给评估委员会的报告

电力供应和分配系统、PINS 系统、DRCT 系统、拉曼光谱系统、数据采集与处理系统、音频/视频设备、通信设备和辅助设备。

NSCMP 资助 CARA 运营 MMAS。美国有 3 个 MMAS 车队，其中 2 个在美国马里兰州的阿伯丁试验场，1 个在美国阿肯色州的派恩布拉夫兵工厂[1]。

MARB 对 DRCT 和 PINS 数据、弹药图片以及历史数据和其他数据进行评估，然后提出了处置 CWM 的方法，在第 2 章中介绍了 MARB 的工作。

4.10 销毁技术

本节将介绍 4 个弹药销毁系统，它们都基于 3 种不同并已实用化的化学弹药销毁技术。其中 EDS，需用炸药炸开弹药体内的化学毒剂腔，再使用液体消毒剂清除残留化学毒剂。二次废弃物包括液体消毒剂、冲洗液和金属碎片。

而 SDC 弹药销毁系统完全不使用外部炸药，而是依靠电加热或预爆炸，用于引爆或爆破弹药，并在密闭空间中销毁化学毒剂。产生的废弃物主要是金

[1] 2011 年 9 月 27 日，非储存化学武器物资项目运营主管，富兰克林·D. 霍夫曼（Franklin D. Hoffman）向委员会介绍——“非储存化学武器物资项目所需设备和实现能力概述”。

属碎、经过处理的废气以及自喷雾干燥器使用过的干洗消剂粉末。

剩余的TDC和DAVINCH弹药销毁系统，具有相似之处，都是在密闭舱室中将外部炸药放入化学毒剂腔（与EDS一样）；但也与EDS存在不同，TDC和DAVINCH销毁系统使用爆炸来破坏化学毒剂。通过上述分析，这四种销毁系统的区别主要体现在爆炸条件、废气处理、防爆能力和其他运行参数方面。它们产生的主要废弃物是金属弹药碎片、经过处理后的废气，而对于TDC而言，废弃物还包括砾石粉尘和废石灰。

表4-2提供了这4个系统的概述，展现它们之间的主要区别和相似之处。在下文中，将对这些系统进行更详细的描述，并总结迄今为止在销毁化学弹药方面的经验。

表4-2 销毁系统的比较

项目	技术类型			
	中和消毒	爆炸销毁	爆炸销毁	热销毁
技术应用	EDS	TDC	DAVINCH	SDC
属于	桑迪亚,NSCMP	CH2M HILL	神户制钢	Dynasafe
化学毒剂位置	车底密封圆筒容器	矩形销毁室	双壁圆柱爆轰容器	球形双壁静电窑
化学弹中化学毒剂的接触方式	成型炸药放置在化学弹上或化学弹外包装	供体炸药放置在化学弹周围或化学弹外包装	塑形炸药和供体炸药放置在化学弹上或化学弹外包装	加热化学弹，然后爆燃或爆轰
化学毒剂销毁	在60℃下与试剂[①]反应1h，然后用热水冲洗2h	爆炸：利用700～1000℃受控爆炸产生的热量和压力	爆炸：2000℃高温中的冲击波、压缩、热破坏	加热到550℃，导致毒剂分解
典型的循环周期（随弹药而变化）	48h	35～40min	100min[②]	20～30min
废气处理	没有。化学毒剂与试剂反应直到毒剂被分解。无废气产生	最高使用温度为1095℃的催化氧化剂；酸中和用熟石灰或碳酸氢钠反应床过滤器；碳吸附系统；颗粒物用陶瓷过滤器和HEPA	600℃、0.5～1.0s停留时间下的冷等离子体氧化剂（Glid电弧）；带有NaOH冲洗中和气体的在线气体洗涤器；硫浸渍碳和活性炭；微粒HEPA过滤器	1100℃、2s的停留时间下通过热氧化剂；约80℃的酸洗涤器；含有HEPA过滤器、硫浸渍碳和活性炭的IONEX过滤器；用于颗粒物的袋式除尘器和HEPA[③]

续表

项目	技术类型			
	中和消毒	爆炸销毁	爆炸销毁	热销毁
废物流	液体中和剂冲洗液，废金属（军用品残片）。废金属为1VSL④（以前为3X）	废气、金属碎片、砾石粉尘、废石灰、活性炭。排出的废金属≤1 VSL（以前为3X）	金属碎片、废气、灰尘、活性炭、洗涤器冷凝水。排出的废金属≤1 VSL（以前为3X）	金属碎片，废气，灰尘，盐，活性炭。废金属适合非限制使用而释放（以前为5X）
能够回收利用或进一步处理废气	N.A.无废气生产	没有。具有适用于废气的扩展罐，但无法再循环	有。在废气保留罐中进行测试后，可通过冷等离子体氧化器回收废气	有。如果以间歇模式运行，则可以将静态窑炉中的废气保持在550℃并进行处理，直到未检测到毒剂残留为止
运输性	可在一个拖车上运输	需8辆拖车运输10天	固定设施，但容器可以在3个平板拖车（分别用于外室，内室和外盖）上运输，另外还需要两个拖车运输废气处理装置，并根据需要增加其他拖车来支撑设备	固定设施，但可用20～25个ISO标准集装箱中运输
炸药安全壳能力TNT等效量	5lb EDS-2，包括定型炸药	40lb（包括供体装药量）	99～143kg，包括供体和塑性炸药	5lb化学弹
最大量	155mm炮弹	210mm炮弹	8in弹丸，全部包装M55火箭弹	8in炮弹

① 试剂为适用于芥子气的乙醇胺和适用于光气及其他填充物的NaOH。

② 基于迄今为止六个周期的10h/天的经验数据。

③ 在此报告中，IONEX指的是废气处理系统，其中包含微粒过滤器和活性炭吸附器（核管理委员会，2010b）。

④ VSL是一种控制限值，用于根据包装废料上方大气中的化学毒剂浓度清除场外装运的物料。VSL的数值可以取决于监管机构针对特定设施颁发的许可，但通常将其设置为STEL或短期限制(STL)，数字上为STEL，但不包含15min时间部分。参见参考文献NRC，2007第3章，对部分净化污染物场外运输相关问题的深入讨论。

注：ISO为国际标准组织；HEPA为高效率微粒空气过滤网；NaOH为氢氧化钠；IONEX为研究公司名称；3X为毒剂洗消水平适合传送至进一步处理（陈旧弹）；5X为毒剂洗消水平适合无限制使用（陈旧弹）；TNT为三硝基甲苯。

在某些特殊场所存在的一些RCWM，其由弹体、容器和包含痕量化学毒剂的废金属组成，只有将洗消剂和成型炸药共同放入弹体内的化学毒剂舱中，才能保证利用 EDS、TDC 或 DAVINCH 销毁系统将痕量化学毒剂处理干净。

因而在上述的情况下，使用替代方法（例如，可使用在 SDC 中加热或化学消毒处理金属零件）来破坏残留的化学毒剂及其残留物更具有实用性。而对于其他场地内的 RCWM，若其仍由弹药和充满化学毒剂的容器组成，可因地制宜地根据需求和技术，使用表 4-2 中一种或多种技术进行处理。

4.10.1 EDS

EDS 是由 NSCMP 资助开发的系统。美国桑迪亚国家实验室迄今已建造了 5 座，用于现场销毁回收的化学毒剂或处理其他含化学毒剂的物资。EDS-1 型和 EDS-2 型（请参见图 4-4）均已经生产和运行。而相比 EDS-1 型，EDS-2 型为后续改进设计，能够摧毁更大、更多的弹药。有关这 EDS-1 和 EDS-2 系统的信息可从多个来源获得（NRC，2006、2009a 和 2010b）。

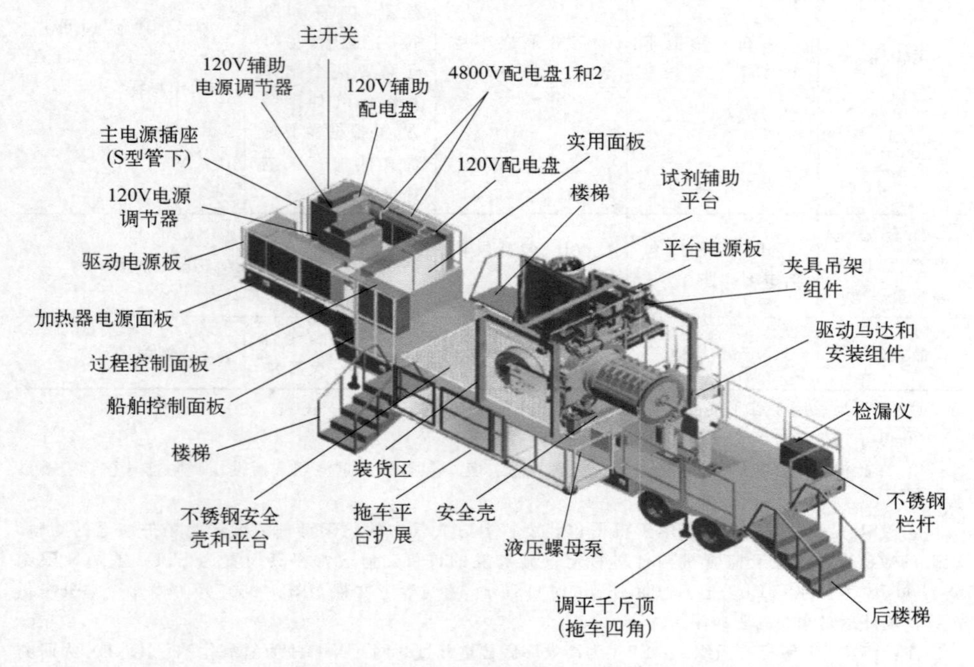

图 4-4　在卡车上的 EDS-2 销毁系统

EDS-1 和 EDS-2 均采用塑形切割炸药来爆破打开一个或多个炮弹内的密封舱或弹药舱，从而释放容纳在该密封舱或弹药舱内的毒剂。

弹药中包含的任何高能物质被炸药破坏后，再将化学洗消剂添加到容器中，以消除从弹药中释放出来的化学毒剂。

EDS-1型的安全壳对应于1lb等效TNT炸药净爆炸压重限值（Net Explosive Weight，NEW），对应包括弹药中的爆炸物和塑形切割炸药中的爆炸物产生的爆炸压重；ED-2安全壳的极限为4.8lb等效TNT。

EDS-1已在许多场地运行，包括美国科罗拉多州落基山兵工厂[10枚沙林（GB）炸弹]；美国亚拉巴马州西伯特营地（11枚弹药）和美国华盛顿特区的春谷[16枚含芥子气（HD）75mm炮弹，1枚含路易氏剂的75mm弹药和3枚含砷的75mm弹药]。特别是由于埋藏在美国阿肯色州松树崖兵工厂的许多弹药性能发生了退化，因而认为对其拆卸时安全性较差。在美国阿肯色州松树崖兵工厂使用一套EDS-1型和两套EDS-2型销毁了1227枚回收的化学毒剂弹药。

由于EDS操作程序中的几个步骤涉及等待分析结果或等待加热和冷却，因此处理完成需要2天时间。相对于其他移动式整弹销毁系统，例如Dynasafe公司生产的SDC，CH2M HILL公司生产的TDC与DAVINCH系统，EDS-1和EDS-2型需要的时间较长。

在EDS中，弹药是用塑形炸药炸开的。对于HD，在60℃下将其与90%单乙醇胺（Monoethanolamine，MEA）和10%的水溶液反应，同时旋转反应舱1h，可破坏绝大部分毒剂。接着再将60℃的水注入反应舱中，并将反应舱内的物料加热到100℃，将反应舱旋转2h，通过这一步骤来分散或溶解在芥子气填充弹药中出现的固体或半固体残留物，并从这些块状或小球状残留物中除去芥子气。水-芥子气的化学反应非常快，在90℃下的反应半衰期约为2.3s（NRC，1993），但是此步骤受水的扩散速率所限，导致实际销毁速度要慢得多。并远低于芥子气与水的理论化学反应速度。此外，使用更高的温度或改变其他操作参数不会明显加快扩散反应的速率。

芥子气完全被破坏需要9～10h。而在TDC和DAVINCH销毁系统中，达到对HD的等效破坏，可在瞬时完成。尽管进行改进可缩短EDS过程中某些步骤的耗时（例如，注入蒸汽以减少容器加热时间），但是相对于TDC和DAVINCH销毁系统而言，EDS的处理速度还是较慢。

为了解决EDS处理速度慢和其他问题，NSCMP已开始资助对EDS进行改进的研究。

① 脉冲加载容器[1]。现有 EDS 中所有使用舱室均已被认定为压力容器。美国机械工程师学会为其建立了一个新类别——脉冲加载容器，其代码标记为 U3。未来的 EDS-3 上的舱室将进行 U3 标识，并使其等级定位为 9lb 等效 TNT 炸药 NEW。DDESB 将要求 EDS 进行爆炸物测试以证明其等级。

② EDS-2 固定测试装置。这是一种功能齐全但不能移动的 EDS-2，主要用于进行产品改进的测试。它利用现有的 EDS-2 反应舱，于 2011 年第四季度完成施工，在 2012 年第一季度测试。

③ 三件式夹具。该夹具安装于先前已设计的 EDS 端盖上，但从未正式使用。它使用自动螺栓紧固，与当前使用的夹具相比，其优势包括操作员不需要太费力就能开合端盖，端盖和容器之间更容易对准，并在打开和闭合时能节省时间。这种设计的夹具将安装在新的 EDS-2 固定测试装置上。

④ 液态毒剂分析仪。一种准实时分析仪，该分析仪在确定消毒反应彻底完成后，可允许 EDS 反应舱进行排放。分析一次的时间为 10s。据报道，其用于芥子气和路易氏剂的半定量测试已成功。2012 财年第一季度的蒸汽注入测试期间使用了该分析仪。其他测试还包括在 100℃的水冲洗 2h 后添加冷水以更快冷却容器，这将减少 1h 液态毒剂的反应时间。

⑤ 使用激光进行表面洗消。正在评估 ADAPT Laser 的市售激光器，以从 EDS 容器内部除去重金属，在中等污染的表面上进行测试是成功的。2011 年 9 月开始在严重污染的表面上进行测试。

⑥ 改良外包装处理弹药。从 2011 年 9 月开始使用线状的切割炸药，以切穿外包装和弹药。这样可以更安全地处理泄漏的弹药。

⑦ 蒸汽注入。将蒸汽注入 EDS 容器进行测试。使用蒸汽注入的优点是加热速度比现在仅通过外部带状加热器进行加热的速度更快，并且减少了液体的浪费。蒸汽注入正在 EDS-2 固定测试装置上进行安装和测试。2012 年使用 CWM 炮弹测试。

⑧ EDS-3。正在对未来新型 EDS 设计（称为 EDS-3）进行仿真研究和建

---

[1] 冲击负荷被定义为“负载的持续时间是容器部件重要动态响应模式周期的一部分。对于容器而言，该部分仅限于基本的、以膜应力为主的（呼吸）模式的 35%以下”。摘自 ASME 案例 2564-1。见 http：//cstools. asme. org/csconnect/pdf/R081171. pdf.

模。它与 EDS-2 类似，但体积更大，能够处理包覆完整外包装的 M55 115mm 火箭弹。

除了这些产品，研究人员正在努力确认对所有毒剂都有效的消毒剂。已开始使用 10 种消毒剂对芥子气和 GD（梭曼）剂进行测试，结果待定。

4.10.2　TDC

NRC 在关于销毁 RCWM 的国际技术报告（NRC，2006 年）中首先介绍了 TDC。

随后的报告进行了更新，重点是强调了 TDC 在美国蓝草和美国普韦布洛化学毒剂销毁试验工厂的应用（NRC，2009a）。TDC 由 CH2M HILL 公司设计。

TDC 是真正的爆炸破坏系统，因为它利用爆炸产生的热量和压力破坏大部分填充的化学毒剂。2003 年至 2006 年间，该系统在英国波顿唐实验室进行了全面的测试和改进。目前该系统的最新型号为 TC-60，DDESB 认定该装置的 NEW 额定值为 40lb 的 TNT。2008 年 TC-60 装置用于摧毁美国夏威夷州斯科菲尔德军营的数十枚弹药。然后将其送回美国马里兰州阿伯丁试验场进行大量的附加测试和改进工作。最近它在澳大利亚昆士兰州的哥伦布拉市使用。TC-60 系统目前的配置如图 4-5 所示。该系统已证明具有销毁芥子气、光气、氯仿、白磷、烟雾和呕吐剂 Clark 的能力[1]。

如图 4-5 所示，在爆炸室之后是一个全面的污染控制系统，包括催化氧化器、热交换器、碳吸附器和 HEPA。爆炸室产生的气体首先被引入到爆炸室之后的全面污染控制系统进行处理，随后通过系统外一个附加的碳吸附器，再排放到大气中。爆炸室中处理的弹药需要包裹在炸药中，同时在爆炸前还需要给爆炸室注入氧气。

根据先前经验和教训对系统进行改进，包括以下内容[2]：

① 添加了附加舱室地板保护；

---

[1] 2011 年 11 月 13 日，CH2M HIL 公司副总裁布林特·比克斯勒（Brint Bixler），向委员会做的报告—“受控引爆室”。

[2] 2011 年 11 月 13 日，CH2M HIL 公司副总裁布林特·比克斯勒（Brint Bixler），向委员会做的报告—“受控引爆室”。

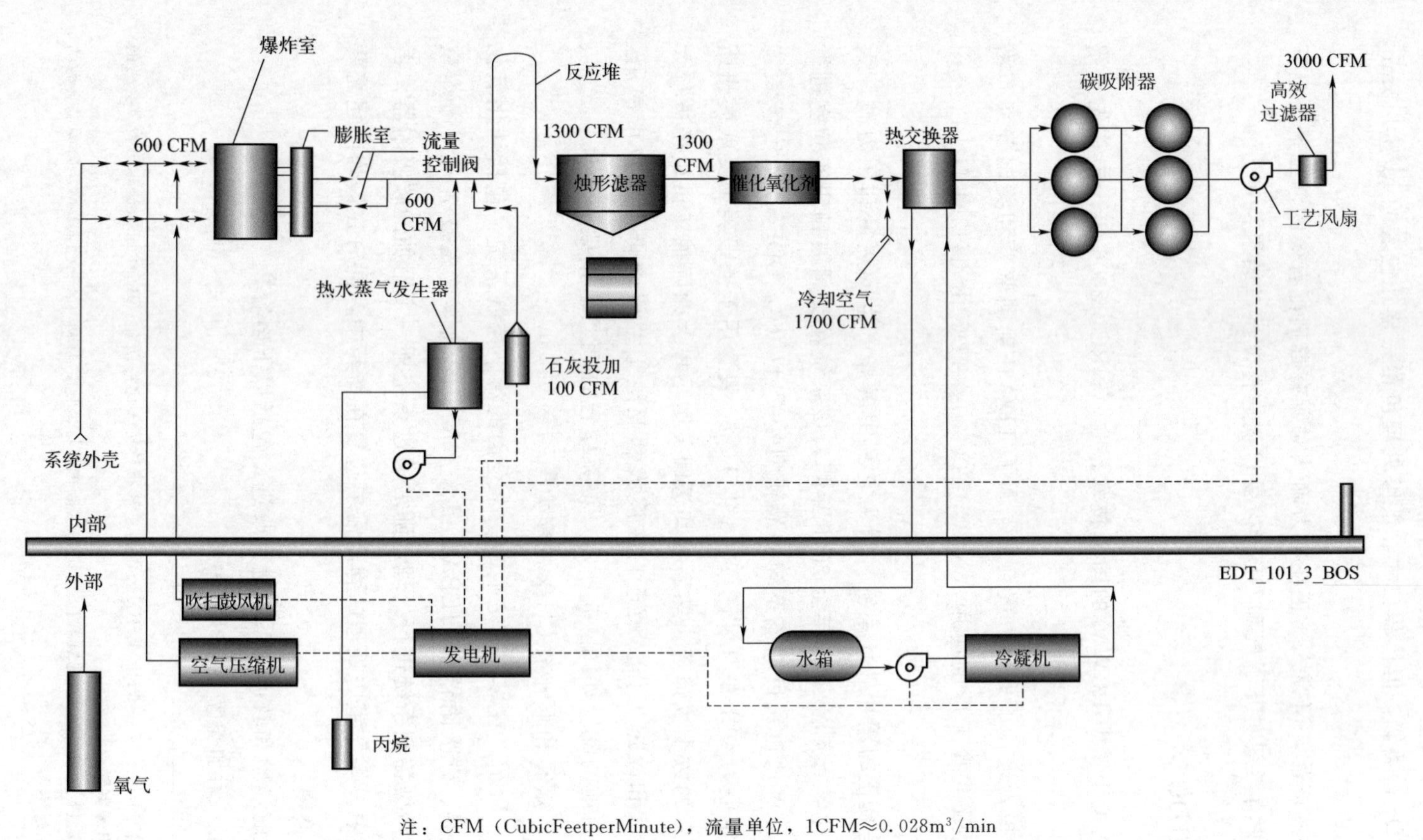

注：CFM（CubicFeetperMinute），流量单位，1CFM≈0.028m^3/min

图 4-5　大型移动式便携式爆炸破坏系统 TC-60 中的工作流程图

资料来源：CH2M HILL 公司副总裁布林特·毕克斯勒，“控制爆炸室”，2011 年 12 月 13 日向评估委员会致辞。

② 通过添加 HEPA 提高了最终过滤效率；

③ 焊接加强由装甲板连接到舱室壁内部的紧固件；

④ 更改火花塞/电缆设计，采用每 70 次爆炸更换点火系统来改善原系统。

从 2009 年 3 月至 2010 年 3 月美国马里兰州阿伯丁试验场，销毁了 29 枚 HD 圆柱形弹筒，总计 282lb（1lb＝453.592g）HD。其中包括具有双重外包装的 2 个圆柱形弹筒，其内 HD 重量为 11.7lb（相当于 155mm 弹丸）。测试结果表明，外包装和内包装都已被穿透，并且有足够的热量破坏填充的化学毒剂。

TDC 装置在运往澳大利亚昆士兰哥伦波拉（Columboola）之前进行了额外的升级，将 1 个 3in（1in＝2.54cm）和 1 个 10in 的控制阀增加到改进的轴承上。这是由于该装置已经存放了一段时间，水分积聚导致阀门卡住。在澳大利亚昆士兰哥伦波拉，该装置被重新搭建，并于 10 天内准备就绪。使用该装置进行销毁作业通常需 2 天时间，然后再用半天进行“废物处理”。随后再继续进行销毁工作。销毁速度控制在每天 8 枚弹药。每周 2 次从爆炸室清除废弃物。在澳大利亚昆士兰哥伦波拉工作结束时，共处理 144 枚芥子气炮弹，但其中许多炮弹还有固体残留物[1]。

ECBC 工作人员称 TDC 在澳大利亚昆士兰哥伦波拉进行了“优雅”的工作[2]。除开裂的焊缝外，该装置没有任何问题。操作员认为该装置是一种可运输的良好销毁系统，其销毁速度介于 EDS（较慢）和 Dynasafe SDC（较快）之间。

4.10.3 Dynasafe SDC

在之前的 3 份报告（NRC，2006、2009a 和 2010b）中都对 SDC 装置进行了介绍。SDC 是 4 个系统中唯一一个不需要在销毁前做任何准备的 CWM 销

---

[1] 2011 年 11 月 13 日，CH2M HIL 公司副总裁布林特·比克斯勒（Brint Bixler），向委员会做的报告—“受控引爆室”。

[2] 埃居伍德化学和生物中心项目综合处副主任蒂莫西·A. 布雷兹（Timothy A. Blades），委员会主席理查德·J. 艾尔（Richard J. Ayen）、委员会成员道格拉斯·M. 梅尔维尔（Douglas M. Medville）和乔安·斯拉玛·莱蒂（JoAnn Slama Lighty）以及 NRC 研究主管南希·舒尔特（Nancy Schulte）间的电话会议，2012 年 1 月 4 日。

毁系统。因此与其他系统相比，它具有更好的安全性。此外所产生的废金属可以不受限制地丢弃（以前称为“5X”），并且不需要供体炸药。

NRC以前的报告详细介绍了德国明斯特的Dynasafe SDC 1200系统的设计和操作。SDC 1200于2009年交付给日本JFE钢铁公司[1]，它将用于销毁日本千叶县的RCWM。另一台SDC 1200交付给川崎重工。

日本工业界正在进行该装置的系统化。它会被用于销毁第二次世界大战时期遗留在中国吉林省哈尔巴岭的日本RCWM。

2010年8月25日NRC以快报的形式报道了“美国亚拉巴马州安尼斯顿化学毒剂处置设施Dynasafe SDC系统的设计回顾”，描述了现在安装在美国ANCDF中的Dynasafe SDC 1200系统（见图4-6）。

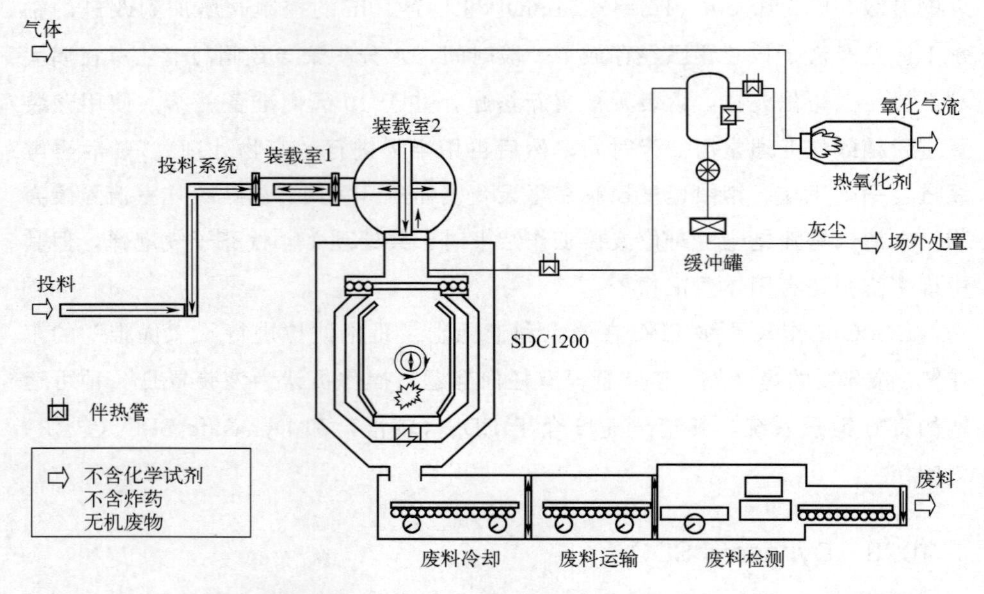

图4-6 安装在安尼斯顿陆军仓库的Dynasafe SDC 1200的前部组件工作流程图

资料来源：改编自Dynasafe国际有限公司副总裁，Dynasafe德国董事总经理霍尔格·魏格尔和评估委员会主席理查德·阿恩之间的个人交流，2010年5月12日

在美国亚拉巴马州ANCDF使用的Dynasafe 1200对应于5lb等效TNT炸药NEW，该装置处理的所有含有化学毒剂的弹药都含有炸药，因此不需要提

[1] 2011年11月13日，UXB International研究副总裁哈雷·希顿（Harley Heaton），向委员会做的报告——“Dynasafe静态引爆舱”。

供额外的炸药。截至 2011 年 9 月 1 日，该系统销毁了 2322 枚弹药，其中包括常规弹药和包装过的 4.2in，105mm 和 155mm 芥子气弹药[1]。

Dynasafe 1200 在美国亚拉巴马州 ANCDF 运营期间出现了许多问题，其中最严重的是化学毒剂流入到二级密闭系统中[2]，并在许多地方泄漏，为减轻泄漏采取的措施如下。

① 在缓冲罐到固体收集桶之间构建连接阻断（blind-flanging），使缓冲罐泄漏的化学毒剂被导入到低于缓冲罐的固体收集桶，从而消除泄漏。

② 通过向爆炸室装入炮弹的过程，使装载室 1/装载室 2 之间的压力平衡，可以减轻化学毒剂从装载室 2 泄漏到空气处理系统中的情况。

③ 在爆炸室排空期间，过程空气监测器检测到的化学毒剂泄漏，可在排空装载室的程序开始之前，通过控制装载室 2 排空和爆炸室排空，以缓解这一情况。

④ 化学毒剂从爆炸室和热氧化剂之间的一个或多个法兰连接处逸出。目前正在对此进行调查，重点放在不同的垫片材料或密封剂的使用上。

在 2011 年爆炸室运行期间发生了不稳定事件，导致热氧化器废气中 CO 浓度偏高。化学毒剂蒸气在热氧化器中停留时间短可能是造成该问题的原因（NRC，2010b）。爆炸室中化学毒剂蒸气气流的不稳定性显然导致了流过热氧化器的气流不稳定：通过使用一个较小孔径的管子连接爆炸室和热氧化器，可使气流平稳地流向氧化器，使该问题得到缓解。将喷雾干燥器的雾化空气和阻隔空气的流速降低，使更多的空气通过热氧化器。

此外，碳的快速消耗还可归因于送入碳床的废气中存在二氧化硫。通过调节洗涤塔中的 pH 值，可以解决过量的二氧化硫排放问题，从而解决碳消耗问题。

截至 2012 年 1 月，美国亚拉巴马州 ANCDF 一直在努力消除或进一步缓解上述问题，同时满足其他需求[3]。由于美国亚拉巴马州安尼斯顿不再有化学

---

[1] 2011 年 9 月 29 日，ANCDF 现场项目经理蒂姆·加勒特（Tim Garrett）向委员会作的报告——"静态引爆舱。

[2] 2011 年 9 月 29 日，ANCDF 副运营经理查尔斯·伍德（Charles Wood），向委员会介绍——URS，ANCDF。

[3] 2012 年 1 月 26 日，ANCDF 现场项目经理蒂姆·加勒特（Tim Garrett）与 NRC 研究主管南希·舒尔特（Nancy Schulte）的私人信件。

弹药，在研究解决问题的工作中只能使用常规弹药，同时该工作是与Dynasafe合作开展的，所汲取的经验教训和随之而来的设计更改已被纳入未来的SDC 1200系统中。截至2012年1月，研究人员正在解决以下问题：

① 爆炸过程产生的气体通过缓冲罐底部的刀阀泄漏。在开始评估系统的处理量、可靠性、可用性和可维护性（Throughput，Reliability，Availability，and Maintainability，TRAM）之前，已经收到了改进设计的新阀门，并将其安装。

② 当排空爆炸室时，来自爆炸室上部的化学毒剂蒸气逸出至空气处理系统。除了执行受控的排气程序外，还安装了新的喷嘴，以使燃烧室的顶部保持较高温度，从而最大程度地减少在装载室和爆炸室之间的化学毒剂蒸气。

③ 化学毒剂从爆炸室和热氧化器之间的一个或多个法兰连接处逸出。计划再开始TRAM评估之前检查、测量和调整所有连接，以确保正确对准和安装密封垫。

④ 对于热氧化器废气中的CO逸出，上述的改进措施大大减少了该问题。此外通过升级引风机和引风机与烟囱之间的过滤系统中的风机（IONEX研究公司生产）来提供给系统更多气流，以达到减少CO逸出的目的。自从美国亚拉巴马州ANCDF SDC运行以来，Dynasafe已为其SDC 1200s扩大了热氧化器装置[1]，以便更好提供过量氧气，从而更可靠地燃烧CO。

⑤ 正在研究2号装载门密封件偶尔出现的故障。

⑥ 通过在TRAM评估期间安装测试冗余系统，来解决喷雾干燥器温度控制阀的性能下降。

⑦ 通过将材料升级为不锈钢解决工艺用水管道老化退化的问题。

⑧ 在TRAM评估之前应安装新的管道。

⑨ 通过设计和安装自动化振动器来解决布袋除尘器中的固体黏结的问题。

⑩ 通过系统调节和更好的pH值控制，减少喷雾干燥器中的固体堆积问题。在TRAM评估过程中将对情况进行监视和进一步评估。

⑪ 装载室2和引爆室之间的旁路有时会堵塞。截至2012年1月，这种情

[1] 2012年3月16日，UXB Internation研究副总裁哈雷·希顿（Harley Heatou）对NRC研究主管南希·舒尔特（Nancy Schulte）的个人回复。

况仍在评估中。

美国 ANCDF 的 SDC 已完成了对化学弹药的预期工作，可供 NSCMP 用于销毁 RCWM。

4.10.4　在真空集成舱内引爆化学弹药

DAVINCH 是用于处理化学弹药的受控爆炸系统，主要是通过爆炸消除大部分化学毒剂的销毁系统。

DAVINCH 使用的销毁技术由日本神户制钢公司的子公司神钢开发，神户制钢是大型钢制压力容器的制造商。DAVINCH 销毁系统开发目的是销毁日本的化学弹药，其中一些含有芥子气和路易氏剂，还有呕吐剂。将线形炸药和供体炸药捆在弹药包装外，然后将捆绑好的弹药放置在 DAVINCH 舱中，在接近真空的情况下引爆，炸药能够炸开炮弹并与化学毒剂反应（见图 4-7）。

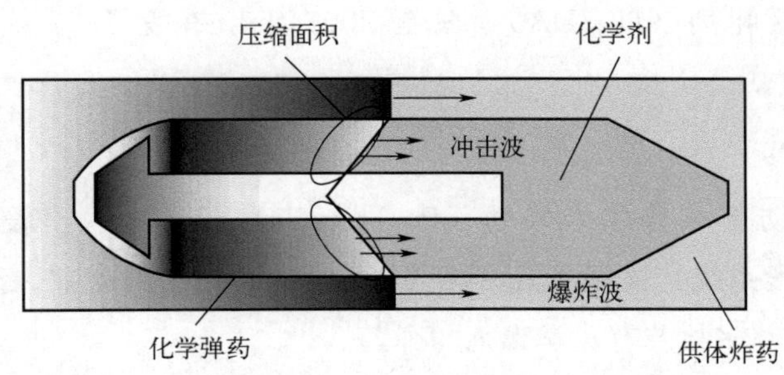

步骤	化学剂破坏机理
1	通过对10GPa传播的冲击波压力进行瞬时压缩，使气泡坍塌，在空化气泡中也观察到类似的现象（声化学）
2	化学毒剂和爆炸瓦斯在高压和高温下高速混合
3	持续0.5s、2000℃以上的热冲击可分解化学毒剂

图 4-7　DAVINCH 三阶段销毁机制

资料来源：NRC，2006 年。

炸药在燃烧室内爆炸产生的高温（约 3000K）和高压（约 10GPa）将消除化学毒剂。真空减小了噪声、振动和爆炸压力，从而延长了容器的使用寿命。产生的废气经冷等离子体氧化器处理后，再通过活性炭过滤器进一步吸收有害气体。DAVINCH 燃烧室的防爆能力为 99～143lb TNT 当量 NEW。在以前的

NRC报告（NRC，2006和2009a）中提供了DAVINCH使用技术的详细说明。

(1) 美国

迄今为止，DAVINCH销毁系统尚未在美国使用。美国陆军已从神户制钢租用DV60（相当于60kg TNT的NEW），供美国犹他州的图勒化学毒剂处置设施（the Tooele Chemical Agent Disposal Facility，TOCDF）使用。但是在2012年初使用DAVINCH销毁系统的计划启动之前，已经被另一种销毁弹药技术所替代。由于这种替代技术很成功，因此在2011年底决定在TOCDF不使用DAVINCH。

(2) 日本

DAVINCH销毁系统在日本的神田港被用来销毁第二次世界大战时期包含化学毒剂的弹药。有些弹药中混合了芥子气和路易氏剂，其他还包括Clark I和Clark II呕吐剂（DC/DA）。截至2009年，销毁了2050枚此类炸弹（NRC，2009a）。

(3) 比利时

比利时国防部在普尔卡佩勒（Poelkapelle）的一个军事设施中安装了DAVINCH销毁系统，该系统具有相当于50kg TNT的NEW。至2011年12月，销毁了4000多枚装有化学毒剂的弹药。

(4) 中国

DAVINCH销毁系统已在中国用来销毁第二次世界大战时期遗留的日本化学毒剂弹药，这些弹药里面装满了糜烂剂、窒息剂、呕吐剂和其他物质。这些弹药主要包括炮弹和炸弹，大小从75mm到150mm不等。RCWM最多的地方是哈尔巴岭（中国吉林省），估计有300000～400000枚弹药。在其他26个地点还回收了47000枚弹药。在哈尔巴岭，将使用DAVINCH和Dynasafe SDC系统销毁从埋藏场中回收的弹药。在中国南京建立了第二大的销毁基地，该基地已回收了36000枚化学弹药。南京基地使用了两个串联运行的DAVINCH DV-50单元。在2010年9月1日至2011年6月10日期间，销毁了25000枚弹药。

除了这些可移动（但几乎不移动）的装置，神户制钢还表示正在开发一种重量更轻、移动性更强的 DAVINCH 销毁系统，称为 DAVINCH lite。评估委员会认为，截至 2012 年初，DAVINCH lite 还没有制造出来，更不用说用于销毁中国的 RCWM。

4.11　二次废弃物的存储和处置

如前所述，RCWM 的处理技术是 EDS 和基于 EDT 的销毁系统中的一种，或者是这些技术的组合。这些技术中的每一种都会产生大量的二次废弃物（请参阅表 4-2），然后需要根据法规要求进行处理。法规要求主要涉及 RCRA 及现行法规。RCRA 和其他监管法规摘要见附录 D。

不同类型的基于 EDT 的销毁系统产生的二次废弃物是相似的。废弃物组成成分都有金属外壳和碎片、爆炸性碎片防护材料、炭过滤材料、集尘室灰尘、杂物（用过的 O 形圈、配件等）以及液态废弃物（包括处理废气的固体废弃物、定期清洁和洗消设备产生的废液和由于各个部件间封闭而无法排出的液态废弃物等）。EDS 不仅会产生上述物质，还会产生大量的液体废弃物（水解产物和各种稀释的洗消液）。在 SCANS 单元中处理和处置 CAIS 中包含的稀释或纯净化学毒剂等。

EDS 操作产生的二次废弃物既被储存在美国华盛顿特区春谷和美国亚拉巴马州西伯特营地，也被运往其他地方❶❷。美国华盛顿特区春谷和美国亚拉巴马州西伯特营地项目经理都遵循美国陆军的常规做法，即将废弃物安全运到异地商业化的 TSDF 中（NRC，2004）。储存的废弃物存放在存储时间不超过 90 天的危险废弃物存储区中。废弃物被放置在密闭的拖车（美国华盛顿特区春谷）或防蒸气泄漏装置（美国亚拉巴马州西伯特营地）中，同时废弃物密封舱被围在围墙内，有保安人员在场。废液则被放入 55gal（1gal＝3.785L）的钢桶中。

在过去的几年中，NSCMP 与美国肖恩环保有限公司（Shaw Environmen-

---

❶　美国陆军工程兵部队莫比尔区 FUDS 项目经理卡尔·E. 布兰肯希普（Karl E. Blankenship）与 NRC 研究主管南希·舒尔特（Nancy Schulte）的个人通信，2012 年 4 月 4 日。

❷　美国陆军工程兵部队巴尔的摩地区春谷项目经理丹·G. 诺布尔（Dan G. Noble）与 NRC 研究主管南希·舒尔特（Nancy Schulte）的个人通信，2012 年 3 月 30 日。

tal，Inc.）按合同维持着对废弃物管理。正如 NRC 在 2004 年所解释的那样，废弃物管理承包商管理一个或多个商业危险废弃物的 TSDF，TSDF 可用于运输与处置次生危险物和来自 NSCMP 资助的不同场地产生的中性废弃物。美国肖恩环保有限公司在美国华盛顿特区春谷和美国亚拉巴马州西伯特营地均履行了 EDS 运营的职责。美国华盛顿特区春谷项目经理报告说，他收到了监管机构和社区向其询问有关进出工厂的毒剂和废弃物性质和数量的问题，同时监管机构和社区表达了对这些毒剂和废弃物的关切，但春谷项目经理认为这些问题和关切“没什么大不了”。

鉴于此，在美国华盛顿特区春谷或美国亚拉巴马州西伯特营地的废弃物存储或处置都没有问题。因此评估委员会不认为该领域有任何针对性研究和开发的需求。

第5章

红石兵工厂：一个案例研究

5.1 介绍

尽管本书各章详细介绍了涉及RCWM的相关内容，但评估委员会认为，针对NSCMP面临的问题可以通过选择一个包含大量CWM的场地进行案例研究，以达到更全面的了解。美国有249个已知和可疑包含CWM的场地（DoD，2007），其中包括几个含有大量CWM的场地：美国南达科他州布莱克希尔斯空军基地、美国犹他州德塞雷特化学仓库和美国亚拉巴马州的红石兵工厂（RSA）。

RSA位于美国亚拉巴马州亨茨维尔（Huntsville），保存有17个疑似CWM场地。为满足RCRA的要求，国家监管机构要求将这17个场地上开展的销毁工作视为一项临时处理工程。从估计的数量、项目的状况和目标物的种类、操作的复杂性、法规问题以及潜在的修复成本等方面来看，RSA也被认为是最大、最具挑战性的CWM清理场地。

在本章中，将以RSA为例，说明NSCMP在清理大型CWM场地时面临的技术和工作挑战，以及与社区关系等问题，同时还提供了提高修复效率和效力的建议。

5.2 红石兵工厂场地修复上的困难

出于多种原因，RSA的清理工作是一项巨大的挑战。该场地包括约38300acre（英亩）土地，包含300多个固体废物管理单元（Solid Waste Management Units，SWMU），监管机构认定其中的17个SWDU为涉及CWM销毁工作的临时处理工程。由于RSA从20世纪40年代初期开始运营，对其修复不仅需要对每一个单元采用定制的修复方法，而且还需要对场地内超过5英里（mile）的弃置沟渠以及化学武器弹药和相关废物的各种燃烧和弃置区进行修复❶❷。此外，RSA 的工作区和曾经的生产区现在位于经济和人口增长的区域，并且在两者合并组成的区域内有大量的人口居住。图 5-1 在某种程度上说明了问题的严重性。特别要引起注意的是 RSA 的规模很大，在其 38000 英亩（acre）的土地上存有许多 CWM 场地。鉴于上述因素以及下面讨论的其他因素，都要求采取深思熟虑和周全细致的修复方法。

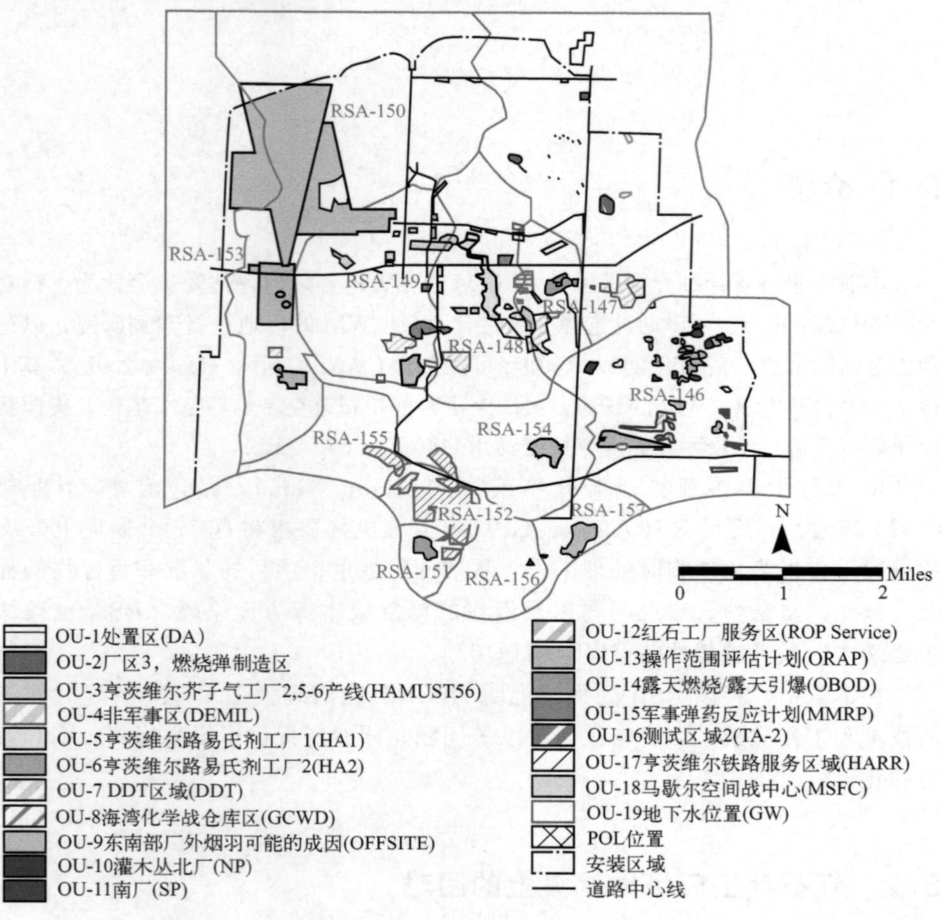

图 5-1 亚拉巴马州红石兵工厂示意图（见文后彩色插页）

资料来源：亚拉巴马州 RSA 环境管理部设施修复处主任特里 · 德拉巴斯于 2011 年 11 月 2 日向评估委员会的致辞

❶ 2011 年 11 月 2 日，亚拉巴马州环境管理局土地司危险废物处处长史蒂文 · A. 科布（Steven A. Cobb）向委员会作的报告——"从州政策制定者角度看亚拉巴马州修复埋藏化化学武器"。

❷ 2011 年 11 月 2 日，美国陆军亚拉巴马州红石兵工厂环境管理部建设修复处处长特里 · 德拉巴斯（Terry de la Paz）向委员会作的报告——"从设施管理角度看亚拉巴马州红石兵工厂修复埋藏的 CWM"。

5.3 化学毒剂原料目录

从1940～1945年，亨茨维尔兵工厂内的3个化学毒剂厂在这里生产芥子气/硫芥气（H/HS）、路易氏剂（L）、光气（CG）和亚当氏剂（DM）等有毒物质，并由RSA军械厂组装和包装成化学毒剂弹药，例如75～155mm的弹药以及30lb和100lb的化学炸弹。这些工厂还生产了许多装满烟雾和易于燃烧的化学物质弹药。表5-1中列出了生产的弹药产品。

表5-1　二战期间RSA军械工厂生产的包含化学物质的弹药

毒剂	条目	数量/枚
芥子气	105mm M60炮弹	1770000
	155mm M105、M104、M110炮弹	31000
	4.2in迫击炮弹	54000
	100lb M47、M70炸弹	560000
	罐装容器，30gal和55gal桶	未知
路易氏剂	罐装容器	未知
光气	500-磅炸弹（M78）和1000lb炸弹（M79）	未知
白磷	4.2in炮弹，75～155mm炮弹	4194000
	100lb炸弹（M46、M47）	162000
	M15手榴弹	951000

5.3.1 第二次世界大战后的弹药

根据海外归还计划（Returned from Overseas Program），多达100万枚弹药送回RSA进行评估和非军事化。这些弹药来自德国、日本和英国，其所含化学毒剂非美国生产，例如英国芥子气弹（HT）[该弹内装填纯芥子气与2-(2-氯乙硫基）乙基醚的混合物]，德国神经毒剂塔崩（GA）炮弹，德国芥子气弹药，德国胶黏芥子气和氮芥气（HN-3）弹药。销毁这些化学毒剂弹药给当时的美国陆军带来了很多困难。

在1945～1950年之间，主要对化学武器弹药和毒剂采取了销毁处置行动，到1949年，大部分有毒化学武器弹药都得到了处理。后来RSA内的化学毒剂制造厂和生产化学武器的军械厂被洗消和拆除。第二次世界大战后的海外军械、在RSA生产的废弃弹药以及生产的可用弹药均被销毁，而通常采用在战壕中将其烧毁的方式处置。尽管战壕坑中的芥子气弹药被焚烧了两次，随后又重新回填了战壕，但在17个场地中仍残留大量受污染和可能受污染的物资，甚至至今仍有可能找到CWM。1987年在美国阿肯色州松树崖兵工厂内挖掘一个类似埋藏坑，发现约10%的芥子气填充弹药在燃烧后残留下来，仍需要再次销毁[❶]。其他弹药也可能仅部分被销毁，还残留的部分弹药、金属、土壤或其他填充材料中残留大量有毒化学毒剂。可能留在RSA战壕和埋藏坑中的化学物质的示例如下[❷]：

① 露天焚烧的250kg炸弹中，德国胶黏芥子气弹药的橡胶中有芥子气残留，估计1660个炸弹弹体可能残留芥子气；

② 露天焚烧的250kg和500kg炸弹中还残留有芥子气。估计9000枚炸弹中的每个炸弹中可能残留40～50lb的芥子气残留物；

③ 可能使用混凝土埋藏封存了500kg芥子气充填的炸弹；

④ 大量被化学毒剂污染的金属，例如烧毁的炸弹弹体、55gal的铁桶、英国地雷和化学毒剂生产工厂的设备；

⑤ 超过10000个完整的和损坏的CAIS瓶，其中残留有芥子气；

⑥ 少量的CG填充物品。

除非采取源头清除措施并开始处置，否则无法知道剩余物品的总量。但是，根据档案研究和与前雇员的沟通，在各个州的埋藏地点可能会发现大量弹药，包括常规弹药和化学武器弹药以及与化学战有关的物资（例如装药舱和生产设备）[❸]。这些物资已分配给RSA的各个SWMU，并且对每批弹药或填充弹药类体（例如炸弹、罐、迫击炮）和化学毒剂种类（例如H、GA、CG）都做了标识。这些物资可分为三类，估计如下。

---

❶ 2012年1月18日，科学应用国际集团高级化学工程师威廉·R. 布兰科维茨（William R. Brankowitz）向委员会做的报告——“非储存化学武器物资项目——红石兵工厂档案审查”。

❷ 同上。

❸ 2012年1月18日，科学应用国际集团高级化学工程师威廉·R. 布兰科维茨（William R. Brankowitz）向委员会做的报告——“非储存化学武器物资项目——红石兵工厂档案审查”。

① 原封物资：85000～92000件[1]；

② 空的被污染容器：844000～855000件[2]；

③ 空的无污染容器：1971000～197500件[3]；

RSA内的德国Traktor火箭弹埋藏坑见图5-2。

图5-2　位于RSA的德国Traktor火箭弹埋藏坑（1948年摄）

资料来源：威廉·R. 布兰科维茨，科学应用国际公司高级化学工程师，“红石兵工厂档案审查”，于2012年1月18日向评估委员会致辞

5.3.2　红石兵工厂处理的异常物品

预计RSA的埋藏坑里将包含许多NSCMP以前可能没有遇到的物资。例如，埋藏物资清单中的“空污染”类别包括[4]：

① 沾有HS、L和白磷（WP）的化学武器生产设备：91400件。

---

[1] 原封物资是指在物理上完好无损，这使其足以保留弹药中原有的大部分或全部毒剂成分。这些物品需要采用适当的技术（如EDS或EDT）进行毒剂销毁。

[2] 空的被污染物资是指曾被打开并部分烧毁或洗消，但是使用空气监测设备仍能检测到目标物的物资。这些物资需要进一步处理，以销毁任何残留的化学毒剂、烟雾剂或燃烧剂填充物。

[3] 空的无污染物资是指经过物理打开、焚烧或洗消处理后，空气监测设备检测不到任何化学毒剂、烟雾或燃烧性化学品的弹药。这些物资已足够干净，无需进一步处理，可作为非危险废物处置或送往熔炼炉以及其他商业处置设施。

[4] 2012年1月18日，科学应用国际集团高级化学工程师威廉·R. 布兰科维茨（William R. Brankowitz）向委员会做的报告——“非储存化学武器物资项目——红石兵工厂档案审查”。

② 含有 GA 和 HN-3 的德国 Traktor 火箭弹：54 件。

③ 装有 CNS、CNB、HS、HT 的 55gal 桶：21046 件。

④ 填充 100 磅 HS 的化学武器炸弹 M47：11032 件。

⑤ 填充 115 磅 HS 的化学武器炸弹 M70：33514 件。

⑥ 填充 GA 的 250kg 德国化学武器炸弹：750 件。

⑦ 填充 GA 的 500kg 德国化学武器炸弹：692 件。

其中，HS 含有 60%的芥子气和 40%的反式［2-(2-氯乙基硫基）乙基］醚，CNS 是混有氯化苦和氯仿的苯酰氯（CN）催泪气，CNB 是混有四氯化碳和苯的 CN 催泪气。

5.4 技术和操作问题

由于技术和操作的原因使 RSA 的修复工作变得复杂，如 RSA 内存有大量处于不同退化阶段的多种类弹药（请参见上一节），而且 RSA 还长期处理有毒化学品[1]。

此外还有被污染的物资和介质需要清除，这就需要额外的处理能力，才能安全有效地处理如此大数量的弹药。

通过 PINS 收集识别可能含有 CWM 密封弹药的信息[2]，然后交由 MARB 分析。虽然 PINS 是一种有效的工具，但它不能完全可靠地识别回收弹药中的化学填充物或少量炸药，特别是当在 RSA 处理大量物资时，MARB 审查过程易导致长时间的延误。

如上节所述，在 RSA 还有大量（可能多达 100 万个）空的但受污染的容器。尽管其中许多容器可使用现有的销毁设备（例如 EDS）完成进一步消毒，但预计这些设备无法在合理的时间内销毁如此大量的物品[3]。鉴于此，对于已移除炸药且弹药外壳已经打开的 CWM，就不必使用炸药破坏技术来打开药

---

[1] 2012 年 1 月 18 日，科学应用国际集团高级化学工程师威廉·R. 布兰科维茨（William R. Brankowitz）向委员会作的报告——“非储存化学武器物资项目－红石兵工厂档案审查”。

[2] 2011 年 11 月 1 日，美国陆军工程兵部队巴尔的摩地区春谷项目经理丹·G. 诺布尔（Dan G. Noble）向委员会做的报告——春谷项目管理中工程师团队的观点。

[3] 2012 年 1 月 18 日，科学应用国际集团高级化学工程师威廉·R. 布兰科维茨（William R. Brankowitz）向委员会做的报告——“非储存化学武器物资项目－红石兵工厂档案审查”。

腔，而可以采用其他处理方法（例如浸泡在洗消溶液中或在炉中加热等），另外这些其他处理方法也适用于洗消在 RSA 的埋藏坑中发现的大量工厂生产设备。

其他待检验的修复方案还包括就地处置或在现场合适的位置进行综合处置，并适当控制土地使用和对场地进行持续监测。RSA 修复方案的适宜性取决于适用的法律、法规和美国陆军政策以及各种利益相关方（包括美国陆军、美国亚拉巴马州政府、EPA 和居民和当地社区团体）之间正在发展的互助关系。而 RSA 灵活的修复和风险管理方法有可能加快修复速度，同时降低总体成本。

在第 4 章中讨论了当前 CWM 场地的修复技术的优势和局限性，在第 3 章中介绍了与各种技术相关的法律和法规问题，在附录 D 中介绍了背景信息。

在合理使用修复资金方面，将 RSA 已知或怀疑具有 CWM 的 17 个临时处理场地分为两类，但这会导致整个修复过程复杂化并可能导致整个修复过程延迟。在这 17 个场地中，有 5 个符合 DERP 的条件，而其余 12 个被归为作战范围，必须从美国陆军 OMA 的合规性清理项目（the Compliance Cleanup Program）中寻求资金。由于美国陆军 OMA 资金有限（每年不到 2000 万美元），这些场地可能需要很多年才能完成整治[1][2]。总体而言，修复这 17 块场地估计可能需要 15 年的时间并需要花费 10 亿～30 亿美元[3]。评估委员会认为，目前资金管理方法和处理范围的限制极大增加了清理工作的难度。更多有关可能影响 RSA 清理工作有效性问题的详细信息以及有关工作改进的建议，请参阅第 6 章。

包括美国陆军、NASA、美国田纳西州河谷管理局和美国威尔勒（Wheeler）国家野生动物保护区在内的 130 多个土地所有者和单位拥有 RSA 的土地。此外美国奥林（Olin）公司还在 RSA 实施一项滴滴涕农药（DDT）

---

[1] 2011 年 11 月 2 日，亚拉巴马州环境管理局土地司危险废物处处长史蒂文·A. 科布（Steven A. Cobb）在委员会上的发言——“从州政策制定者角度看亚拉巴马州修复埋藏化化学武器”。

[2] 2012 年 12 月 12 日，詹姆斯·D. 丹尼尔（James D. Daniel）与蒂姆·罗德弗（Tim Rodeffer）向评估委员会作的报告——“USACE 在回收埋藏场地化学武器物资上的行动：清理和弹药处理”。

[3] 2011 年 11 月 2 日，亚拉巴马州环境管理局土地司危险废物处处长史蒂文·A. 科布（Steven A. Cobb）在委员会上的发言——“从州政策制定者角度看亚拉巴马州修复埋藏化化学武器”。

的清洁项目。同时鉴于RSA位于美国田纳西州河谷的部分洪泛平原，具有复杂的水文地质学特征，预计关注该地区环境保护的监管机构和社区团体将对清理计划进行大量审查。

因此，NSCMP面临的重大挑战将是协调RSA内这些设施和土地的所有者，并与其他相关单位进行合作。评估委员会认为，社区和一般利益相关方的参与对于RSA成功实施修复计划至关重要。评估委员会指出在美国华盛顿特区春谷对FUDS的修复上，尽管在清理工作的早期存在困难，但最终与各方建立了合作伙伴关系，简化了决策过程，并使各方更易于接受修复方案。

5.5 NSCMP所需能力相匹配的技术

如本章前面所述，预计将有85000～92000件原封物资和844000～855000件空的但受化学毒剂污染的容器。如果确定了清除和处理的方法，那么NSCMP的关键技术职责将是：①评估完整弹药；②销毁完整弹药；③对空的污染容器进行洗消（清除化学毒剂和炸药）。

5.5.1 完整弹药的评估

预计在RSA发现大量弹药的计划中，从未使用过PINS/DRCT/MARB方法，另外在RSA涉及的成千上万件物资中也可能含有可检测出的化学毒剂和爆炸物。

鉴于此，当前使用的PINS/DRCT/MARB方法将不堪重负，需要对该方法进行改进，来满足销毁大量化学毒剂和爆炸物的需求。有关此主题的发现和建议，请参见第6章。

5.5.2 破坏包含RCWM的炸药

NSCMP自主研发了销毁完整弹药所需的技术。其中，Dynasafe公司生产的SDC销毁系统具有日销毁量高，产生的废金属无毒（以前称为“5X”）等特点，因而非常适合销毁完整弹药。此外，也可以使用CH2M HILL公司生产的TDC或DAVINCH销毁系统，但它们存在日销毁量较小和产生的废金属不适合循环利用的问题，预计在RSA上可以发现含有不同化学毒剂和有毒化学物质的物资，包括H、HD、HT、HS、L、WP、CNS、CNB、HN-3、CG和GA（请参阅问题5-2和建议5-1）。

包括任何完整的500lb和1000lb炸弹在内的一些弹药，可能由于体积太大而无法使用基于EDT的销毁系统进行销毁。但是NSCMP资助开发大型物品可运输通道和消毒系统（the Large Item Transportable Access and Neutralization System，LITANS）可用于此目的（U. S. Army，2011e），但是如果发现大量上述弹药，使用LITANS又存在日销毁量太低的问题。

5.5.3　非含能RCWM的处理

对这些物件的处理要求是达到≤1VSL（以前为3X）水平，或者消毒后达到不受限制地使用（以前为5X）的水平。鉴于Dynasafe公司生产的SDC可以产生适合排放而不受限制使用的废金属，因而被视为一种很好的销毁系统。其他可选的销毁系统包括：CH2M HILL公司生产的TDC，类似于美国蓝草处理厂使用的金属零件处理器（BGCAPP）或美国普韦布洛处理厂使用的金属处理单元（PCAPP）；商业可运输的危险废物焚化炉；车底式炉；或用洗消液处理。选择的任何技术都必须能够销毁在预计范围内的各类化学毒剂，同时还必须满足适用的废物管理和排放要求。因此需要对上述技术进行测试和评价，并且应考虑替代密封爆炸舱室的处理方案。

Dynasafe公司表示其生产的SDC2000系统在德国已对包括破口污染弹药在内的大量化学毒剂污染的金属进行洗消[1]。对于一些还包含高能炸药或者被毒剂污染的弹药，使用SDC 1200对其进行消毒，无需更改硬件设置，只要每次化学毒剂量不超过2lb，在SDC 1200中单次处理量最多可达330lb金属，单次处理耗时约7min。Dynasafe公司期望在RSA或类似地点优化使用SDC 1200，即在每个进料周期中将受污染的废料与含爆炸药的回收弹药混合一起处理。

最后，对于非常大的处理对象，例如500lb和1000lb的炸弹/部分化学毒

---

[1] 2012年3月16日，VXB Internatial研究副总裁哈雷·希顿（Harley Heaton）对NRC研究主管南希·舒尔特（Nancy Schulte）的私人回复。

剂生产装置和55gal的炸药桶，可能需要对这些大物件进行单独的洗消。这些大物件无法使用现有的处理技术，应该研究处理这些大物件的方法；此类研究应考虑采用替代密封爆炸舱室的处理方案。

预计在RSA会发现包含受多种化学毒剂和有毒化学物质污染的物品，包括H、HD、HT、HS、L、WP、CNS、CNB、HN-3、CG和GA。尚不清楚在不更改操作程序或设备的条件下，现有在用的基于EDT的销毁系统是否能够有效处理所有这些化学毒剂和有毒化学品。例如，L剂含有质量分数为37%的砷，因而空气污染控制系统必须能够从爆炸室的尾气中去除大量的砷氧化物（NRC，2009a）。同样，包含WP的弹药需要全部将其转换为P_2O_5，这意味着废气处理系统需要去除和中和更多量的P_2O_5，而不是弹药中包含的任何其他化学毒剂或有毒化学物质。因此上述设备应该具有能够销毁完整弹药的技术，也应该具有对化学毒剂污染物进行洗消的技术。

但是不能指望NSCMP会花费大量资金来改善大批量物资的销毁或洗消技术。如NSCMP可能使用Dynasafe公司生产的SDC处理少量的特殊物品，如含有WP或L的弹药。而事实上NSCMP早就确定好了处理方法：使用EDS销毁少量有问题的物品。此外如本章前面所述，NSCMP还可以使用洗消液对有问题的物资进行洗消。

【问题5-1】 预计在RSA可以找到含有化学毒剂或被化学毒剂污染的许多物资，但某些物资太大而无法使用常用的洗消技术。

【问题5-2】 预计在RSA找到的物资可能被多种化学毒剂和化学物质污染。选择用于销毁或洗消这些物品的技术必须能够销毁所有涉及的化学毒剂和有毒化学物质，同时排放符合规定的废气。

【问题5-3】 RSA的总体修复工作将涉及包括工作范围和其他区域内的常规弹药、化学武器弹药和常规污染物，这将使这项工作成为美国最大、最复杂、最持久和最昂贵的对堆积CWM弹药的应对措施之一。

【建议5-1】 NSCMP应资助研究当前可用或其他可选的销毁技术，以及处理各种不寻常物资的方法，包括含有化学毒剂和有毒化学物质（例如H、HD、HT、HS、L、WP、CNS、CNB、HN-3、CG和GA），同时用这些方法销毁所产生的废物需要满足废物管理要求，并排放符合要求的废气。这些技术还包括用于销毁完好弹药的技术和用于对受毒剂污染物品进行消毒的技术。

【**建议 5-2**】美国陆军应根据第 7 章中讨论的计划性建议，为 RSA 复杂、长期、成本高昂的清理项目制订组织、行动和筹资计划。

5.6 监管问题

除了上面讨论的 17 个场地外，RSA 还拥有数百个包含化学武器弹药和常规弹药的旧处置场地，其中的一些场地还受到包括农药在内的工业化学品的污染❶。

只有在 RCRA 和 CERCL 的许可下，才能对 RCRA 许可的美国联邦设施或关闭的美国联邦设施进行危险废物清理。但是根据 1996 年 EPA 发布给国家政策管理者的政策备忘录："在大多数情况下，如延迟项目不需要进一步清理，EPA 管理下受 RCRA 和 CERCLA 约束场地管理者可以将整个或部分场地的修复活动从一个项目推迟到另一个项目"（EPA，1996c，第 2 页）。因此，监督授权可以部分或全部从一个项目推迟到另一个项目。基于 CERCLA 的 FFA 可以根据 RCRA 将权力委派给州，也可以将州 RCRA 许可文件根据 CERCLA 将权力授予 EPA。

5.6.1 在 RSA 受 CERCLA 约束的行动

自 1983 年以来根据 CERCLA 对 RSA 有关修复方法的调查、选择和实施一直在进行，并使美国亚拉巴马州政府、EPA 和美国奥林公司达成一项合作意向，要求美国奥林公司实施 DDT 沉积物清理工作❷。目前 RSA 已经或正在实施至少 10 种基于 CERCLA 的修复措施，包括拆除路易氏剂生产基地（RSA-122）和关闭砷废物池（RSA-056）❸（Shaw，2009），这些设施最初列于 1994 年国家优先事项清单之中❹。

---

❶ 监管背景见附录 D。

❷ 见 http：//epa. gov/region4/superfund/sites/npl/alabama/triatenval. html，访问日期 2012 年 2 月 22 日。

❸ 见 http：//cfpub. epa. gov/supercpad/cursites/csitinfo. cfm? id=0405545，访问日期 2012 年 2 月 22 日。

❹ RSA-122 最终决定记录，拆除的路易斯安特制造厂场地；RSA-056，封闭的砷废物池；以及 RSA-139，前三氯化砷制造区处置区可操作单元 6。

RSA 监管监督人员已经起草了 FFA，但尚未达成协议，这主要是由于对美国亚拉巴马州环境管理局（Alabama Department of Environmental Management，ADEM）的职责存在分歧。

根据美国政府问责局（Government Accountability Office，GAO）的说法：当美国陆军由于法律和其他限制而拒绝签订跨部门协议，而导致清理进度滞后时，EPA 便无法像对私人机构一样采取措施（例如发布和执行命令），来强制执行受 CERCLA 约束的清理工作（GAO，2010）。而必须通过机构间讨论解决争端，如有必要，最终将由管理和预算局决定。

EPA 在 RSA 的目标是与美国陆军达成 FFA（请参阅第 3 章和附录 D），以完成 RSA 场地的剩余修复工作，包括对 CWM 的修复。监督权可以由 EPA 或美国亚拉巴马州政府提供，或由两者一起提供。而州在这种监督中的作用是争论的主题之一[1][2]。但是，尚未达成任何协议[3]。RSA 正在继续清理包括但不限于埋有 CWM 的场地。

5.6.2 RCRA 在 RSA 的行动

2010 年美国亚拉巴马州政府通过了 RCRA 修正案要求，发布了 RCRA 许可（EPA，2010a）。RCRA 许可中列出了 300 多个 SWMU，其中的 17 个 SWMU 的清理工作需要根据 RCRA 采取临时行动。这 17 个 SWMU 中的大多数位于 RSA 的工作范围内。它们由弹药埋藏场组成，其中包含常规弹药和化学武器弹药以及其与常规污染物的混合物。

---

[1] SMITH/Associates 司，调解人。亚拉巴马州二级修复合作团队会议记录，2011 年 11 月 8 日和 9 日。见 http：//www. altier2team. com/index. cfm/linkservid/A042ACA5-3B10-425D-A0949A34DBF3747/showMeta/0/，访问日期 2012 年 2 月 22 日。

[2] 2011 年 11 月 21 日，美国环境保护署联邦设修复和再利用办公室（FFRRO）道格·马多克斯（Doug Maddox）与评估委员会成员托德·金梅尔（Todd Kimmell）、吉姆·帕斯托里克（Jim Pastorick）和威廉·沃尔什（William Walsh），NRC 研究主管南希·舒尔特（Nancy Schulte）的电话会议；2011 年 12 月 5 日，EPA 执法办公室莎莉·M. 达尔泽尔（Sally M. Dalzell），美国环保署第 4 区联邦设施处哈罗德·泰勒（Harold Taylor）和其他 EPA 工作人员与委员会成员托德·金梅尔（Todd Kimmell）、吉姆·帕斯托里克（Jim Pastorick）以及 NRC 研究主管南希·舒尔特（Nancy Schulte）的电话会议；亚拉巴马州环境管理局土地司危险废物处处长史蒂文·A. 科布（Steven A. Cobb）在委员会上的发言——“从州政策制定者角度看亚拉巴马州修复埋藏化学武器”。

[3] 2011 年 11 月 2 日，亚拉巴马州环境管理局土地司危险废物处处长史蒂文·A. 科布（Steven A. Cobb）在委员会上的发言。

5.6.3 清理决议

根据CERCLA，上述17个场地未采取任何清理埋藏CWM的行动。尽管实际上大多数埋藏的弹药都是炸弹的残余物，但还可能会有一些具有爆炸性的弹药以及未爆炸的炸药和引信。此外，先前洗消的化学武器弹药中仍可能含有可检测出的化学毒剂[1][2]。

在2011年，ADEM要求在17个场地采取临时行动，包括立即清除埋在地下的CWM[3]。一旦从其埋藏场中取出含化学毒剂的弹药，就必须按照CWC的要求销毁这些含化学毒剂的弹药。而且可能还会进行更多的现场调查，但对于这些SWMU进行得最终RCRA设施调查（RCRA Facility Investigation，RFI）似乎尚未开始。美国陆军指南要求对所有行动范围内及附近场地进行风险评估，以确保修复方法具有保护性（U.S Army，2009b；另请参阅第3章）。

修复选择过程通常考虑许多因素，包括但不限于以下因素。

① 现有土地用途。例如，修复物资是否位于可使用范围内。

② 未来可能的用途（U.S Army，2009b），例如，只要埋藏的CWM仍留在现场，美国陆军是否可以控制进入该场地的渠道，从而减少人员暴露的可能性。

③ 短期和长期风险。

最终选择具有保护性的修复方法。各方似乎是真诚地进行合作，但截至本报告起草时，仍未解决是采用基于CERCLA的FFA还是RCRA修正案的方

---

[1] 2011年11月2日，美国陆军亚拉巴马州红石兵工厂环境管理部建设修复处处长特里·德拉巴斯（Terry de la Paz）向委员会作的报告——"从设施管理角度看亚拉巴马州红石兵工厂修复埋藏的CWM"。

[2] 2012年3月30日，UXB International研究副总裁哈雷·希顿（Harley Heaton）对NRC研究主管南希·舒尔特（Nancy Schulte）的个人回复。

[3] 危险废物设施许可证AL7 210 020 742，由ADEM于2010年9月30日颁发给驻扎在雷德斯通的美国陆军。见http://www.epa.gov/epawaste/hazard/tsd/permit/tsd-regs/sub-x/redstone－final.pdf，访问日期：2012年4月18日。

式，或者两种方式共同监管来指导清理工作。评估委员会注意到，这些延迟可能会增加 RSA 采取任何行动的总成本。

5.6.4 最大化监管灵活性

如第 3 章所述，修复政策规定了获取数据的量与种类，以及根据特点地点、具体情况来选择临时措施或修复措施。评估委员会认为根据相应政策，应基于 CERCLA 和 RCRA 中的监管要求，包括对现场特定风险的科学评估来决定相关行动。因此，构成的数据内容将随之变化。充分的数据应包括历史信息，地质调查、相关测试点的数据，采样以及各种修复技术评估实验。

在 RSA，根据场地特点来确定是否执行临时行动，而不是根据可行性研究的结论来确定，美国陆军和州政府也在制订工作计划。特别是对于埋藏 CWM 的场地，评估委员会认为可能不需要大量的新数据就可选择修复措施。有效利用数据可以迅速决定采取何种修复方法，并将可用资金应集中在降低风险上。

5.6.5 改进行动管理单位，临时单位和污染区域的理念

如第 3 章和附录 D 所示，修复废弃物的管理很复杂。尽管本书旨在针对与 RSA 相关的法规问题提供建议，但深入研究发现可能这些法规对 RSA 产生废弃物的要求超出了本书的范围。

但是在第 3 章和附录 D 中讨论建立 CAMU、临时单元（Temporary Units，TU）和污染区域的理念对于像 RSA 这样大而复杂场地的管理者非常有吸引力。

在确定可接受的位置，建立 CAMU、TU 和污染区域可能是 RSA 治理的一种经济且有效的方法。例如，可在具有处理功能的 CAMU 中放置修复废物，可以包括大量受污染和未受污染的空弹药体、空毒剂容器、来自拆卸的毒剂制造和处理设施内的零件，以及污染的土壤和碎屑。在这些单元和区域中管理修复废物，可以有助于减轻处理战壕等中移出的物资和处理残留物的风险和成本。

5.7 社区关注

RSA 周围的美国亚拉巴马州的麦迪逊县和亨茨维尔镇经济发展迅速[1]。最近由于 RSA 作为 BRAC 取得了“获取设施（gaining facility)”的地位，使该地区积极开展建设活动，但事实上该社区内的大部分经济扩张开始的时间早于获得该地位之时。该地区的经济增长作为一个重要的因素，使 ADEM 倾向于采用清除作为首选修复措施，而不是采用就地保留修复措施[2]。

已经在 RSA 站点附近发现了污染物，包括溶剂、金属、农药、CWM 和火箭燃料研发和测试中的有害残留物，例如高氯酸盐。这些污染物已经影响到该地区的地下水、土壤、沉积物和地表水[3]，并引起对公众健康和经济发展的关注。此外，由于田纳西河近在咫尺，它可以提供饮用水或在河中进行娱乐活动，这使选择最佳的修复方法变得非常重要[4]。

在 RSA 长期而复杂的清理过程中，公众参与和教育至关重要。美国陆军、美国亚拉巴马州政府、美国联邦监管机构和社区必须密切合作，以最大限度地提高清理计划的效率并保护社区的健康和环境[5][6]。

评估委员会认为，美国华盛顿特区春谷 FUDS 的长期清理工作为 RSA 的修复工作提供了重要的经验教训。

评估委员会收到了来自 EPA、美国巴尔的摩地区的 USACE、美国哥伦比

---

❶ 《亨茨维尔地区经济增长倡议》，2007 年。见 www. huntsvillealabamausa. com/HREGI/hregi_report. pdf，访问日期 2012 年 4 月 16 日访问。

❷ 2011 年 11 月 2 日，美国陆军亚拉巴马州红石兵工厂环境管理部建设修复处处长特里·德拉巴斯（Terry de la Paz）向委员会作的报告——“从设施管理角度看亚拉巴马州红石兵工厂修复埋藏的 CWM”。

❸ 美国环保局超级基金决策记录：U. S. Army/NASA Redstone Arsenal. EPA/ROD/R04-04/662. 09/29/2004，见：http：//www. epa. gov/superfund/sites/rods/fulltext/r0404662. pdf. 访问日期 2012 年 4 月 16 日。

❹ 同❸。

❺ 2011 年 11 月 2 日，亚拉巴马州环境管理局土地司危险废物处处长史蒂文·A. 科布（Steven A. Cobb）在委员会上的发言——“从州政策制定者角度看亚拉巴马州修复埋藏化学武器”。

❻ 2011 年 11 月 2 日，美国陆军亚拉巴马州红石兵工厂环境管理部建设修复处处长特里·德拉巴斯（Terry de la Paz）向委员会作的报告——“从设施管理角度看亚拉巴马州红石兵工厂修复埋藏的 CWM”。

亚特区环境局为促进公众参与而成立的春谷修复咨询委员会发布的春谷 FUDS 简报。这些简报谈到了清理工作初期的冲突，但也谈到了最终形成的合作伙伴关系，各方在确定清理目标、流程和程序方面都有发言权。在建立合作伙伴关系的同时，所有人都承认存在技术、经验和资金方面的限制，并且尽管各方未形成统一意见，但各方至少都理解为什么以这种方式作出决定。各方吸取的重要的经验是如何建立伙伴关系、对公众的教育、所有利益相关方的参与，以及公众参与（例如成立修复咨询委员会和社区外联小组等机构）。

第6章

前进之路：建议进行有针对性的研发

迄今为止，美国陆军在回收、评估、加工、运输、储存和销毁 RCWM 方面使用了有效的管理方法和技术措施，尽管在这些过程中还存在一些问题，例如，在美国亚拉巴马州的西伯特营地，RCWM 的填充处理需要“大量设备”，而且是一个“漫长的过程”，销毁工作“昂贵”，废弃物的管理和处置“困难[1]”。

对于每天销毁量较大的场地，或者有着数以万计的物资且必须进行处理的场地，现有的程序和技术难以完成任务。本书在第 5 章中介绍的 RSA 的例子，RSA 内的一个超过 20000ft(英尺) 的埋藏沟渠[2]上有 17 个需要采取临时处理措施管理并需要拆除污染源的场地[3]，还有多达上百万件可能被污染的物资需要处理[4]。

类似数量的埋藏的 RCWM 可能存在于美国犹他州德塞雷特化学武器仓库 (Deseret Chemical Depot) 及其他地区。现有分析评估设备和销毁系统，例如 DRCT、PINS、拉曼光谱仪、EDS 和基于 EDT 的销毁系统，无法满足数十个大型埋藏站点每天要销毁数百件物资的需求。

---

[1] 2011 年 11 月 3 日，美国陆军工程兵部队莫比尔区 FUDS 项目经理卡尔 · E. 布兰肯希普 (Karl E. Blankenship) 向委员会提交的报告——“修复亚拉巴马州西伯特营地受污染的土壤”。

[2] 2011 年 11 月 2 日，美国陆军亚拉巴马州红石兵工厂环境管理部建设修复处处长特里 · 德拉巴斯 (Terry de la Paz) 向委员会作的报告——“从设施管理角度看亚拉巴马州红石兵工厂修复埋藏的 CWM”。

[3] 2011 年 11 月 2 日，亚拉巴马州环境管理局土地司危险废物处处长史蒂文 · A. 科布 (Steven A. Cobb) 在委员会上的发言——"从州政策制定者角度看亚拉巴马州修复埋藏化化学武器”。

[4] 2012 年 1 月 18 日，科学应用国际集团高级化学工程师威廉 · R. 布兰科维茨 (William R. Brankowitz) 向委员会做的报告——“非储存化学武器物资项目——红石兵工厂档案审查”。

现有行政手段、组织机构和资金来源也可能不足以应付上述问题。仅RSA一处关于修复RCWM的最初成本预测就需要10亿～30亿美元，并耗时大约15年的时间才能完成修复[1]。

同样，现有的硬件设施也没有足够能力去销毁如此庞大的CWM。对于4.2in迫击炮弹这种代表性的普通小型待清理物资来说，先前给评估委员会的报告中指出每天10h，最大的处理量为，使用TDC TC-60为40枚，使用DAVINCH DV-65为36枚，使用Dynasafe SDC 2000（NRC，2006）为120枚。最近美国亚拉巴马州安尼斯顿的SDC 1200实现了每天工作10h处理100枚4.2in迫击炮弹的成绩[2]。可见如果使用多种基于EDT的销毁系统或多个EDS单元，可大大增加处理量。

另一个重要的问题是要关注回收的CWM是埋在地下，还是地上（例如露天战壕）。如果埋在地下，它们必须被定位、挖掘，并放置于容器中、监测和储存、评估它们装填的毒剂剂量。比起露天处置坑或沟渠环境中的CWM，地下埋藏的CWM所处的环境更加糟糕。此外，如果土壤被毒剂污染，还必须对土壤进行评估和处理。

如果是地面上的RCWM，则情况类似于露天矿坑，不需要进行地下定位、挖掘和土壤处理，CWM的处理速度可以加快。

对于密封弹药，DRCT和PINS将用于确定化学毒剂填充量以及弹药的化学成分。对于以前已经打开并燃烧过，或者其他处理过的弹药，以及可能被污染的废金属，将进行毒剂检测来确定是否需要进一步处理。最后没有检测到毒剂的回收物资将根据环境法规进行相应的处理。

鉴于无法提前获知每个场地里每一种RCWM的处理需求，评估委员会不能针对特定场地给出建议方案，而只能对任务说明第二个项目中列出的支持技术进行一般性修改与建议。评估委员会希望基于非常有限的数据和特征信息，使这些改进技术能更好地满足军方在RCWM修复方面的需求。

---

[1] 2012年1月18日，科学应用国际集团高级化学工程师威廉·R. 布兰科维茨（William R. Brankowitz）向委员会做的报告——“非储存化学武器物资项目——红石兵工厂档案审查”。

[2] 2012年3月16日，UXB International研究副总裁哈雷·希顿（Harley Heaton）对NRC研究主管南希·舒尔特（Nancy Schulte）的私人回复。

同样对现有技术的改进是非常必要的，比如更精确的 PINS、更快的 EDS 或更易于运输的基于 EDT 的销毁系统，但是对那些大型埋藏站点，需要评估和处理成千上万的可能受污染的物资，这些改进仍无法满足部队的要求。或者，虽然说现有程序是有效的，但对于庞大的数量来说，现有的程序却显得太慢或太烦琐。因此对于这些场地，无论 CWM 是埋藏地下还是在露天区域，都有必要设计和建造回收物资的设施，从而有效地评估物资上毒剂含量和剩余污染，并进行相应的处理。

现有的方法可以有效地处理数量不限的 RCWM，其处理速度和识别效率不是问题。例如，在 2006 年 6 月至 2010 年 4 月之间，在美国阿肯色州松树崖兵工厂使用了爆炸破坏系统（Pine Bluff Explosive Destruction System，PBEDS），两台 EDS 就销毁了 1225 枚 4.2in 的迫击炮弹和第二次世界大战时期德国 Traktor 火箭弹（月平均处理近 27 枚弹药）。但是，对于那些有着数以万计的可能受化学毒剂污染物资的场地，这样的处理速率显然不够，对于这些场地需要新的技术。可带来这种能力的技术研究和与技术有关的调查发现与建议一并列举如下。

6.1 非针对性研发建议的技术

【发现 6-1】 评估委员会认为下列技术已得到充分发展，没有研究和发展它们的需要：

① 在物探方面，其他组织正在进行大型研发计划。NSCMP 的最佳策略是简单关注这些计划的发展。

② 个人保护设备。

③ 常规挖掘设备。

④ CWM 储存（临时存放设施、保温箱、掩体）。

⑤ 蒸汽密闭设施和过滤技术。

⑥ SCANS。

⑦ DRCT。

⑧ CH2M HILL 公司的 TDC。

⑨ DAVINCH。

⑩ EDS。

⑪ 二次废弃物的存储和处置。

6.2 有针对性研发需求的技术

6.2.1 机器人挖掘设备

正如第 4 章中关于机器人挖掘设备的描述，机器人技术在通用性和可靠性方面持续提高。为了降低工作人员的风险，应该研究和开发机器人在埋藏 CWM 修复中的应用。

【发现 6-2】 评估委员会认为，现有的机器人系统能够处理和移除埋藏的 CWM，并带来更高的安全性。

【建议 6-1】 陆军应证明机器人系统可以可靠地用于接触和清除埋藏化学武器物资，并且确定在不同情况下的适用性。

6.2.2 CWM 包装与运输

如第 4 章所述，NSCMP 资助的研究正在开发一种通用的 CWM 储存容器，用高密度聚乙烯制成，可以使弹药不经过拆除外包装就能在 EDS 中销毁。

【发现 6-3】 在使用 EDS 销毁之前，可能需要拆除弹药的外包装，因此需要对有包装的弹药进行额外处理。

【建议 6-2】 NSCMP 应资助完成通用的弹药储存容器的开发和测试。

6.2.3 回收弹药的评估

在销毁 RCWM 之前，必须对每种物资进行评估，以确定所含毒剂的性质和爆炸性。如第 4 章所述，PINS 是用于此目的的非侵入式分析设备。尽管 PINS 是评估回收弹药的重要工具，但它并非完全可靠。例如，2008 年在美国夏威夷州斯科菲尔德兵营销毁 71 枚回收弹药时，一枚 75mm 弹药被误认为含有光气，但实际上却为三氯硝基甲烷（氯化苦）（NRC，2009a）。另一个例子是在美国华盛顿特区春谷的修复工作，在 2002 年或 2003 年的某个时候，3 枚炸弹被错误地认为含有二苯氰砷，而实际上它们却含有砷化氢[1]。

在使用EDS或其他基于EDT的销毁系统销毁弹药时，为了评估含能物质的类型和数量，了解TNT爆炸当量也很重要[2]。USACE在春谷项目的负责人表示，他相信春谷中一些被按照“爆炸配置”来处理的弹药，事实上并没有含危险物[3]。将弹药按“爆炸配置”处理会给操作人员带来额外的压力[4]。该项目负责人还说，PINS“不太擅长”识别回收弹药中的爆炸物，因此需要一种更好的方法，特别是对于含少量爆炸性物质的弹药，其仅含有微量的爆炸性关键元素氮，使爆炸物很难被检测出来[5]。

使用PINS对填充物和爆炸物含量分析后，MARB审查了每种RCWM所有可用的信息，提出了评估报告。确定弹药是否含有CWM的检测流程既复杂又冗长，西伯特营地项目负责人说：“尽管通常流程是可靠的，但是由于监管者难以确定某个物资是否为RCWM，导致在处理方法的选择上存在困难[6]。”该负责人还认为需要一种更好的工具来确定弹药是否为CWM。

NSCMP正在资助新技术的研发，目的就是解决与PINS相关的类似问题。这些研发工作旨在使分析结果更准确且灵敏度更高，并用中子发生器代替放射性中子源，以方便PINS设备的运输。

【发现6-4】 PINS数据处理方法需要改进，提供更多确定性信息来识别回收弹药中的化学毒剂填充物。

【建议6-3】 应对便携式同位素中子光谱数据的处理方法继续进行研究和开发，为鉴定回收弹药中的化学毒剂填充物提供更多确定性信息。

如第4章所述，美国亚拉巴马州西伯特营地使用MINICAMS对该区域空

---

[1] 美国陆军工程兵部队巴尔的摩地区春谷项目经理丹·G. 诺布尔（Dan G. Noble）对NRC研究主管南希·舒尔特（Nancy Schulte）的私人回复，2012年3月30日。

[2] 2011年11月2日，美国陆军工程兵部队巴尔的摩地区春谷项目经理丹·G. 诺布尔（Dan G. Noble）向委员会作的报告——“美国大学实验站的历史”。

[3] 美国陆军工程兵部队巴尔的摩地区春谷项目经理丹·G. 诺布尔（Dan G. Noble）对NRC研究主管南希·舒尔特（Nancy Schulte）的私人回复，2012年3月30日。

[4] 2011年11月3日，美国陆军工程兵部队莫比尔区FUDS项目经理卡尔·E. 布兰肯希普（Karl E. Blankenship）向委员会提交的报告——“修复亚拉巴马州西伯特营地受污染的土壤”。

[5] 2011年11月2日，美国陆军工程兵部队巴尔的摩地区春谷项目经理丹·G. 诺布尔（Dan G. Noble）向委员会作的报告——“美国大学实验站的历史”。

[6] 2011年11月3日，美国陆军工程兵部队莫比尔区FUDS项目经理卡尔·E. 布兰肯希普（Karl E. Blankenship）向委员会提交的报告——“修复亚拉巴马州西伯特营地受污染的土壤”。

气进行监测，在对探测到的地下物体进行调查和清除时，得到了不同的结果。类似的情况预计在其他修复工作中也会遇到。具体问题如下：

① 午间测试是 MINICAMS 校准程序的一部分，但其延迟启动可使现场行动推迟几小时。

② MINICAMS 是一个相对脆弱的系统，不适合移动，如果现场移动则需要长时间停机。因此需要一个更耐用的系统。

③ 在美国亚拉巴马州西伯特营的某些部分，三氯乙烯的存在干扰了 MINICAMS 对芥子气的测定。

【发现 6-5a】 MINICAMS 是一个相对脆弱的系统，不够稳定，而在不同场地之间移动将延长停机时间。

【发现 6-5b】 为了减少停机时间，需要一个更加耐用和便携的系统来进行实时的空气监测。

在美国华盛顿特区春谷和美国亚拉巴马州西伯特营地，完成评估的弹药不足 100 枚。在未来的大型修复项目中，例如，RSA 可能需要评估数万或数十万枚弹药，或已打开并可能仍含有少量毒剂和爆炸物的弹药。如上所述，PINS/DRCT/MARB 评估方法存在问题和局限性。如果将这些方法应用于对数万或数十万枚弹药的评估，可能无法及时得出评估结果，评估结果也可能不够准确，无法保证设备操作人员的安全。因此在 RSA 或其他大型埋藏点开始弹药修复之前需要解决该问题。

【发现 6-6】 在处理数万或数十万枚含有毒剂和爆炸物的破损弹药时，现行的 PINS/DRCT/ MARB 方法可能无法及时进行评估，结果可能不够准确，无法保证设备操作人员的安全。

【建议 6-4】 NSCMP 应建议修改现行的 PINS/DRCT/MARB 评估方法，或采用另一种替代方法。确保当在一个场地需要评估数万或数十万枚弹药时，评估方法仍能更好地发挥作用，并有更明确和更准确的结果。

6.3 受污染 RCWM 的销毁

如第 5 章所述，RCWM 可以分为 3 种主要类别：受毒剂污染而且仍含有引信和雷管等爆炸性部件；受毒剂污染但不含爆炸性部件和无毒剂污染且适用于不受限制释放的部件。接下来的内容将针对前两类 RCWM 的销毁技术选择和可能的研发需求进行阐述。第3种类别的RCWM无技术需求，它们可以送到场地外进行回收，但如果第3类别RCWM上有CWC附表中包括的物质，就需要按照国家危险废物处置条例送往危险废物TSDF进行管理。

6.3.1　含有爆炸性部件RCWM的销毁

一些要销毁的RCWM仍然含有爆炸性部件，但对于大多数这种物资，现有的基于EDT的销毁系统足够将其销毁（例外；见“5.3.2红石兵工厂处理的异常物品”）。这些技术可能的发展需求如下所述。

6.3.1.1　EDS

如果不要求销毁处理速度，弹药经过检测，待处理的净爆炸当量和化学毒剂填充物均已知情况下，EDS在销毁弹药方面非常有效。然而在处理RCWM时，满足这些状况的弹药可能并不常见，对于那些含有少量残留毒剂的RCWM，PINS不容易识别毒剂。为提高EDS的处理能力，PMNSCM正在执行一项设备升级计划，该计划包含两个关键要素。

① 蒸汽注入。向EDS容器中注入蒸汽。这种方法的优点有两个：比现在只使用外源式加热器加热更快，废液量更少。将冲洗水从60℃加热到100℃减少耗时75min。注气系统正在EDS-2测试装置上进行安装和试验，计划2012年进行实际毒剂测试。

② 通用洗消剂。已经开始评价对所有毒剂都有效的洗消剂。对包括芥子气和梭曼（GD）在内的10种化学毒剂的测试已经开始，结果尚待确定。

6.3.1.2　Dynasafe SDC 1200

评估委员会认为，Dynasafe公司生产的SDC系统可用于处理大量（几万或几十万枚）已燃烧和毒剂舱已打开的弹药，而这些弹药可能是含有残留毒剂的弹药或含爆炸性物质的化学毒剂弹药。事实上，对于如RSA这种需要销毁完整弹药的大型埋藏场，Dynasafe公司的SDC系统可能是一种最佳的选择。这是因为SDC系统可以在处理含有爆炸性物质的完整弹药和之前打开的不含爆炸性物质的弹药之间来回切换，并且SDC系统是4种技术中唯一一种可以产生不受限使用的废金属的设备（以前称为“5X”）。

如第4章所述，当SDC 1200在美国亚拉巴马州ANCDF处理化学武器弹药时，遇到了许多问题，而为解决这些问题，开展了许多改进工作。在编写本书时，改进工作仍在继续，由于目前美国亚拉巴马州 ANCDF 不再储存任何化学武器弹药，相关研究使用常规弹药代替 CWM 进行实验。目前主要致力于 TRAM 方面的研究。评估委员会认为，这项研究计划周密，将提高设备处理量和可靠性。Dynasafe 公司也参与了这项工作，并把在 ANCDF 开发的改进设计融入未来的产品中。正如第 4 章所指出的，自从 ANCDF 使用 SDC 以来，Dynasafe 公司已经提高了 SDC 1200 上的热氧化器的供氧能力[1]。这将有助于提供更多的氧气，从而更完全地燃烧 CO。

【发现 6-7】 Dynasafe 公司已经在 SDC 1200 中扩大了热氧化器。安装这种更大的热氧化器有助于提供充足的氧气，从而使 CO 燃烧更加彻底。

【建议 6-5】 NSCMP 应该对 Dynasafe 公司在标准 SDC 1200 如何发挥大氧化器优势的研究进行资助。如果如预期的那样，较大的热氧化器有助于提供充足的氧气，从而使 CO 的燃烧更加彻底，该设备就应该考虑用较大的热氧化器取代现在使用的热氧化器。

但是，评估委员会一直担心 ANCDF 上喷雾干燥机的性能。SDC 1200 的供应商声称当热氧化器逸出的热气体被干燥机（NRC，2010b）冷却时，喷雾干燥机会尽可能减少二噁英（多氯联苯）和呋喃（多氯代二苯并呋喃）的生成。二噁英和呋喃是剧毒物质，由于它们可在人体内积累，因此都受到公众的极大关注。二噁英和呋喃的排放由美国亚拉巴马州的监管机构（NRC，2010b）以及其他监管机构监测。但自从 SDC 系统开机后，很明显喷雾干燥机没有防止二噁英和呋喃的形成，只能依靠废气处理系统中活性炭吸附剂捕获生成的二噁英和呋喃。另外，喷雾干燥机有时也会产生固体颗粒并堆积在它的内壁上，而取消喷雾干燥机用水冷热交换器来冷却引爆室的热气，就像 CH2M HILL 公司生产的 TDC 在使用时一样，可以提高设备的可靠性。当把热氧化器逸出的废气进行冷却时，现有的活性炭吸附剂将继续捕获废气中的二噁英和呋喃。评估委员会注意到不管是 CH2M HILL 公司生产的 TDC 还是 DAVINCH 销毁系统，都不使用水冷热交换器，只是依靠活性炭吸附剂来捕获形成的二噁英和

---

[1] 2012 年 3 月 6 日，UXB International 研究副总裁哈雷・希顿（Harley Heaton）对 NRC 研究主管南希・舒尔特（Nancy Schulte）的私人回复。

呋喃，而安装在德国明斯特（Munste）更大的Dynasafe设备采用水冷热交换器消除二噁英。此外清洗喷雾干燥机会产生液态废物，即洗涤废液。如果这是一个问题，可以考虑TDC使用的干石灰清洗机。

【发现6-8】SDC中的喷雾干燥机不能防止二噁英和呋喃的形成，有时会产生固体颗粒并堆积在它的内壁上。

【建议6-6】NSCMP应评估提高Dynasafe静态引爆舱系统的可靠性和成本收益，如采用水冷式换热器代替喷雾干燥器，并继续使用活性炭吸附剂捕获来自热氧化器废气冷却形成的二噁英和呋喃。如果存在处理废液（即废洗涤液）的问题，则NSCMP非储存化学武器物资项目应考虑使用干式石灰注入系统替换碱性洗涤液。

【发现6-9】在美国亚拉巴马州ANCDF，SDC 1200系统的开发项目被科学合理并详尽地规划。该项目有望增加处理过程的可靠性。目前SDC处理量已经很高，但预计还能提高。

【建议6-7】NSCMP应该继续资助提高SDC处理量和可靠性的研究。

6.3.1.3 神户制钢的DAVINCH销毁系统和CH2M HILL的TDC销毁系统

DAVINCH和TDC销毁系统的相似之处在于，它们都使用外部添加炸药作为弹药销毁装填剂。这两种技术都被广泛用于销毁化学武器弹药，而且都由各自的开发人员根据经验加以改进。因此，评估委员会认为这两种技术适合处理含有毒剂填充的完整RCWM，而不需要其他重要研发支持。这两种技术产生的主要固体废弃物是来自弹药体的废金属，这些废金属已被净化至≤1VSL，但没有达到更严格的不受限制排放的水平。可以在这两种技术上进行额外的开发工作，以实现这一目标。

对于DAVINCH销毁系统而言，是否进行研发将取决于现场的具体要求，以使其更适合于RCWM的销毁。例如，如果使用DAVINCH销毁系统消除RCWM，则减少外加炸药和塑性炸药的数量，既可以降低成本，也可以降低与炸药处理相关的成本和风险。对于更大和更重的弹药，手动将弹药装载到DAVINCH销毁系统上需要很长时间，而在日本，使用机器人设备可以减少装载时间，并减少手动处理中出现的安全问题。

DAVINCH和CH2M HILL的TDC销毁系统内都有合适的空气污染控

制系统，并且已经被设计能够承受含能物质的爆炸。尽管两种技术都使用外加炸药打开炮弹并破坏了填充的CWM，但仍可采用外加炸药炸开弹药腔（如EDS），然后再使用外部热气源销毁毒剂，而非利用外加炸药产生的高温高压销毁CWM。这可以减轻与炸药处理有关的安全问题，并减少爆炸有关的安全壳上的应力。这种方法曾经被用来消除TDC中的残留物质（NRC，2006）。

6.3.2 不含爆炸性部件的RCWM处理

大型埋藏场所中的某些RCWM不含有雷管和引信等爆炸性部件，但仍可能包含可检测量的毒剂。这些物资包括以前打开和排空的弹药、废金属和以前工厂的生产设备，就像在亚拉巴马州RSA发现的那样。除了诸如TDC或DAVINCH销毁系统采用在密闭容器中通过添加炸药破坏残留毒剂，还有其他的选择，包括但不限于以下内容：

① 通过类似于在美国蓝草（Blue Grass）处理厂使用的金属零件处理机或美国普韦布洛处理厂使用的高温炉金属处理装置处理，或通过现已关闭的美国化学弹药焚化设施中的金属零件焚化炉进行处理。在所有情况下，都必须使用气密系统，并具有适当的空气污染控制系统。

② 通过带有回转窑的商业可运输危险废物焚烧炉进行处理。这些装置是气密的，并配有合适的空气污染控制系统。

③ 通过车底炉处理。这种熔炉的特点是装有弹药的车厢（手推车），可以通过铁轨进出熔炉。用于弹体处理的车底炉需要具有气密结构，并具有排放废气的空气污染控制系统。

④ 用洗消溶液处理，然后分析顶空成分。重复此操作，直到顶空浓度低于气体检出水平。净化后的废弃物可运离现场后回收[1]。

如上所述，使用Dynasafe SDC 1200时，无论是否由爆炸引爆，SDC 1200都可依靠热量来销毁含有毒剂填充物弹药中的毒剂。它还可用于销毁先前打开和处理过的弹药中残留毒剂，并处理受污染的废金属，前提是这些金属可以装

[1] 2012年4月2日，犹他州德塞雷特化学仓库任务支持主管雷蒙德·克莫伊特（Raymond Cormier）与NRC研究主管南希·舒尔特（Nancy Schulte）的个人通信。

入SDC的装载室。

【发现6-10】 应利用SDC来开展含有残留毒剂、爆炸性物质、燃烧过、未封闭弹体的研究计划。

【建议6-8】 NSCMP相关人员应通过检测先前烧过和破损的弹体（这些弹体中仍含有可检测到的痕量毒剂或被毒剂污染的废金属）来评估Dynasafe SDC销毁CWM的能力。该评估应包括修改SDC进料系统参数、改变CWM在SDC舱室中停留时间以及调节废气处理系统。

【建议6-9】 如果SDC不能销毁回收的未封闭弹体里的毒剂，或需要全时销毁完整弹药，则PMNSCM应评估替代方法，用于洗消处理回收的不含爆炸物的化学武器物资。

【发现6-11】 在美国亚拉巴马州RSA调查发现的许多物资可能含有毒剂或被毒剂污染。同时，它们数量众多而无法用现有或常用的消毒技术来处理。

【建议6-10】 NSCWMP应开始准备工作，以处理美国亚拉巴马州RSA大量的受毒剂污染或充满毒剂的物资。

正如在第4章和第5章中提到，在CWM修复现场会发现被毒剂及其分解产物、炸药及其分解产物以及包括农药和溶剂的工业化学品污染的土壤和污泥。在美国阿肯色州西伯特营地和美国华盛顿特区春谷的修复项目中，被污染的土壤被送到商业TSDF进行处理。西伯特营地项目负责人向评估委员会简要介绍了一个废弃物分析的问题，即在对毒剂污染土壤进行浸出分析时，难以获得毒剂的毒性特征指标，这导致了修复延误。TSDF在接收来自修复场所的土壤前也需要进行此类分析。但如果ECBC的实验室不进行这些分析，商业实验室就不接收受毒剂污染的样品[1]。评估委员会将这些影响了修复项目的时间和成本的问题向上级反映，但没有提出任何调查发现或建议。

---

[1] 2011年11月3日，美国陆军工程兵部队莫比尔区FUDS项目经理卡尔·E. 布兰肯希普（Karl E. Blankenship）向委员会提交的报告——“修复亚拉巴马州西伯特营地受污染的土壤”。

第7章

展望：关于政策、资金和组织的建议

7.1 简介

美国陆军是美国 DoD 销毁美国储存的致命化学毒剂和化学武器弹药以及 NSCWM 这两个任务的执行机构（EA）。美国 DoD 曾经只是设想清理已发现的 RCWM 和修复受污染场地，但随着修复计划逐步向一个重大任务过渡，如今该任务变得越来越复杂和持久，大大超出了原本只是现役和退役防御基地和训练场上小规模弹药和有害物质清理计划的范围。

美国陆军现有组织机构（作为销毁 NSCWM 的执行机构），在销毁处理方面必须重新进行调整，以便对美国 250 多个发现 RCWM 的场地进行修复。这需要不同的部门研发和采购销毁 CWM 的相关设备；另一些部门操作设备，运输设备和培训人员；USACE、美国陆军部长办公室和美国 OSD 等机构在制定政策、从 3 个独立的预算账户获得美国联邦资金、确定修复场地的次序以及参与州政府关于选择修复措施的决定方面发挥着重要作用。

自 2005 年 5 月以来，美国 USD(AT&L) 一直在考虑将在美国境内回收和销毁埋藏的化学武器的责任交给美国陆军部长，并将现场调查、回收以及埋藏化学武器的销毁任务交给美国陆军的下属机构[1]。

应美国陆军的要求，NRC 就如何改善参与非储存化学武器的调查、回收和清理活动组织之间的关系提出建议，评估委员会收到了一些简报，并审查了批准 RCWM 任务相关的政策、组织和资金有关的一些计划文件。7.2 节内容

---

[1] 美国陆军 USD(AT&L) 部长备忘录，“指定回收和销毁埋藏化学武器物资（CWM）的责任”，2005 年 5 月 3 日。

追溯到 2007 年 7 月化学武器物资修复的历史。本章还回顾了美国 DoD 和美国陆军在回收和销毁埋藏化学武器上政策不断演变的过程，及相关任务的组织和执行情况，并根据上述情况提出相应的建议，如果这些建议被采用，应该会使销毁工作有所改进。

7.2 2007 年至今的年表

7.2.1 2007 年 RCWM 任务实施计划

2007 年 9 月 20 日，美国陆军部长回应了美国 USD(AT&L) 2005 年 5 月备忘录（见第 2 章）中的要求。美国陆军部长的报告《2007 年 7 月 RCWM 任务实施计划（回收和销毁埋藏的 CWM）（DoD，2007）》(以下简称为 2007 年 RCWM 任务)，是向评估委员会提供的唯一经美国陆军部长正式批准的关于 RCWM 任务的文件。因此除非被美国陆军部长批准的后续计划所取代，否则它是 RCWM 任务推进的权威文件。

RCWM 任务备忘录指出，美国陆军将负有整合该任务的责任，保持实施途径上的一致性，避免计划重复，并更有效地利用有限的资源。美国陆军部长表示，“虽然备忘录对 RCWN 任务提出了初步实施方案，但美国 DoD 内部和各军种之间还需要进行额外协调，以确定准确的资源需求、职能和责任[1]”。

虽然美国国防部副部长要求具体的任务是回收和销毁埋藏的 CWM，但美国陆军部长的报告提出，无论回收的情况如何，应对所有涉及回收和销毁埋藏 CWM 进行处理，从而扩大了该计划的范围，并提供一种全面的方法来处理 RCWM，包括未爆弹药和其他有关材料，如填充不明液体的弹药和 CAIS。

由负责埋藏 CWM 的集成目标团队（IPT）和美国 DASA(ESOH) 办公室的代表组成总集成目标团队（OIPT）制定了 2007 年 RCWM 任务，该集成目标团队成员包括：美国 DASA(ECW) 办公室、负责设施管理的美国陆军副参谋长（ACSIM）办公室、美国陆军 G-3、USACE、CMA、NSCMP 以及 FORSCOM 下第 20 保障司令部（CBRNE）的代表。部分声明内容如下：

RCWM 任务的发展过程，明确表明 RCWM 任务需要一个执行机构。目

[1] 2007 年《RCWM 计划》。

前由负责涉及或可能涉及化学武器管理的多个机构负责 RCWM 任务的各个方面（如规划、预算、执行）。这些机构分别独立测算了 RCWM 任务各个方面的成本，但这些预算变化很大，需要采取一个综合的方法来解决预算上的问题。因此建议指定一个执行机构，负责确保对 RCWM 任务各方面的监督和管理采取一致的方法。

7.2.1.1 IPT 做出了 11 项决定

① 确认由美国陆军负责 RCWM 销毁任务，这为美国 DoD 直接跟进总体进展提供保证，并提供方法来解决下面的问题：由 DERP 资助的 MRS 进行 RCWM 各方面的响应；对已知或怀疑存在 CWM 或遇到 CWM 的场所进行场地清理和其他活动；对遇到不明填充液体弹药或含有 CWM 的爆炸物、弹药进行的应急响应。

② 扩大执行机构的职责范围和扩展 RCWM 任务，使执行机构可以负责支持可能涉及 RCWM 的所有情况，包括：调查、发现和评估未知填充液体弹药；确定填充化学毒剂的未爆弹药（Unexploded Ordnance，UXO）；确定与常规弹药混合的 CWM；为作战半径内和 DERP 以外的其他地区处理 CWM 提供了解决方法。

③ 总体而言，RCWM 任务应作为美国 DoD 设施与环境（Installations and Environment，I&E）项目的一部分进行管理，而不是作为采办项目进行管理。在不同情况下对 CWM 的回收（例如，在现役场地、BRAC 场地和 FUDS 的弹药处理期间，在训练场清除活动期间以及在爆炸物和弹药应急处理期间），可能涉及多个资金来源。

④ CWM 响应计划和管理应与服务 I&E 计划整合起来，而不是作为单独的计划进行管理。

⑤ RCWM 应作为非安全材料处理。

⑥ 如果美国陆军成为 RCWM 任务的执行机构，就应承担 CWC 的责任和义务。

⑦ 在 NSCMP 中用于评估回收弹药和销毁 RCWM 的设备和相关人员应从 NSCMP 管理的相关采办项目内过渡到美国陆军的业务活动中。

⑧ 在估算 RCWM 项目成本时，要将下列专用经费纳入。

a. NSCMP管理人员、工作人员和设备的后勤保障费用。

b. 支持RCWM任务所需的研究、开发、测试和评估（Research，Development，Test and Evaluation，RDT&E）费用。

c. 必要的档案研究费用。

d. FORSCOM下辖第20保障司令部（CBRNE）的两个化学营［技术护送（Technical Escort，TE）］（原美国陆军物资司令部技术护送部队）支援爆炸物和弹药应急响应的费用。

⑨ CWM响应的资金和管理应尽可能加以合并，但是应该为应急情况活动建立单独的基金（单独的拨款）。

⑩ 单个服务类的I&E项目计划应继续优先考虑、规划和资助CWM响应行动，但不包括评估和销毁CWM；并通过与执行机构协调，根据国防需求确定优先顺序，确保满足评估和销毁要求。

⑪ 如果未设立单独的拨款，则与这些职能相关的费用应由相应服务类的I&E计划承担。但是，由于需求的复杂性，具体装置成本的不确定性、公众的高度关注，以及考虑到单个服务类I&E计划所面临的风险，单独拨款被认为是最好的方法❶。

7.2.1.2　OIPT建议

① 美国DoD（应该）指定美国陆军为RCWM任务的执行机构。

② 美国陆军部长应该：

a. 将负责人的职责委托给ASA（IE&E），允许ASA（IE&E）认为必要时进一步授权。

b. 指定USACE作为RCWM响应执行部门。

c. 应设立RCWM任务管理办公室（Management Office，PMO），以管理资源、制定应对和销毁任何RCWM所需的政策，并指导过渡过程。

d. 应为美国陆军CMA设立单独的拨款账户，为应急响应职能提供资金❷。

2007年提出的RCWM计划为美国陆军和美国OSD整合涉及RCWM的

❶ 改编自2007年《RCWM计划》执行摘要第4段，第ⅱ—ⅳ页。

❷ 改编自2007年《RCWM计划》执行摘要第5段，第ⅳ页。

项目形成 RCWM 任务提供依据。自 2007 年 9 月 20 日美国国防部部长批准美国 DUSD(I&E) 的报告以来，对 RCWM 回收和销毁最终实施计划的制定和批准一直是美国陆军和美国 OSD 工作人员一系列工作的主要内容。

2009 年 4 月 1 日在这方面工作向前迈出了一步，DASA(ESOH) 建议立即执行美国陆军条例（见 2.2.2），该美国陆军条例为化学武器物资响应和相关活动提供了临时指导（U. S Army，2009a)。如在 CWM 处理过程中，或在其他环境响应期间，或在施工或其他活动中，遇到 CWM 或未知填充液体的弹药，应采用美国陆军规定的临时指导程序。其中包括保护人员健康和环境的方法，并强调了与环境监管机构和安全官员合作以及在响应活动期间实施公共外联方案的重要性。美国陆军条例还提供了关于遵守 CWC 要求的资料。然而，美国陆军条例没有包含新的政策指引，也没有为 RCWM 任务分配责任。

2010 年 3 月 1 日，美国 USD(AT&L) 正式指定美国陆军部长为 RCWM 任务的执行机构负责人（见附录 C)。2011 年，美国陆军成立了一个临时 RC-WM 任务综合办公室，以整合、协调和同步国防部 RCWM 应对计划和相关活动[1]。

2011 年 9 月 19 日，由美国陆军 ASA(IE&E) 主持编制的文件草案作为美国陆军部长备忘录《国防部回收化学武器物资计划（Recovered Chemical Warfare Materiel Program，RCWM-P) 执行机构职责授权》发布。该文件如果实施，将使执行机构对 RCWM 任务的责任从 ASA(ALT) 转移到 ASA (IE&E)。实质上使 ASA (IE&E) 成为该任务的总负责人。但在评估委员会审查期间，任何详细的项目管理计划或项目组织形式都没有提交[2]。

2012 年 4 月 17 日，ASA(IE&E) 向 USD(AT&L) 发送了一份备忘录，要求 USD 重新评估旧备忘录（附录 C）中关于 RCWM 任务资金来源的路径指示，或终止该指向路径。备忘录建议在化学毒剂和弹药处置国防预算账户下建立一个单独的非采办项目分账户，以使与 RCWM 任务相关的成本透明化，

[1] 2011 年 9 月 27 日，DASA—ESOH 的弹药和化学事务助理 J. C. 金（J. C. King）向委员会提交的报告——“政策视角看陆军 RCWM 计划”。

[2] 陆军负责设施、能源和环境的助理部长备忘录，2011 年 9 月 19 日的文件草案，由 J. C. 金（J. C. King）于 2011 年 9 月 27 日提供给委员会。

以便美国OSD为美国DoD全权负责的项目确定近期和长期的资金投入。备忘录还要求美国ASD(NCB)继续管理CAMD，D，包括RCWM任务的新账户，而由美国DUSD(I&E)提供一般的环境政策监督（U. S Army，2012）。

【发现7-1】 截至2012年4月30日，美国OSD的机构——美国DUSD(I&E)办公室与OSD审计办公室和美国ASD(NCB)办公室都没有完成美国USD(AT&L)于2010年3月1日备忘录中提出的要求。

【建议7-1】 美国陆军应按照美国USD(AT&L)2010年3月1日发布的备忘录中的要求，正式批准并提交一份回收和销毁埋藏CWM的最终实施计划。

7.2.2 2010年美国陆军回收的CWM计划实施情况

美国USD(AT&L)备忘录《2010年3月1日埋藏的CWM回收和销毁最终实施计划》(附录C)指定美国陆军部长为美国DoD销毁非储存化学武器弹药、毒剂和副产品的执行机构负责人。

备忘录规定美国陆军部长作为执行机构负责人的权利和责任，包括以下职能：

① 更新DoD已知或怀疑含有CWM和CAIS地点的清单；② 执行对CWM的响应或其他行动，如划定场地中需要进行清除活动的范围；③涉及RCWM或CAIS的爆炸物或弹药应急响应；④处理发现的RCWM和弹药，以及未知液体或化学毒剂填充的物资（弹药和相关材料）；⑤为评估RCWM和弹药中的填充物、销毁RCWM以及与此类评估和销毁相关的功能和设备提供计划、规划和编制预算；⑥整合和协调RCWM任务与国防DoD所有部门的相关活动。这些功能和相关功能共同构成了RCWM任务。

美国USD(AT&L)备忘录几乎直接引用了2007年RCWM实施计划，并清楚地反映了该计划的意图，该备忘录指出：由执行机构确定处理RCWM和弹药以及其他相关材料的方法。美国陆军将保证执行RCWM任务的一致性，避免重复，有效利用有限的资源，支持对液体和化学毒剂填充RCWM的销毁。

备忘录要求美国DUSD(I&E)和美国国防部副部长（审计长）与美国ASD(NCB)协调，为新的RCWM账户确定适当的融资，包括：

① CAMD，D的拨款是评估RCWM和弹药及其他相关物资、销毁RC-WM、人员和设备后勤保障，以及维护相关设备的资金来源，提供该资金直至建立一个单一的、专门的RCWM任务账户为止。一旦建立专门的RCWM任务账户，将从国防部总拨款管理局获得支持，并与用于其他化学非军事化项目的CAMD，D分开。

② 由DERP或其他合适、可获得资助的计划为不涉及RCWM及弹药和其他相关物资，也不涉及对RCWM销毁评估的职能及活动拨款提供资金。

③ 一旦专门的RCWM任务账户得以建立，将资助：

a. 评估RCWM以确定最可能的填充化学毒剂；

b. 评估弹药和其他相关材料，以确定它们是否为RCWM；

c. 销毁RCWM；

d. 所需的人员和设备的后勤保障和维护；

e. 任务管理和执行的其他必要功能。

最后备忘录要求美国陆军在收到该备忘录后的180天内，制订计划并提交给美国USD(AT&L)，同时美国陆军还应与美国DUSD、美国ASD与美国DoD其他部门协调时间表和重要的完成时间点，至少包括以下工作：

① 确定职能并明确职责，确保在现有CWM场地上的工作可持续进行并获得资金支持；

② 确定支持RCWM任务所需的资金；

③ 针对涉及DERP的RCWM环境响应行动提供技术建议、规划、计划和编制预算。

7.2.3 美国陆军的角色和责任

2011年9月19日，美国ASA（IE&E）提交备忘录草案。

2011年9月27日，在第一次会议上，评估委员会获得了美国陆军部长批准由美国ASA（IE&E）提交的备忘录草案[1]。该备忘录草案确认，美国陆军部长于2010年3月1日被美国USD(AT&L)任命为美国国防部RCWM任务

[1] 陆军负责设施、能源和环境的助理部长备忘录，2011年9月19日的文件草案，由J.C.金（J.C.King）于2011年9月27日提供给委员会。

执行机构负责人。备忘录草案记录美国陆军部长作为负责人的职责、职能，美国陆军部长可将权限授予美国ASA(IE&E)，并可进一步向美国ASA(IE&E)授权。美国陆军部长备忘录草案还指出，除了支持国防部RCWM任务的相关功能外，美国ASA(ALT)还将继续负责化学武器非军事化计划。美国ASA(IE&E)还负责在回收RCWM应急情况下，或在计划回收RCWM的军事弹药处理场或训练场清除活动的安全监管。经美国ASA(IE&E)同意，该备忘录草案完善了FORSCOM、AMC和USACE在RCWM任务中的职能。

备忘录草案[1]附录进一步将执行权授给美国DASA(ESOH)，并阐述美国DASA(ESOH)的作用和职责，以及美国陆军秘书处和参谋部对应的美国DoD支持部门，主要司令部、机构和办公室等各自的职责。

美国DASA(ESOH)的职责如下。

① 为美国DoD的RCWM任务提供政策和指导；

② 对RCWM任务进行集中监督；

③ 确保各部门环境项目负责人和美国陆军项目负责人之间的跨职能协调；

④ 确保经济高效地利用有限资源，支持RCWM任务；

⑤ 根据美国军事部门、环境项目负责人、美国陆军项目执行负责人和AMC的需求，制定和编制支持任务的资金预算；

⑥ 设立临时RCWM综合办公室；

⑦ 编制和维护已知或可疑的CWM和CAIS场地及其他潜在的相关场地清单；

⑧ 审批RCWM任务的年度工作计划，包括CWM响应计划和其他计划，例如临时RCWM综合办公室与美国军事部门环境项目负责人、美国陆军项目执行负责人和AMC协调制订的训练场清理工作计划；

⑨ 作为监督和履行公约执行的主要部门，以确保各执行部门遵守CWC。

7.2.4 临时RCWM任务IO

按2007年RCWM计划的指引进行职位委派、职责确定和相关指导，包括建立临时RCWM任务综合办公室（RCWM IO）。备忘录草案的附录规定了

[1] 陆军负责设施、能源和环境的助理部长备忘录，2011年9月19日的文件草案，由J.C.金（J.C. King）于2011年9月27日提供给委员会。

临时 RCWM 任务 IO 的职能范围和责任，但备忘录草案没有提议由谁担任 IO 负责人。

在评估委员会审查期间，CMA 向评估委员会提交了 RCWM 任务 IO 的章程草案[1]。根据该章程草案，CMA 负责人代表美国 DASA(ESOH) 担任临时 RCWM 任务 IO 的负责人。RCWM 任务 IO 由相关美国陆军组织的代表组成，包括 AMC、CMA、ACSIM、USACE、美国陆军第 20 保障司令部、NAVFAC、AFCEE，以及 NSCMP、ECBC、CARA 等组织的关键分支机构、美国陆军工程和支持中心/化学武器设计中心（the U. S. Army Engineering and Support Center/Chemical Warfare Design Center，位于亚拉巴马州亨茨维尔）和 USATCES。

评估委员会注意到，RCWM 任务 IO 是临时性的，还需等待美国陆军上级机构和美国 DoD 的正式批准。但临时 RCWM 任务 IO 在 RCWM 任务中发挥着重要作用，它协调了规划、计划、程序和修复要求，并解决了跨部门（如美国 DoD）间的问题。然而，评估委员会认为，尽管临时 RCWM 任务 IO 发挥了重要作用，但它缺乏执行任务所需的权力。

【发现 7-2】 作为一个咨询性和协调性的办公室，临时 RCWM 任务 IO 无权指挥其任何成员遵守其命令。

7.3 经费

7.3.1 背景

如第 2 章所述，美国国会批准项目，并给具有明确目的和按其指示执行的这些项目拨款。在大多数情况下，一个项目的资金是直接用于该项目，也就是说，它不能与任何其他项目的资金混用。就 RCWM 任务而言，虽然化学武器弹药修复由 CAMD，D 提供资金，但在总体工作的某些方面或阶段，DERP 和 O&M 资金经常发挥作用。

美国国会在这些资助项目资金使用上具有强制性的限制，要求行政部门

---

[1] 摘自 W. R. 贝茨三世（W. R. BettsⅢ）于 2012 年 1 月 13 日向南希·舒尔特（Nancy Schulte）发送的电子邮件中向委员会提供的建立 RCWM IO 的拟议章程草案。

（主要是美国 DoD 下属部门）仔细协调和说明其使用情况。RCWM 可能与常规弹药一起埋在许多场地，这一事实意味着，对每种情况制订准确的修复计划和核算成本将变得非常复杂和花费高昂。RCWM 的另一个复杂问题是，CAMD，D 资助计划的建立主要是为了销毁大量储存的化学武器，而 RCWM 修复资金只占这项工作的一小部分。一旦储存的武器被销毁，其非军事化场地得到修复，CAMD，D 资金可能会被撤销，这将使未来 RCWM 任务的资金来源成为问题。

如第 2 章所述，CAMD，D 预算账户资助两个主要的国防采办项目（Major Defense Acquisition Programs，MDAPs）：化学武器非军事化——由 CMA 负责；化学武器非军事化——ACWA 研究项目。CMA 作为执行机构管理的 MDAP 包括对 CSE、化学武器储存应急准备计划（the Chemical Stockpile Emergency Preparedness Project，CSEPP）和 NSCMP 提供资助。

CMA 已经完成了其负责的 90％美国储存 CWM 的销毁工作，并正在自行修复非军事化场地。随着这些活动的完成，预计 CMA 的职责将减少到维持必要的存储、在 2 个 ACWA 研究场地进行 CSEPP 以及持续进行 NSCMP。届时，CAMD，D 经费预计将相应减少。

由于 ACWA 支持的研究项目和 ACWA 涉及的非军事化场地的修复工作将在 2021～2023 年期间完成，到时 CAMD，D 可能完全取消对其的资金支持[1]。和其他预算一样，美国国会每年会根据总统对该项目的预算请求进行批准和拨款。美国总统的预算请求包括今后 4 年的年度预算，如果有的话，还包括完成该项目的估计费用。但一切都可能改变，所以该计划 2017 年以后的年度资金尚未确定；最近估计完成该计划的成本和时间将比先前的估计高出约 20 亿美元和延后 2 年[2]。

DERP 是一个非常广泛的计划，包括资助处置化学毒剂和化学弹药、为早期现场调查和特征分析提供资金。DERP 资金通常用于 RCWM 场地的常规弹药清理，包括场地评估和修复，直至识别出 RCWM 弹药。根据美国 DUSD

[1] 2013 财年估计预算，CAMD，D，OSD 主计长，2012 年 2 月。

[2] 美国陆军部队（U. S. Army Element），装配式化学武器替代品，新闻稿“国防部批准化学武器销毁工厂新的成本和进度估算”。2012 年 4 月 17 日，马里兰州阿伯丁试验场。

(I&E) 的简报[1]，一旦发现 RCWM，DERP 的资金就不能再使用，CAMD，D 资金必须用于 RCWM 的评估和修复。评估委员会注意到，如第 2 章所述，根据美国陆军指南，ER，A 预算账户中用于 MMRP 的资金可用于识别、调查、排除和修复 UXO，废弃军用弹药（Discarded Military Munitions，DMM）和弹药组分。根据该指南的定义，DMM 和军用弹药包括化学武器弹药和物资。

评估委员会进一步注意到，根据《美国法典》第 10 篇第 2703 节，为履行美国 DoD 部长有关环境响应的职能而拨出的所有资金，均被拨入 ER，A 账户，随后再转入适当的账户（例如 O&M，军事建设）用于进行环境响应行动。评估委员会认为，通过这样的分账模式，而不是目前美国陆军或美国 OSD 为 RCWM 任务而使用的各种预算账户，将会更加灵活。

在 RCWM 方面，O&M 资金用于各军事部门现役训练场的运行和维修，包括训练场的环境恢复。与 DERP 资金一样，O&M 资金也不用于修复现役训练场上的 RCWM，但可以使用 CAMD，D 资金。

【发现 7-3】 评估委员会无法确定目前禁止将 DERP 以及 O&M 资金用于 RCWM 评估和修复的做法是基于法规还是基于美国 DoD 政策。

正如美国 USD(AT&L)（DoD，2010）指出的那样，美国陆军只允许从 CAMD，D 预算账户获得资金用于处理和修复 RCWM，而美国 OSD 和美国陆军无法单独建立 RCWM 修复预算账户，这使评估委员会达成共识，即美国 DoD 部长应寻求对目前仅使用 CAMD，D 资金，而禁止使用 DERP 资金和 O&M 资金用于 RCWM 评估和修复的法律解释。如果目前的做法符合司法要求，评估委员会的共识是，美国 DoD 部长应考虑从这些限制条款中为单独建立 RCWM 修复预算账户寻求立法支持。

【建议 7-2】 关于禁止使用 DERP 资金和 O&M 资金来评估和修复 RCWM，美国国防部部长应寻求一项法律解释。如果确定只有 CAMD，D 资金可用于 RCWM 评估和修复，美国国防部部长应寻求立法机构来改变这一限制，以便允许 DERP、O&M 资助 RCWM 任务，并与 CAMD，D 资金合并。

---

[1] 2011 年 11 月 2 日，国防部设施与环境部副部长办公室负责环境管理的黛博拉 · A. 莫尔菲尔德（Deborah A. Morefield）向委员会作报告——“从国防部设施与环境部的角度看补救行动”。

根据发现 CWM 的方式和地点，由美国 OSD 下辖的两个办公室和两个美国陆军部助理部长办公室为 RCWM 任务提供资金。美国 OSD 的两个办公室分别是负责 CAMD，D 的美国 ASD（NCB）办公室与负责 DERP 和 O&M 美国 DUSD（I&E）办公室；两个陆军部助理部长办公室是负责 CAMD，D 的美国 ASA（ALT）办公室和负责 DERP 和 O&M 美国 ASA（IE&E）办公室，如图 7-1 所示。可见 RCWM 任务没有负责人。此外，目前 NSCMP 必须每年与 CAMD，D 预算账户的资金进行竞争，而后者预算账户也是更大规模 CWM 储存销毁计划的资金来源。完成储存销毁计划的预期不仅被推迟到 2021～2023 年，而且预算还大幅增加[1]。但是随着储存销毁计划接近完成，即使配套的资金未被彻底取消，预计也会使 CAMD，D 账户面临极大的削减压力。因此需要通过建立一个与其他环境修复计划相结合的长期资金来源，以解决对日益增长和持久 RCWM 任务的长期资金支持问题和对该项目的监督问题。

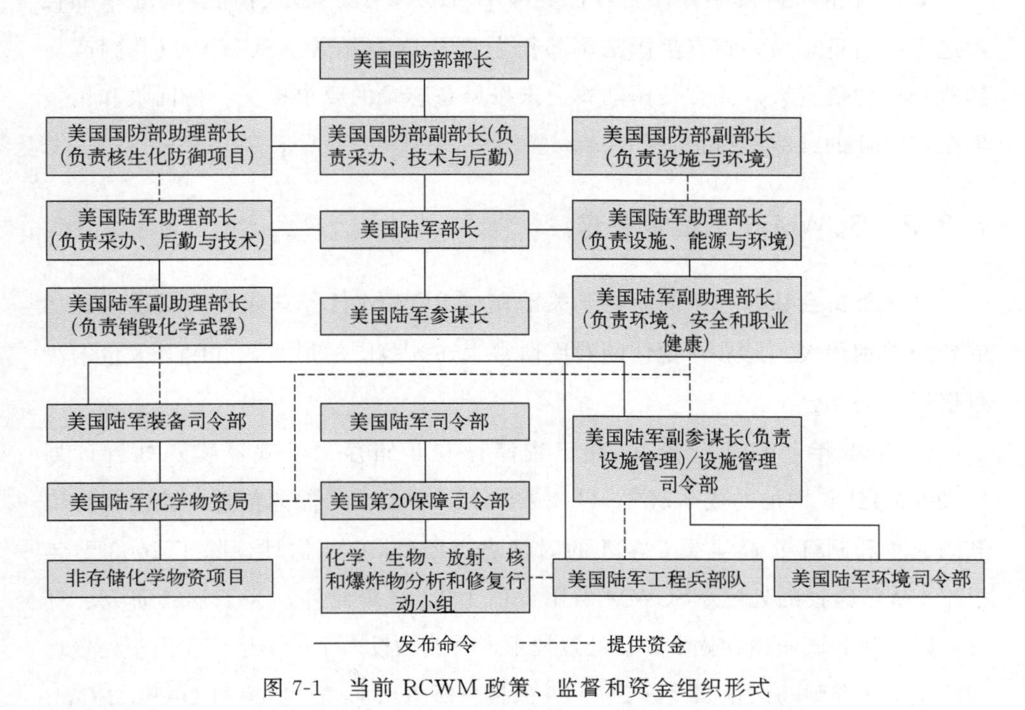

图 7-1　当前 RCWM 政策、监督和资金组织形式

---

[1] 美国陆军部队（U. S. Army Element），装配式化学武器替代品，新闻稿“国防部批准化学武器销毁工厂新的成本和进度估算”。2012 年 4 月 17 日，马里兰州阿伯丁试验场。

但 CAMD，D 资助（也涉及与储存销毁计划相关的 NSCMP）的储存销毁计划并不是适合 RCWM 任务需求的长期资金来源。其中储存销毁计划预计将在 2021～2023 年完成全部销毁任务，而支持 RCWM 任务需求的那部分 CAMD，D 资金将保留，并转移到其他持久性资金流。

【发现 7-4】根据发现 CWM 的方式和地点，由美国 OSD 下辖两个办公室和两个陆军部助理部长办公室为 RCWM 任务提供资金。该计划没有单一资金来源。此外，NSCWMP 是预计到 2020 年完成任务的储存销毁计划的衍生项目。此后涉及 RCWM 的一部分资金和监督将保留，并转移到其他持久性的资金项目。

【建议 7-3】美国国防部部长和美国陆军部长办公室应各自选择一个相关部门来支持和资助所有 RCWM 和 CWM 的修复。

如前所述，2010 年 3 月 1 日，美国 USD(A&T) 批准并向美国陆军部长发送了一份备忘录，指定美国陆军部长为美国 DoD 销毁 NSCWM 以及副产品的执行机构负责人。并且美国陆军尚未按照备忘录的要求提交一份回收和销毁埋藏 CWM 的最终执行计划。

7.3.2 RCWM 任务资金要求

评估委员会从各种来源获得了关于完成 RCWM 任务总成本的信息。预估的费用差别很大。此外，预估的费用通常表述为范围的形式，并附有大量的注意事项。例如：

① 2003 年，美国 DoD IG 在审查储存和非储存化学武器物资处置计划（D-2003-128）增加的成本时[1]，发现 NSCMP 中没有所需的信息，无法估算可靠的成本和制订处置埋藏 CWM 的时间表。PMNSCM 估计，除了 2003 财年根据 CWC 申报的处置 NSCWM 费用预估为 16 亿美元外，为了继续研究、开发，以及对测试非储存化学武器处置技术，另追加投入了 117 亿美元用于处置埋藏的化学武器弹药。正如美国 DoD IG 的报告所指出那样，据美国 DASA(ECW)

---

[1] 美国国防部审计长办公室，“化学品非军事化项目：储存和非储存化学品处置计划的成本增加”，D-2003-128，2003 年 9 月 4 日。见 http：//www.dodig.mil/audit/reports/fy03/03-128.pdf，访问时间 2012 年 6 月 6 日。

汇报，117亿美元的估算费用是基于1996年以来除了反映通货膨胀指数的调整之外，根据原CWM估计数量计算得出。DoD IG建议美国USD(AT&L)对美国DoD下环境办公室发布指示，要求鉴别、安排，并资助处理来自现役设施和BRAC中埋藏的CWM。美国DoD IG还建议，为处理CWM，在环境办公室实施美国USD(A&T)指示后，NSCMP要更新处置埋藏弹药的计划和成本估算❶。

② 美国陆军部部长于2007年7月批准的《美国陆军RCWM任务实施计划》(DoD，2007)，三十年执行RCWM任务的预计总成本如下。

a. 用于评估和销毁的项目启动（包括培训人员和开发适当的成本估算工具）估计约为1000万美元；每年3600万美元用于应急响应，每年500万美元用于研究、开发、测试和评估，以及4年内1000万美元用于档案研究。则应急响应行动总经费用为每年4100万美元（响应和研发等合并），在前4年中，还包括250万美元档案研究工作，则应急响应总经费每年达到4350万美元。

b. 成本估算的下限为25亿美元，其中7.65亿美元用于调查、清理、评估和销毁RCWM等，15亿美元用于评估和销毁及应急响应行动等，剩余经费用于任务的其他方面。

c. 成本估算的上限是170亿美元，为在所有涉及CWM场地内完全销毁全部弹药的预计成本。该成本包括：10亿美元用于调查、清理、评估和销毁、场地清理；160亿美元用于评估和销毁及其他应急功能。

d. 修复任何额外发现弹药的费用。

如本小节前面所述，相关部门很难预测完成RCWM任务的成本。造成该困难的一个关键原因是缺乏在RCWM任务中发现化学武器弹药和物资的可靠信息，包括估算需要修复的弹药总数。正如前文所述，一些消息来源估计，完成销毁RCWM任务的成本最低至25亿美元，而另一些消息来源则估计高达170亿美元。2013财年总统对RCWM任务的预算请求增加至1.33亿美元。即使美国国会批准该预算，完成销毁RCWM任务将至少需要25年，最多需

---

❶ 美国国防部审计长办公室，2002财年工程兵部队设备财务报表报告，D-2003-123，2003年8月20日。见 http://www.dodig.mil/audit/reports/fy03/03-123.pdf，访问时间2012年6月6日。

128年（按照目前每年资金水平，以未通货膨胀美元计）[1]。在讨论这一预估金额时，许多评估委员会成员同意这样一种观点，即将该项目拖到如此长的时间会给美国带来不可接受的长期成本和风险。销毁RCWM任务所需的长期资金数额的不确定性将对其计划和实施产生不利影响。美国陆军和美国OSD都是难以接受上述情况。

评估委员会听取了关于美国陆军在阿肯色州松树崖兵工厂的经验以及RSA正在进行的准备工作简报。美国陆军收集的信息将使其能够制订一个5年工作计划，并以此为基础，在2014～2018财年项目目标备忘录（POM）[2]中提出RCWM任务资助申请。

【发现7-5】美国陆军有一个制订5年工作计划的基础，该计划反过来将为2014～2018财年POM中编制RCWM任务资金需求提供依据。

【发现7-6a】包括CWM在内的埋藏弹药修复的长期资助计划无法明确制订，部分原因在于可疑埋藏的弹药数量和地点的清单不完整。

【发现7-6b】缺乏埋藏弹药的准确储存量和RCWM任务可靠的成本估算，严重限制了美国DUSD(I&E)、美国国防部副部长、美国国防部审计长和美国ASD(NCB)以及与美国陆军为新的、独立的RCWM账户制订合适的资金计划。评估委员会的共识是，总体上RCWM任务资金严重不足，迫切需要估算储量，为总体项目资金提供量化依据。

【建议7-4a】作为紧急事项，美国国防部长应增加用于修复化学武器物资的资金，以使美国陆军能够在2013年之前完成已知和疑似RCWM的库存清点工作，并为该任务需要的总体资金筹措奠定量化基础，并可根据需要进行更新，从而建立准确的预算需求。在建立最终的RCWM任务管理架构之前，应由临时RCWM任务综合办公室的上级CMA主管CWM修复任务。

【建议7-4b】作为RCWM任务的执行负责人，美国陆军部长应制定一项政策，以解决化学武器物资修复所有方面的问题，并优先考虑修复要求的优先

---

[1] 评估委员会估算。

[2] 2012年1月18日，科学应用国际集团高级化学工程师威廉·R. 布兰科维茨（William R. Brankowitz）向委员会做的报告——“非储存化学武器物资项目-红石兵工厂档案审查”。

级，而美国国防部长应确定新的长期资金来源以支持该任务。

评估委员会关于增加资金的建议是重要和必要的。尽管目前无法确定需要美国国会拨款的确切数额，但众所周知，至少必须先确定这些场地的填埋物。而事实上处理某些场地的很小部分填埋物都很可能要付出庞大的费用，更精确地估计费用超出了评估委员会的任务范围。与美国国防部设施修复计划、FUDS 和弹药修复计划一样，由于存在内在的不确定性，使得支出的确切数额和时间尚不确定。这与生产坦克或建设军事基地的确切建造成本不同，历来确定环境修复项目的成本相当困难。对于 CWM，不仅埋藏的原料数量和化学毒剂填充量未知，而且还存在修复技术相对较新且专业化程度较高的问题。监管机构可能需要对所有项目逐个计算成本，这可能使成本会有一个数量级的变化。基于评估委员会的审查，最终成本远远超过现有的资金水平。然而，评估委员会也认识到，最终费用将受到美国陆军预算现实的制约。

美国 USD（AT&L）备忘录指出，在建立 RCWM 任务账户之前，CAMD，D 将是评估和销毁 RCWM 以及人员和相关设备的后勤保障资金来源。

评估委员会注意到美国 ASE(IE&E) 备忘录（U. S Army，2012），要求美国 USD(AT&L) 要么重新评估关于 RCWM 任务资金来源的路径指示，要么终止该资金路径指示。评估委员会认为，不管是目前二元的预算结构——美国 ASD(NCB) 对 RCWM 任务预算的管理和美国 DUSD(I&E) 对 DERP 预算的管理，或是当前 RCWM 任务的多头管理结构，美国 ASE(IE&E) 要求采取的行动都不能缓解目前修复工作的压力。评估委员会同意 ASA 的意见，即无论采取何种直接行动，都需要最后确定下来。也就是说，应该建立一个单独的 RCWM 任务预算账户，统一规划管理。

【建议 7-5】美国 DUSD(I&E)、美国国防部审计长应与美国 ASD(NCB) 以及美国陆军协调，立即着手建立一个单独的预算账户，以进行修复工作。根据美国 USD(AT&L) 于 2010 年 3 月 1 日签署的备忘录指示，确保将RCWM 任务的资金需求包括在 2014～2018 财年项目目标备忘录中。

7.4 评估委员会关于组织 RCWM 活动的调查结果和建议

第 2 章详细介绍了美国 DoD 内部机构在某种程度上参与 RCWM 任务，并在政策、计划、预算编制和执行中扮演关键角色。此外美国 DoD 各级组织在这个任务中都发挥了作用，在某些情况，执行该任务涉及多个办公室。

对于政策层面上，主要有美国 OSD 下辖的两个办公室参与，即美国 ASD（NCB）和美国 DUSD(I&E) 办公室，与美国国防部审计长协调处理涉及 RC-WM 任务的政策和资金问题（图 7-1）。正如本章 7.3 节简要介绍和讨论的那样，上述办公室尚未按照美国 USD(AT&L) 的指示完成为 RCWM 任务设立单独资金账户。

在美国陆军内两个助理部长办公室——［ASA(IE&E)］和［ASA(AL&T)］办公室一直积极参与 RCWM 任务。值得赞扬的是，美国陆军已将 RCWM 任务的管理职责指定给其中一个办公室，即美国［ASA(IE&E)］办公室，表明美国陆军确立了一个长期的机构来领导该任务。在执行层面上，主要参与机构是美国 ACSIM 办公室和现场执行机关美国陆军 IMCOM。评估委员会认为，美国 ACSIM 办公室和美国陆军 IMCOM 在整合美国陆军的修复需求（包括 DERP 和 CAMD，D）并将其提交到 POM 和预算申请方面的工作值得称道。但美国陆军 IMCOM 领导的 AEC 和 USACE 之间存在一些重复性的工作值得美国陆军注意。

【发现 7-7】 美国陆军已将 RCWM 任务的管理责任指定给合适的助理部长级办公室，即美国 ASA(I&E) 办公室。美国 ACSIM 办公室正在为包括 RC-WM 任务在内的美国陆军修复工作制订一项可靠的计划。

【建议 7-6】 美国陆军应检查负责 RCWM 任务机构的职能和职责，以达到消除重复性职能（如 USAEC 和 ACE 的部分职能）和节省资金的目的。

图 7-2 是执行 RCWM 任务美国陆军办公室的组织图。评估委员会根据任务说明中的要求，评估了这一基本 RCWM 组织的优缺点。在这个组织中临时 RCWM 任务 IO 是一个典型的基层组织，它由几个美国陆军组织、AFCEE 和 NAVFAC 有关部门的代表组成。图 7-2 提供了 RCWM 任务办公室的组织图，包括临时 RCWM 任务 IO。

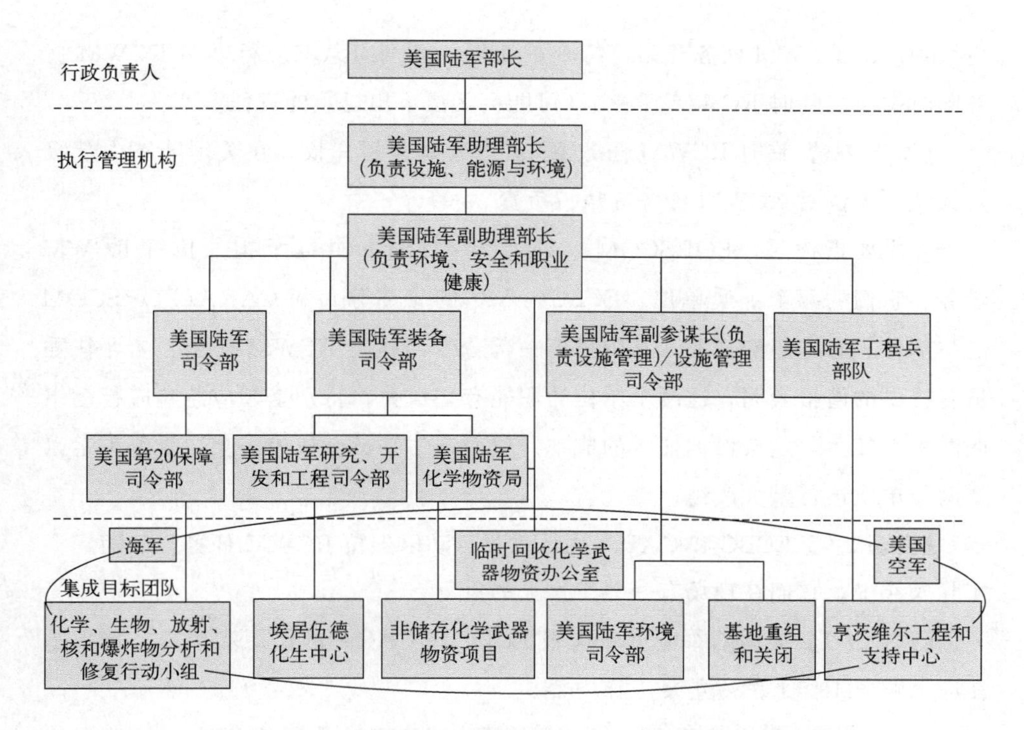

图 7-2　回收化学武器物资项目（RCWM）陆军执行结构

资料来源：改编自 J. C. 金于 2011 年 9 月 26 日向委员会的陈述

临时 RCWM 任务 IO 负责协调美国 DoD 应急响应和计划的 RCWM 任务，以使美国陆军符合 RCWM 任务执行机构的角色。临时 RCWM 任务 IO 在等待美国陆军和美国 DoD 的正式批准成立 RCWM 任务办公室前已经举行了几次会议。评估委员会认为，设立临时 RCWM 任务 IO 是朝着任务总体管理正确方向迈出的一步，但仍有一些担心。

① 临时 RCWM 任务 IO 由 CMA 的一名高级文职人员临时领导。尽管临时 RCWM 任务 IO 负责人隶属于美国陆军助理部长，但他还受美国 DoD 不同部门的决定和执行方案影响，他的领导工作会受到严重阻碍。

② 临时 RCWM 任务 IO 领导人的目标级别是 GS-15，截至 2012 年 4 月 12 日，美国陆军仍在努力填补这一职位。尽管该级别的文职人员薪水较高。但该级别的备选人员缺乏 RCWM 任务工作经验和所要求的显著的权威和职位。

③ 临时 RCWM 任务 IO 是一个没有正式任务或决策权的协调机构。一旦

更大规模的 RCWM 任务开始，特别是如果一系列应急响应行动与 RCWM 任务同时发生，临时 RCWM 任务 IO 可能会无法承担过重的责任。

【发现 7-8】临时 RCWM 任务 IO 负责人缺乏指挥权，在美国陆军内部级别太低，无法对 RCWM 任务的执行负责。

在主要指挥层，FORSCOM、AMC 和 USACE 共同承担并执行 RCWM 任务。它们的两个下属单位，ECBC（AMC 的一部分）和 CARA（FORSCOM 的一部分）有专门的任务，其中只有一部分专门执行 RCWM 任务。向评估委员会提供的简报表明，这两个单位的职能有些重叠，特别是在应急响应行动中职能重叠较多，这会增加任务的成本。然而评估委员会认为，上述重复不足以使两个单位进行重大改组。

【发现 7-9】ECBC 和 CARA 执行重要行动以支持 RCWM 任务。然而，在实际操作中，它们在现场有一些工作上的重复。

【建议 7-7】美国陆军应重新检查 ECBC 和 CARA 的作用和职责，特别是在应急响应工作上消除重复工作内容。

CMA 负责的 NSCMP 和 USACE 管理的 HNC 在执行应急响应行动和计划 RCWM 任务时扮演关键角色。如第 2 章所述，在 RCWM 任务上，PM-SNCM 和 USACE 相关部门之间有着长久的独立或合作完成工作的历史。对 RCWM 任务的规划和技术利用方面多由 NSCMP 相关人员负责，而 USACE 相关部门主要负责 RCWM 任务管理、施工管理和合同管理方面。

NSCMP 负责人向 CMA 汇报工作。NSCMP 具有多个组织层级（见图 2-10），但 NSCMP 更像是一个运营组织，缺乏足够的计划和项目规划能力来管理大型项目，如 RSA 的修复。评估委员会还感到担心的是，一旦储存计划在今后几年内结束，CMA 可能无法在美国陆军中继续发挥作用，从而使 NSCMP 负责人也就没有一个长久的具有更高权威的汇报对象。这些因素给 RCWM 任务带来了重大风险和不确定性，增加了应急响应行动或大型计划修复项目将无法获得足够或可持续的管理和资金支持的可能。

【发现 7-10】在预计完成储备计划之前，CMA 可能会被取消或缩小规模。

【建议 7-8】美国陆军应审查执行 RCWM 任务的长期要求，目的是进行组织变革，以消除重复性工作，确保可持续的管理支持。

7.4.1　机构备选方案

根据上述讨论、发现和建议，评估委员会建议对基本组织结构（图 7-2）进行 2 个重大变更，以提高 RCWM 任务及其领导层的效率、效用和责任。

7.4.1.1　组织变革 1

第 1 个变化拟解决临时 RCWM 任务 IO 面临的挑战，以及其领导层的责任和效力问题。如【发现 7-8】所述，临时 RCWM 任务 IO 及其领导层缺乏指挥权，在美国陆军组织中的地位太低。如上所述，GS-15 级别的主管将无法有效领导该任务。评估委员会的结论是，该职位应该提升，由一名高级行政人员或一名军事将领担任。

RCWM 任务 IO 负责人将对来自美国陆军内其他项目的参与者具有指挥权，并通过与其他兵种协议，在美国空军和美国海军适当的 RCWM 行动中具有指导权。该负责人将为 RCWM 任务建立、主持和领导一个新的 OIPT。新的 RCWM 任务 OIPT，由当前临时 RCWM 任务 IO 组织的高级代表以及美国 OSD 的适当成员组成，并取代临时 RCWM 任务 IO。OIPT 成员的级别、知识和经验应相当丰富，其上级组织应赋予他们决策的权力。一位高级管理人员被授权指挥一个大型、耗资巨大、具有潜在风险国家资源项目[1]的例子就是美国陆军非常成功地执行了储存化学武器的非军事化项目。在这个例子中高级管理人员原来直接向美国 ASA（RDA）汇报，现在改为向美国 ASA（ALT）汇报。

美国陆军组织中新任 SES 或军官的级别很重要，因为它影响到领导组织的能力。新项目主管汇报的上级办公室需要拥有与该职位职责相称的权力和管理范围。

评估委员会将评估新任 SES/军官作为 RCWM 任务 IO 负责人汇报的上级机构：①美国陆军主要司令部（如 AMC、FORSCOM 或 USACE；②美国陆军参谋长办公室（如 ACSIM 办公室）；③美国陆军部长办公室。

【备选方案①】将把 RCWM 任务主管划归到陆军主要司令部，将负责人

---

[1] 任务授权是指 RCWM 项目负责人在项目的日常监督、指导、管理和领导方面的授权，以及 RCWM 指挥部、机构和组织在预算规划和分配、项目和预算执行及绩效方面的授权。

置于作战执行级别。这一级别的负责人通常在其确定的任务范围之外缺乏影响力，而对于期待一个可影响整个美国陆军以及美国 DoD、美国海军和美国空军的 RCWM 任务主管来说，这是一个影响力较弱的候选人。因此，评估委员会认为，这一备选方案是不可接受的。

【备选方案②】 RCWM 任务主管向美国陆军参谋长办公室（如 ACSIM 办公室）汇报，可在美国陆军机构给予该主管更高级别。如前所述，ACSIM 办公室对 RCWM 任务负有最大的美国陆军管理责任，ACSIM 办公室同时负责 RCWM 的 CAMD，D 资金以及其他主要资金计划，如 DERP 和美国陆军 O&M。不过，ACSMI 办公室对 AMC 或 FORSCOM 等组织影响力较小，而对相关的美国海军或美国空军组织更缺乏影响力。因此评估委员会不认为 ACSIM 办公室或任何其他陆军参谋机构能给予 RCWM 任务负责人所需的权力，以实现有效问责。

【备选方案③】 RCWM 任务主管向美国陆军部长办公室汇报，可以提供管理任务所需的权力、责任范围和地位。如第 2 章所述，美国陆军部长是由行政领导任命人员领导的政策层面组织。他们负责监督一个非常广泛的美国陆军项目和需求。正如美国陆军部长指示，负责领导 RCWM 任务是美国 ASA (IE&E) 办公室。评估委员会通过调查认为，根据 ASA(IE&E) 办公室的职责和权限美国 ASA(IE&E) 是新 RCWM 任务主管的合适报告上级。此外从 RCWM 任务的可预见性及其带来的风险来看，也要求指派领导该任务的 SES 或将军应具有与副助理部长同等的权力水平。因此，评估委员会决定，最好由 RCWM 任务主管直接向美国［ASA(IE&E)］汇报。

【发现 7-11】 为了获得有效领导 RCWM 任务所需的组织范围和权力，新的 RCWM 任务主管应向陆军高层汇报。

【建议 7-9】 美国陆军部长应为具有 SES 的人员（文职人员）或将军级军官（军人）设立新职位，以领导 RCWM 任务。担任这一职位的人将直接向美国［ASA(IE&E)］报告。美国陆军部长应将有关 RCWM 任务执行的全部责任委托给任务负责人，包括方案制订、规划、预算编制和执行，以及对任务的日常监督、指导、管理和引导。

7.4.1.2 组织变革2

评估委员会审议的第2个组织变革涉及执行RCWM任务的组织。与前一节的讨论一致，评估委员会对目前将NSCMP置于美国陆军机构内感到非常担心。评估委员会评估了NSCMP负责人的长期汇报关系的若干备选方案。评估委员会审议的备选方案如下。

① 继续由CMA负责NSCMP；

② 由USACE下的HNC负责NSCMP；

③ 由ECBC负责NSCMP；

④ 由陆军AEC负责NSCMP；

⑤ 由DASA(ESOH）办公室负责NSCMP；

⑥ 由ACWA管理办公室负责NSCMP。

评估委员会仔细制定了一套标准来评估6个备选方案的优劣：

A. 易于实施；

B. 职能性组织（规模、预算、可扩展性）；

C. 效率；

D. 与组织使命兼容；

E. 技术专长；

F. 通过简洁的管理流程进行问责；

G. 计划的长期性（持久的指挥系统）。

在使用上述标准时，评估委员会调查发现：备选方案④～⑥在标准A～D的评级较差；

① 由AEC负责的备选方案④被排除，原因是AEC的任务与NSCMP匹配度不高，不会提高工作效率。

② 备选方案⑤，即由DASA(ESOH）办公室负责，被排除。原因是美国陆军助理部长的作用主要是决策，而NSCMP更多在于执行。

③ 虽然ACWA管理办公室（备选方案⑥）具有技术专长，但评估委员会排除了这一方案，因为美国国会授权将ACWA管理办公室置美国于DoD之下，CMA置于美国陆军指挥系统之下。预计ACWA管理办公室将在其方案完成时被解散，因此无法与NSCMP负责人建立长期汇报关系。

备选方案①、②和③相比④、⑤和⑥更适合：

④ 备选方案①。由 CMA 负责 NSCMP，在标准 A、D 和 F 项中评级较高。然而评估委员会认为，维持现状不会提高效率也不会允许 NSCMP 负责大型 RCWM 任务。而且正如前文所述，随着储存计划的结束，CMA 将逐步退出，使得 NSCMP 负责人缺乏一个长期汇报的上级机构（标准 G）。毫无疑问，NSCMP 的工作人员具有相关的化学技术技能（标准 E）。但是所需的其他技术技能，如土木工程、土壤力学和爆破，这些工作必须交给其他组织。根据文件，NSCMP 将长期存在，它由一个高度专业化的办公室管理，而 NSCMP 负责人缺乏一个可长期汇报、功能正常的上级机关，同时 NSCMP 没有与其他组织建立紧密联系，这使它能否长期发挥作用产生疑问。评估委员会的结论是就整体标准而言，这一备选方案是理由不充分的。

⑤ 备选方案②。由另一个重要的美国陆军机构 USACE 负责管理 NSCMP，该机构负责完成 RCWM 任务中的消毒处理。在这一安排中，NSCMP 可向该机构提供化学知识和方案规划及管理技能。

⑥ 备选方案③。由 ECBC 负责，在标准 D、E 和 G 方面评级是不错的，但在标准 B(可扩展性)、C(提高效率）和 F(问责）方面评级是较差的。根据评估委员会的判断，将 NSCMP 交由 ECBC 负责，并不会产生有效执行 RCWM 任务所需的技能和责任。

评估委员会确定，备选方案②由 USACE 负责管理 NSCMP 会给 NSCMP 带来最佳的长期效果。该备选方案仅根据标准 A(易于实施）评级较差，但 B、C、D、F 和 G 标准评级较好（E 标准评定为较差）。根据评估委员会的判断，由 USACE 负责管理 NSCMP 将产生协同作用，促进 RCWM 任务执行的连续性，同时提高成本效益，这意味着 NSCMP 负责人能与 USACE 建立起长期的组织关系。

【发现 7-12】 对于重新调整 NSCMP，USACE 将是 NSCMP 负责人最好的长期汇报单位。

【建议 7-10】 美国陆军应将 NSCMP 的管理权从美国陆军物资司令部(AMC）/CMA 调整到 HNC。

【建议 7-11】 为了提供有效的过渡，新的任务负责人应与 ACE 的司令官和 AMC/CMA 签订谅解备忘录。谅解备忘录中概述 NSCMP 重新调整的汇报层级变化和过渡计划。

7.4.2 推荐的实现路径

评估委员会建议美国OSD和美国陆军及时审查和实施本章建议的资金和组织变更。上面列出的许多调查在美国OSD和美国陆军部内部已经进行了多年，只是没有完成相关的计划、预算、清单和组织任务。

评估委员会认为，指派一名SES文职高级人员或现役将军负责RCWM任务的计划、设计、预算和执行，该负责人可以直接接触到美国陆军和美国OSD的最高层，这对方案的成功实施至关重要。对于任务负责人和任务自身的有效性来说，负责人具有监督和管理的权力与能力，能为RCWM任务的执行提供财务和运营指导，并在项目制定、预算编制、项目维护以及年度计划的执行期间管理RCWM任务资金。

评估委员会关于RCWM任务计划和预算的建议如图7-3所示。

依据美国DoD的POM和预算周期的时间安排，评估委员会敦促美国OSD为RCWM任务建立一个单独的项目账户，并在2014～2018财年计划目标备忘录中包括目前预估的所需资金水平。这将要求美国陆军规划RCWM任务的资金需求，并要求美国OSD在2012年夏季建立账户（见【建议7-5】）。

为了便于美国OSD建立账户以达到长期维护RCWM任务的要求，美国陆军临时RCWM任务IO必须首先编制完成已知和疑似埋藏化学武器的储存清单（见【建议7-4a】），并以2013财年末为时间限期尽快提交给OSD。这一清单是提醒美国行政部门和美国国会关于RCWM任务需求程度的一个关键因素。在目前的资金水平下，埋在地下的化学武器弹药的风险将持续25～128年。

虽然销毁储存的化学武器在这十年内基本完成，但随着更多人了解到RCWM销毁需要25～128年这一问题的严重性，使RCWM任务面临的挑战会继续增加。评估委员会非常担心的是，RCWM任务因权威性、领导力和问责制不足，而导致该任务缺乏规模、透明度而存在较大风险。评估委员会建议美国陆军在2012财年立即向RCWM任务派遣一名强有力的SES文职高级人员或现役将军作为任务主管，同时继续挑选强有力的后任主管。美国陆军部长应命令新RCWM任务主管直接向美国ASA(IE&E)汇报，并为任务主管提供有效履行职责所需的权力（见【建议7-9】）。

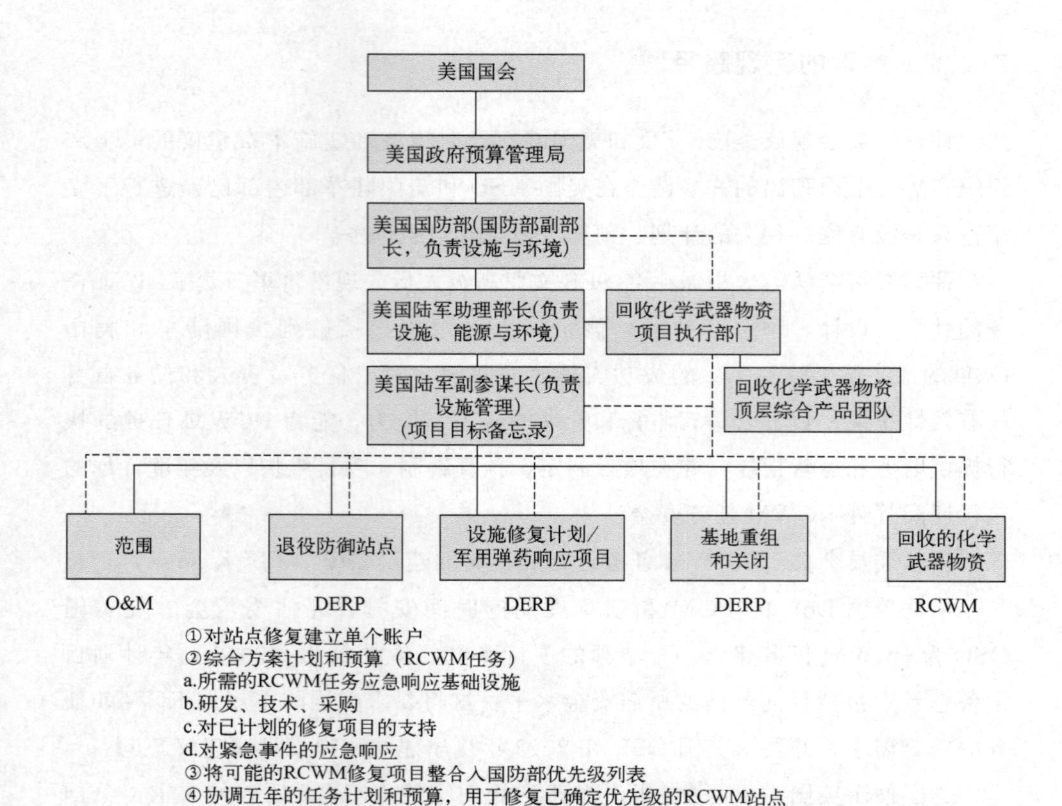

图 7-3　回收化学武器物资项目（RCWM）未来资金

图 7-4 为评估委员会建议的美国陆军 RCWM 任务组织和管理机构的结构图，其中包括向美国 ASA（IE&E）报告的将军级 RCWM 任务主管；由 RCWM 任务主管领导的 RCWM 任务 OIPT；RCWM 任务主管的任务分配；以及 UASCE 对 NSCMP 的调整。该图还描述了项目内各个元素之间的隶属关系、任务授权和协调关系。

RCWM 任务主管应至少执行以下任务：

① 组建并主持一个新的 RCWM 任务 OIPT，由参与 RCWM 任务政策制定、计划和执行主要组织的代表组成新的 RCWM OIPT、包括当前临时 RCWM 任务 IO 中各组织的高级代表以及美国 OSD 的适当代表组成，新的

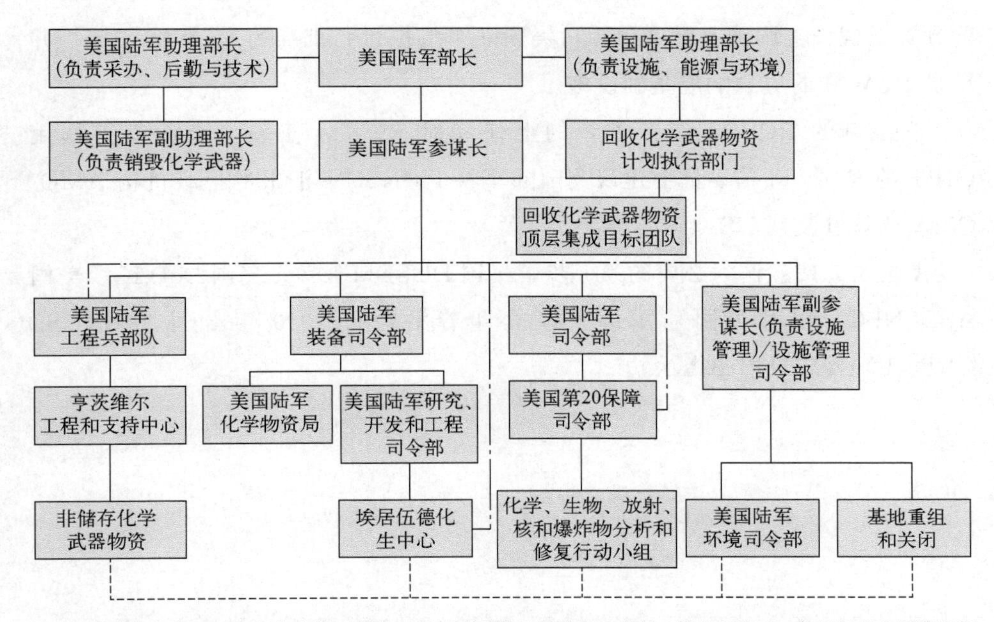

注：任务分配权是RCWM任务主管对所有RCWM事项的日常监督、指导、管理和指示，包括任务和预算规划及分配，以及RCWM任务办公室、机构和组织的计划和预算规划与分配，以及执行及绩效

—— 指挥；---- 协调；-·- 任务授权

图 7-4　评估委员会建议的陆军 RCWM 组织和权限

RCWM 任务 OIPT 一旦成立将取代临时 RCWM 任务 IO。OIPT 成员的级别、知识和经验都应该相当资深，并且应该被上级授权可以做出决策。

② 制定和整合美国 DoD 优先考虑的潜在 RCWM 场地清单，供美国陆军部长审批。

③ 制定并执行一份 5 年的协调预算，用于修复已确定的优先 RCWM 场地。

④ 审查对 RCWM 应急响应的需求，并制订计划和预算，以支持以下需求。

a. 所需 RCWM 应急响应基础设施。

b. 研发、技术、采购。

c. 已知修复支持。

d. 临时应急响应。

在 2014～2018 财年提交的 POM/预算执行报告中，制定了处置 RCWM 的预算，假设美国国会批准预算，美国陆军将执行已批准的 RCWM 任务，并维护 RCWM 的应急响应基础设施。

随着新的 RCWM 任务主管的上任和对 RCWM 任务执行起支持作用 OIPT 的成立，评估委员会建议美国陆军将 PMNSCM 汇报的上级机构 AMC/CMA 调整过渡到 USACE。

【建议 7-12】 作为必要的第一步，美国 DUSD(I&E)、美国 DoD IG、美国 ASD(NBC) 以及美国陆军部长应立即着手执行 2010 年 3 月 1 日 USD (AT&L) 备忘录中的指示。

参 考 文 献

Caffrey, A. J., J. D. Cole, R. J. Gehrke, R. C. Greenwood. 1992. Chemical Warfare Agent and High Explosive Identifcation by Spectroscopy of Neutron-Induced Gamma Rays. Nuclear Science, IEEE Transactions:39 (5): 1422-1426. doi: 10. 1109/23. 173218 Available online at http: // ieeexplore. ieee. org/stamp/stamp. jsp? tp = &arnumber = 173218&isnumber = 4444. Accessed January 11, 2012.

CWC. (Chemical Weapons Convention) . 1997. Convention on the Prohibition of the Development, Production, Stockpiling and use of Chemical Weapons and on their Destruction ("Chemical Weapons Convention") . Organisation for the Prohibition of Chemical Weapons. http: //www. opcw. org/index. php? eID=dam _ frontend _ push&docID=6357. Accessed March 14, 2012.

DOD (U. S. Department of Defense) . 1998. Policy to Implement the EPA's Military Munitions Rule. July1. http: //uxoinfo. com/blogcfc/client/enclosures/1July98mrip. pdf. Accessed February 17, 2012.

DOD. 2003. The Chemical Demilitarization Program: Increased Costs for Stockpile and Non-Stockpile, Chemical Materiel Disposal Programs. D-2003-128. September 4. Arlington, Va. : Inspector General of the Department of Defense.

DOD. 2005. Designation of Responsibility for Recovery and Destruction of Buried Chemical Warfare Material(CWM). May 3. Undersecretary of Defense (Acquisition, Technology and Logistics) to Secretary of the Army.

DOD. 2007. Recovered Chemical Warfare Material (RCWM) Program Implementation Plan (Recovery and Destruction of Buried Chemical Warfare Material) . July. Deputy Undersecretary of Defense (Installations and Environment) to Under Secretary of Defense for Acquisition, Technology and Logistics.

DOD. 2010. Final Implementation Plan for the Recovery and Destruction of Buried Chemical Warfare Materiel. March 1. Under Secretary of Defense for Acquisition, Technology and Logistics.

DOD. 2011. Directive Number 5134. 08. Incorporating Change 1. May 12. Assistant to the Secretary of Defense for Nuclear and Chemical and Biological Defense Programs (ATSD (NCB)) . Available at http://www. dtic. mil/whs/ directives/corres/pdf/513408p. pdf. Accessed May 29, 2012.

EPA (Environmental Protection Agency) . 1976. Resource Conservation and Recovery Act (RCRA) . 42 U. S. C. § 6901 et seq. , as amended through P. L. 107-377, December 31, 2002. Available at http: //epw. senate. gov/rcra. pdf. Accessed June 14, 2012.

EPA. 1980. Comprehensive Environmental Response，Compensation，and Liability Act of 1980（CERCLA）. 94 Stat. 2767，as amended，42 U. S. C. 9601 et seq. December 11.

EPA. 1984. Hazardous and Solid Waste Amendments of 1984. H. R. 2867（98th）. November 8. Available at http：//www. govtrack. us/congress/bills/98/hr2867. Accessed May 31，2012.

EPA. 1988. Model Provisions for Federal Facility Agreements at National Priority List Sites. June 17. Available at http：//www. denix. osd. mil/derp/ upload/envirodod _ FFA _ Model. pdf. Accessed February 16，2012.

EPA. 1990a. National Oil and Hazardous Substances Pollution Contingency Plan（"National Contingency Plan"）. 40 CFR Part 300；Preamble at 55 FR 8713. March 8. Available at http：//www. epa. gov/superfund/policy/ remedy/sfremedy/pdfs/ncppreamble61. pdf. Accessed March 29，2012.

EPA. 1990b. RCRA Corrective Action Determination of no Further Action. June. Available at homer. ornl. gov/sesa/environment/guidance/rcra/dnfa. pdf. Accessed May 31，2012.

EPA. 1996a. Coordination between RCRA Corrective Action and Closure and CERCLA Site Activities. September 24. Memo from Steven A. Herman，Assistant Administrator，office of Enforcement and Compliance Assurance，to RCRA/CERCLA National Policy Managers，Regions I-X Agency. Available at http：//www. epa. gov/compliance/ resources/policies/civil/rcra/rcracorractionmem. pdf. Accessed January 11，2012.

EPA. 1996b. Corrective Action for Releases from Solid Waste Management Units at Hazardous Waste Management Facilities，61 Fed. Reg. 19，432，at 19，439，19，441. May 1. Available at http：//www. epa. gov/fedrgstr/ EPA-WASTE/1996/May/Day-01/pr-547. pdf. Accessed April 16，2012.

EPA. 1996c. The Role of Cost 英寸 the Superfund Remedy Selection Process. September. Available at http：//www. epa. gov/superfund/policy/remedy/pdfs/cost _ dir. pdf. Accessed February 16，2012.

EPA. 1997a. Military Munitions Rule：Hazardous Waste Identifcation and Management；Explosives Emergencies；Manifest Exemption for Transport of Hazardous Waste on Right-of-Ways on Contiguous Properties. February 12. Available at http：//www. epa. gov/osw/laws-regs/state/revision/frs/fr156. pdf. Accessed February 3，2012.

EPA. 1997b. Preamble，Military Munitions Rule：Hazardous Waste Identifcation and Management；Explosives Emergencies；Manifest Exemption for Transport of Hazardous Waste on Right-of-Ways on Contiguous Properties. February. Available at http：//www. epa. gov/fedrgstr/EPAWASTE/1997/February/Day-12/f3218. htm. Accessed February 3，2012.

EPA. 1998. Management of Remediation Waste Under RCRA. EPA 530F-98-026. October 14. Available at http：//www. epa. gov/superfund/policy/remedy/pdfs/530f-98026-s. pdf. Accessed March 21，2012.

EPA. 1999. Guide to Environmental Enforcement and Compliance at Federal Facilities at II-31. February. Available at http：//www. epa. gov/oecaerth/resources/publications/civil/federal/yellowbk. pdf. Accessed February 16，2012.

EPA. 2001. Stakeholder Involvement & Public Participation at the U. S. EPA. Lessons Learned, Barriers, & Innovative Approaches. January. Available at http: //www. epa. gov/publicinvolvement/pdf/sipp. pdf. Accessed March 20, 2012.

EPA. 2002a. Amendments to the Corrective Action Management Unit Rule; Final Rule. 40 CFR Parts 260, 264, and 27. January 22. Available at http: //www. gpo. gov/fdsys/pKg/FR-2002-01-22/html/02-4. htm. Accessed April 11, 2012.

EPA. 2002b. Superfund Community Involvement Toolkit Files: Community Involvement Plans. September. Available at http: //www. epa. gov/superfund/community/pdfs/toolkit/7clplans. pdf. Accessed March 20, 2012.

EPA. 2005. Handbook on the Management of Munitions Response Actions. May. Offce of Solid Waste and Emergency Response. Available at http: //nepis. epa. gov/Exe/ZyPURL. cgi? Dockey = P100304J. txt. Accessed March 20, 2012.

EPA. 2009a. Lessons Learned About Superfund Community Involvement. October. Offce of Solid Waste and Emergency Response. Available at http: //www. epa. gov/superfund/programs/reforms/docs/leslrncomplete. pdf.

EPA. 2009b. Summary of Key Existing EPA CERCLA Policies for Groundwater Restoration. Offce of Superfund Remediation and Technology Innovation and Offce of Federal Facilities Restoration and Reuse. Available at http: //www. epa. gov/superfund/health/conmedia/gwdocs/pdfs/9283 _ 1-33. pdf. Accessed February 16, 2012.

EPA. 2010a. Hazardous Waste Facility Permit. September 30. Alabama Department of Environmental Protection. Available at www. epa. gov/epawaste/hazard/tsd/permit/tsd-regs/sub-x/redstone-fnal. pdf. Accessed February 22, 2012.

EPA. 2010b. Munitions Response Guidelines. July. Offce of Solid Wast and Emergency Response Available at http: //www. epa. gov/fedfac/documents/docs/munitions _ response _ guidelines. pdf.

EPA. 2010c. Superfund Remedy Report (SRR) Thirteenth Edition. EPA-542-R-10-004. September. Available at www. clu-in. org/asr. Accessed February 16, 2012.

EPA. 2011a. Current Site Information for Washington, D. C. Army Chemical Munitions (Spring Valley). March 26. Available at http: //www. epa. gov/reg3hwmd/npl/DCD983971136. htm. Accessed February 17, 2012.

EPA. 2011b. Program Priorities for Federal Facility Five-Year Review. August 1. Reggie Cheatham, Acting Director Federal Facilities Restoration and Reuse Offce, Offce of Solid Waste and Emergency Response, and Dave Kling, Director, Federal Facilities Enforcement, Offce of Enforcement and Compliance Assurance. Available at http: //www. epa. gov/fedfac/pdf/program _ priorities _ federal _ facility _ fve-year _ review. pdf. Accessed February 16, 2012.

EPA. 2011c. RCRA Orientation Manual Chapter VI at VI-16. Available at http: //www. epa. gov/osw/inforesources/pubs/orientat/rom6. pdf. Accessed February 16，2012. Ferrell，J.，and R. Prugh. 2011. Recent Developments on Federal Liability under CERCLA. August. Superfund and Natural Resource Damages Litigation Committee Newsletter，American Bar Association：6（2）. Available at http：//www. americanbar. org/content/dam/aba/publications/ nr _ newsletters/snrdl/201108 _ snrdl. authcheckdam. pdf. Accessed February 16，2012.

GAO. 2010. （U. S. Government Accountability Offce）Superfund：Interagency Agreements and Improved Project Management Needed to Achieve Cleanup Progress at Key Defense Installations. GAO-10-348. Report to Congressional Requesters. July 15. Available at http：//www. gao. gov/assets/310/308726. html. Accessed May 30，2012.

Jensen，C. 2008. Mediating the remediation. CBRNe World，Winter 2008：32，34，37. Available at http：//oldcbrneworld. com/pdf/CBRNe _ world _ winter _ 2008. pdf. Accessed January 11，2012.

NRC. 1993. Alternative Technologies for the Destruction of Chemical Agents and Munitions. Washington，D. C.：National Academy Press.

NRC. 1994. Recommendations for the Disposal of Chemical Agents and Munitions. Washington，D. C.：National Academy Press.

NRC. 1999. Disposal of Chemical Agent Identifcation Sets. Washington，D. C.：National Academy Press.

NRC. 2001a. Analysis of Engineering Design Studies for Demilitarization of Assembled Chemical Weapons at Pueblo Chemical Depot. Washington，D. C.：National Academy Press.

NRC. 2001b. Evaluation of Alternative Technologies for Disposal of Liquid Wastes from the Explosive Destruction System. Washington，D. C.：National Academy Press.

NRC. 2002. Systems and Technologies for the Treatment of Non-Stockpile Chemical Warfare Material. Washington，D. C.：The National Academies Press.

NRC. 2003. Assessment of Processing Gelled GB M55 Rockets at Anniston. Washington，D. C.：The National Academies Press.

NRC. 2004. Assessment of the Army Plan for the Pine Bluff Non-Stockpile Facility. Washington，D. C.：The National Academies Press.

NRC. 2005a. Impact of Revised Airborne Exposure Limits on NonStockpile Chemical Materiel Program Activities. Washington，D. C.：The National Academies Press.

NRC. 2005b. Monitoring at Chemical Agent Disposal Facilities. Washington，D. C.：The National Academies Press.

NRC. 2006. Review of International Technologies for Destruction of Recovered Chemical Warfare Materiel. Washington，D. C.：The National Academies Press.

NRC. 2007. Review of Chemical Agent Secondary Waste Disposal and Regulatory Requirements. Washington，D. C.：The National Academies Press.

NRC. 2009a. Assessment of Explosive Destruction Technologies for Specifc Munitions at the Blue Grass and Pueblo Chemical Agent Destruction Pilot Plants. Washington, D. C. : The National Academies Press.

NRC. 2009b. Disposal of Legacy Nerve Agent GA and Lewisite Stocks at Deseret Chemical Depot. Letter Report. Washington, D. C. : The National Academies Press.

NRC. 2010a. Review of the Closure Plans for the Baseline Incineration Chemical Agent Disposal Facilities. Washington, D. C. : The National Academies Press.

NRC. 2010b. Review of the Design of the Dynasafe Static Detonation Chamber (SDC) System for the Anniston Chemical Agent Disposal Facility. Letter report. Washington, D. C. : The National Academies Press.

Rahimian, Kamyar, L. G. Stotts, K. Martinick, P. R. Lewis, and D. A. Adkins. 2010. Gas-Phase Micro-Chemical Analysis System for Detection of Chemical Warfare Agents. Presented at the 13th International Chemical Weapons Demilitarization Conference and Exhibition, Prague, Czech Republic, May 25.

Shaw. 2009. Shaw Environmental, Inc. Final Record of Decision for RSA-122, Dismantled Lewisite Manufacturing, Plant Sites; RSA-056, Closed Arsenic Waste Pond; and RSA-139, Former Arsenic Trichloride Manufacturing Disposal Area, Operable Unit 6, Redstone Arsenal, Madison County, Alabama. September. Knoxville, Tenn. : Shaw Environmental, Inc. Available at http: //www. epa. gov/superfund/sites/rods/fulltext/ r2009040003158. pdf. Accessed March 30, 2012.

Skoog, D. , Holler, F. J. , and Nieman, T. A. 1998. Principles of Instrumental Analysis, Fifth Ed. Florence, Ky. : Brooks Cole. Teledyne Brown Engineering. 1998. Single Round Container (Large) (SRCXX) S/N EE001TB, NSN 8140-01-375-7070, Certifcation Tests, Final Report. Report No. 97-03. February. Accessed at http: //www. dtic. mil/dtic/tr/fulltext/u2/a387150. pdf.

U. S. Army. 1996. Survey and Analysis Report. Second edition. December. Aberdeen Proving Ground, Md. : U. S. Army Program Manager for Chemical Demilitarization.

U. S. Army. 2003a. Chemical Accident or Incident Response and Assistance (CAIRA) . AP 50-6. March 26. Washington, D. C. : Headquarters, Department of the Army. Available at http: //www. fas. org/irp/doddir/army/ pam50-6. pdf. Accessed March 29, 2012.

U. S. Army. 2003b. Guide to Non-Stockpile Chemical Warfare Materiel. October. Non-stockpile Chemical Materiel Product, Aberdeen Proving Ground, MD. Available at http: //www. cwwg. org/nonstockpileguide. pdf.

Accessed March 29, 2012.

U. S. Army. 2004a. Basic Safety Concepts and Considerations for Munitions and Explosives of Concern (MEC) Response Action Operations Corps of Engineers. EP 385-1-95a. U. S. Army Corps of Engineers. August 27. Washington，D. C.：Headquarters，Department of the Army. Available at http：// publications. usace. army. mil/ publications/eng-pamphlets/EP _ 385-1-95 _ A/EP _ 385-1-95 _ A. pdf. Accessed May 30，2012.

U. S. Army. 2004b. Environmental Quality-Formerly Used Defense Sites（FUDS）Program Policy. ER 200-3-1. U. S. Army Corps of Engineers. May 10. Washington，D. C.：Headquarters，Department of the Army. Available at http：//publications. usace. army. mil/publications/eng-regs/ ER _ 200-3-1/ ER _ 200-3-1. pdf. Accessed April 11，2012.

U. S. Army. 2004c. Recovered Chemical Warfare Materiel（RCWM）Response Process. EP 75-1-3. U. S. Army Corps of Engineers. November 30. Washington，D. C.：Headquarters，Department of the Army. Available at http：//publications. usace. army. mil/publications/eng-pamphlets/EP _ 75-1-3/toc. htm. Accessed April 11，2012.

U. S. Army. 2005. Army Public Involvement Toolbox，Leader's Guide to Environmental Public Involvement. February. Available at http：//www. asaie. army. mil/Public/IE/Toolbox/documents/fnal _ leaders _ guide _ to _ public _ involvement. pdf. Accessed March 29，2012.

U. S. Army. 2006. Military Munitions Response Process. EP 1110-1-18. U. S. Army Corp of Engineers，Engineer Pamphlet. April 3. Washington，D. C.：Headquarters，Department of the Army. Available at http：// www. hnd. usace. army. mil/oew/policy/IntGuidRegs/EP1110-1-18. pdf. Accessed March 29，2012.

U. S. Army. 2007a. Environmental Protection and Enhancement. AR 200-1. December 13. Washington，D. C.：Headquarters，Department of the Army. Available at http：//www. apd. army. mil/pdffles/ r200 _ 1. pdf. Accessed March 29，2012.

U. S. Army. 2007b. Safety and Health Requirements for Munitions and Explosives of Concern（MEC）. ER 385-1-95. U. S. Army Corp of Engineers. March 30. Washington，D. C.：Headquarters，Department of the Army. Available at http：//publications. usace. army. mil/publications/ eng-regs/ER _ 385-1-95/toc. htm. Accessed April 11，2012.

U. S. Army. 2007c. The Army Safety Program. AR 385-10. August 23. Washington，D. C.：Headquarters，Department of the Army. Available t http：//www. wbdg. org/ccb/ARMYCOE/ARMYCRIT/ ar385 _ 10. pdf. Accessed March 29，2012.

U. S. Army. 2007d. The Keystone Center Final Report. July. Non-Stockpile Chemical Materiel Project Core Group. Keystone，Co.：The Keystone Headquarters. Available at http：//keystone. org/fles/fle/ about/ publications/NSCMP. FINALREPORT _ 2007. pdf. Accessed March 29，2012.

U. S. Army. 2008a. Chemical Surety. AR 50-6. July 28. Washington，D. C.：Headquarters，Department of the Army. Available at http：//www. apd. army. mil/pdffles/r50 _ 6. pdf. Accessed March 29，2012.

U. S. Army. 2008b. Explosives Safety and Health Requirements Manual. EM 385-1-97. U. S. Army Corp of Engineers. September 15. Washington, D. C. : Headquarters, Department of the Army. Available at http: //140. 194. 76. 129/publications/eng-manuals/em385-1-97/entire. pdf. Accessed March 29, 2012.

U. S. Army. 2008c. Munitions Response, Remedial Investigation/ Feasibility Study Guidance, Final Draft. Military Munitions Response Program. October. Available at http: //www. milvet. state. pa. us/DMVA/Docs _ PNG/ Environmental/MRRI-FSGuidance. pdf. Accessed April 10, 2012.

U. S. Army. 2008d. Third Five-Year Review Report for Edgewood Area Aberdeen Proving Ground, Harford and Baltimore Counties, Maryland. October. U. S. Aberdeen Proving Ground, MD: Department of the Army. Available at http: //www. epa. gov/superfund/sites/fveyear/ f2009030002827. pdf. Accessed March 30, 2012.

U. S. Army. 2008e. Toxic Chemical Safety Standards. AP 385-61. December 17. Washington, D. C. : Headquarters, Department of the Army. Available at http: //www. apd. army. mil/pdffles/p385 _ 61. pdf. Accessed March 29, 2012.

U. S. Army. 2009a. Interim Guidance for Chemical Warfare Material (CWM) Responses. Memorandum from Offce of the Assistant Secretary, Installations and Environment. April 1.

U. S. Army. 2009b. Munitions Response Remedial Investigation/Feasibility Study Guidance. Military Response Munitions Program. November. Available at http: //aec. army. mil/usaec/cleanup/mmrp _ rifs _ guidance fnal. pdf. Accessed March 30, 2012.

U. S. Army. 2009c. Program Management Manual for Military Munitions Response Program (MMRP)-Active Installations. September. Aberdeen Proving Ground, MD: U. S. Environmental Command. Available at http: //aec. army. mil/usaec/cleanup/mmrp00 _ activeinstall. pdf. Accessed March 30, 2012.

U. S. Army. 2009d. Restoration Advisory Board and Technical Assistance for Public Participation Guidance. October. Aberdeen Proving Ground, MD: U. S. Army Environmental Command. Available at http: //aec. army. mil/usaec/cleanup/rab-tapp. pdf. Accessed March 20, 2012.

U. S. Army. 2010. EDS Field Operations Guide, December. Aberdeen Proving Ground-Edgewood: EDS Systems Manager.

U. S. Army. 2011a. Digital Radiography and Computed Tomography system fact sheet. Army Chemical Materials Agency. December. Available at http: //www. cma. army. mil/fndocumentviewer. aspx? docid=003673281. Accessed May 30, 2012.

U. S. Army. 2011b. Explosive Destruction System overview fact sheet. Chemical Materials Agency. December. Available at http: //www. cma. army. mil/fndocumentviewer. aspx? docid=003674354. Accessed May 30, 2012.

U. S. Army. 2011c. Interim holding facility overview fact sheet. Chemical Materials Agency. Available at http: //www. cma. army. mil/fndocument viewer. aspx? docid=003675879. Accessed May 31, 2012.

U. S. Army. 2011d. Mobile Munitions Assessment System fact sheet. Chemical Materials Agency. December. Available at http：//www. cma. army. mil/ fndocumentviewer. aspx? docid＝003675860. Accessed May 31，2012.

U. S. Army. 2011e. Project Manager for Non-Stockpile Chemical Materiel：Property Identifcation Guide，Revision 0. May. Aberdeen Proving Ground-Edgewood Area：U. S. Army Chemical Materials Agency Project Manager for Non-stockpile Chemical Materiel.

U. S. Army. 2012. Funding Profle for the Recovered Chemical Warfare Material Program（RCWM-P）Account. April 17，2012. Memorandum from（ILE） to USD（AT&L），signed by Katherine Hammack.

附录A

委员会成员简历

理查德·J. 艾尔（Richard J. Ayen），现任主席，退休前为废弃物处理公司技术总监，曾管理废弃物处理公司克莱姆森技术中心，包括废弃物的可处理性研究以及危险和放射性废物处理技术。他具有伊利诺伊大学化学工程专业的博士学位，并在感兴趣领域发表了大量文章，还曾在斯塔夫（Stauffer）化工公司工作20余年并担任斯塔夫东部研究中心工艺开发部经理，化工经验丰富。艾尔博士是国家研究委员会检查和评估组装化学武器非军事化替代技术委员会（Ⅰ和Ⅱ期）的成员，此外他还参加了多个致力于非储存化学武器物资计划的委员会。目前，艾尔博士担任化学武器非军事化委员会主席。

道格拉斯·M. 梅尔维尔（Douglas M. Medville），副主席，从MITER退休前担任化学武器物资处置和修复计划负责人。他领导了许多危险性工作、开展工程工艺研究、进行运输和替代处置技术的风险分析，并向公众和高级军官简要介绍了结果。梅尔维尔先生负责评估美国陆军用于拆卸储存化学武器弹药的非军事化机器的可靠性和可操作性，并撰写了一些替代化学武器弹药处置技术的测试计划和协议。他还领导了对约翰逊（Johnson）环礁上美国陆军化学武器处置设施的运营绩效评估，并指导了将回收的非储存化学武器物资运往候选储存和处置目的地的风险、公众认知、环境因素和物流的评估。在此之前，他曾在富兰克林研究所研究实验室和通用电气工作。近年来，他以委员会成员的身份参加了美国国家研究委员会的9项研究，这些研究涉及美国陆军的非储存和装备式化学武器替代品。梅尔维尔先生具有工业工程学士学位和美国纽约大学运筹学专业硕士学位。

德怀特·A. 白瑞纳克（Dwight A. Berane）退休前是迈克尔小拜客（Michael Baker Jr）有限公司的高级副总裁，该公司向全球公共部门和私营部门客户提供专业工程和咨询服务。在此之前，他曾在美国陆军工程兵部队担任军事计划副主任，负责该部队全球军事计划任务的执行管理。他是注册专业工程师和认证的洪泛区管理人。他曾在国家研究委员会复垦大坝安全局和联邦公路管理局——美国国家公路和运输官员协会桥梁和隧道安全蓝带专家组中任职。白瑞纳克先生拥有美国西北大学机械工程学士学位、美国波士顿大学工商管理硕士学位，并从美国大学获得 M. P. A. 学位。

爱德华·L. 库斯勒（Edward L. Cussler），美国明尼苏达大学学院的著名教授兼化学工程教授。在美国卡内基-梅隆大学任教 13 年后，他于 1980 年加入美国明尼苏达大学。库斯勒博士的研究始于薄膜，聚焦于膜技术，主要应用于水净化和腐蚀控制领域，以及使各个农场能源自给自足的小规模能源应用领域。他撰写了 220 多篇文章和 5 本书，其中包括《扩散：流体系统中的传质》《流体系统中的传质》《流体力学》《生物分离》和《化学产品设计》。他拥有美国威斯康星大学麦迪逊分校博士与硕士学位和美国耶鲁大学化学工程专业学士学位。库斯勒博士获得了美国化学工程师学会的 Colburn 和 Lewis 奖，他曾担任该委员会的主任、副主席和主席。他获得了美国化学学会的分离科学奖，美国工程教育学会的 Merryfield Design 奖，以及瑞典隆德大学和法国南锡大学荣誉博士学位。他是美国科学促进协会的会员，也是美国国家工程院院士（NAE）。

吉尔伯·F. 迪克（Gilbert F. Decker），退休前为美国怀特迪斯尼影像公司（Walt Disney Imagineering）执行副总裁，从 1994 年至 1997 年担任美国陆军负责研究、开发和采办的助理部长。在其担任美国陆军助理部长时，他的两个主要职责是化学武器非军事化项目研究和实施。迪克先生 1958 年从美国约翰·霍普金斯大学获得电气工程学士学位，并担任美国陆军装甲兵中尉和美国陆军飞行员直到 1964 年。在服役期间他担任了包括驻韩美军直升机飞行员、营补给官和连长，以及第 11 空中突击师的测试、评估和控制官。1966 年他获得美国斯坦福大学运筹学硕士学位。从 1966 年至 1994 年，迪尔先生在多家国防电子系统公司担任系统和设计工程师、工程项目经理、市场总监、总裁或首席执行官，涉及领域包括先进的计算、通信和信息系统；航空航天和污染控制行业的高温材料和控制系统。这些公司包括 ESL、TRW、美国宾夕法尼亚中央联邦系统公司和 Acurex 集团。

克莱尔 · F. 吉尔（Clair F. Gill）拥有美国军事学院学士学位和美国加州大学伯克利分校岩土工程专业硕士学位。在退休前，他曾任美国史密森学院院长和设施工程与运营办公室主任。在其任上，他监督了在美国华盛顿特区以及美国多个地方与国外的一些地点上设施的维护、运营、安全、基本建设以及博物馆和研究机构的重建。在此之前，他曾在美国能源部任职，并建立和领导了工程与建筑管理办公室。吉尔先生最后担任美国陆军预算主任，并于 1999 年从美国陆军退役。在整个军事生涯中，吉尔先生直接参与了各种重大建设项目，包括军事学校设施、酒店大楼、两个防洪系统以及医疗中心的重建。他还参与了作战概念、环境影响宣言项目，以及负责近 10 亿美元设施的设计和建设，以使美国陆军能够整合美国密苏里州伦纳德伍德堡的三所分校。

德里克 . 盖斯特（Derek Guest）是一名独立顾问，为小型企业和社区组织提供解决环境、公共卫生和可持续性问题方面的建议。在健康、安全、环境和可持续性领域工作了 20 多年之后，他从美国柯达公司退休。他最后的职位是科学技术政策总监，负责确定和解析全球范围内新兴的环境法规和相关标准，以支持美国柯达公司的制造运营和商业活动。在来美国之前，他在英国获得了生化毒理学专业的博士学位，并在美国化学工业毒理学研究所完成了毒理学博士后研究。他最近在美国疾病控制和预防中心——有毒物质和疾病登记全国普查局的公共健康和化学暴露组（服务社区工作组）任职，还是环境信息中心（罗彻斯特）的董事会成员。致力于解决区域环境问题，例如流域保护和社区健康。此外盖斯特博士是美国毒理学学会的正式会员。

托德 · A. 金梅尔（Todd A. Kimmell）是美国能源部阿贡国家实验室环

境科学部的首席研究员。他是环境科学家和政策分析师，在固体废物和危险废物管理、许可和合规性、清理计划、环境计划政策制定以及紧急情况管理与国土安全方面拥有30多年的经验。他支持美国陆军的化学武器弹药和常规弹药管理计划，并为美国陆军的装配式化学武器评估计划和化学武器储存应急准备计划做出了贡献。金梅尔先生在分析和物理化学测试方法开发以及分析质量保证和控制方面也拥有强大的技术背景。他曾为美国环境保护局的国家国土安全研究中心提供环境测试方法用于化学武器、生物武器和放射物质的评估，以应对紧急情况。金梅尔先生还支持美国陆军化学武器储存场以及露天焚烧-露天爆炸场的许多环境许可计划。他毕业于美国乔治华盛顿大学，获得环境科学专业硕士学位。

乔安·斯拉玛.莱蒂（JoAnn Slama Lighty）是美国犹他大学化学工程系教授和系主任，也是土木和环境工程系兼职教授。她拥有美国犹他大学化学工程专业学士和博士学位。目前她正在研究由燃烧和气化系统形成的细颗粒物质，包括烟灰的形成和氧化，以及有效地捕获碳的化学循环技术。莱蒂博士活跃于美国化学工程师学会和燃烧研究所，最近她被选为会员。她是50多篇经同行评审的论文的作者，并发表了125多次会议演讲。2004年她获得了美国女工程师协会杰出工程教育家奖。此前莱蒂博士曾在美国能源部武器综合体内为国家研究委员会净化混合物技术组工作。

詹姆斯·P.帕斯托里克（James P. Pastorick）是美国UXO Pro有限公司总裁，该公司是美国弗吉尼亚州亚历山大市的一家技术咨询公司，专门向州监管机构提供关注的常规弹药和爆炸物的处理计划，管理和质量控制的技术支持，包括含化学武器物资和MEC。自从他以潜水员和爆炸物处理技术员从美国海军退役后，他在管理MEC调查和清除项目中工作了20多年。他被美国质量协会认证为质量和组织卓越（CMQ/ OE）经理。帕斯托里克先生曾在美国国家研究委员会下的多个分委员会任职：审查化学武器替代爆炸装置的委员会、销毁非储存化学武器物资国际技术的审查和评估委员会、美国陆军非储存化学武器的非军事化计划——松树崖陆军非储存化学武器的非军事化计划的审查与评估委员会；工作场所监控以及美国陆军非储存化学武器物资的处置计划的评估委员会。

让·D. 里德（Jean D. Reed）是美国国防大学技术与国家安全政策中心的顾问兼杰出研究员，他专注于化学生物防御，以及研究和开发符合国家安全政策的技术。他还是美国波托马克政策研究所的高级研究员。他拥有美国俄克拉何马大学物理学专业学士和硕士学位，以及美国陆军司令部和参谋学院军事艺术与科学硕士学位。他曾在美国乔治城大学攻读物理学研究生。他毕业于美国陆军战争学院和国家战争学院，并且是美国陆军战略研究学院参谋长联席会议主席。里德先生于2005年12月被任命为高级行政人员，曾任美国国防部负责核化学和生物问题的副部长（DATSD；化学生物防御——化学非军事化），在美国国防部长办公室内负责核、化学、生物武器方面，直到2010年4月为止。他对美国国防部化学与生物医学和非医学防御计划的各个方面进行了全面监督、协调和整合，涉及经费总计约15亿美元，还负责年度销毁美国的致命武器的计划，经费也为每年15亿美元。在担任DATSD职位之前，里德先生曾在美国众议院武装部队委员会作为专家工作15年，主要职责是监督美国海军研发部计划、全国防御性科学技术，以及美国其他军事部门和国防机构（包括国防高级研究计划局）的精选计划；国防威胁减少局联合试验、测试与评价项目和化学武器非军事化与化学生物防御方案。

威廉·R. 莱恩（William R. Rhyne）退休前是核、化学和运输行业的风险和安全分析顾问，他在核材料与化学材料处理设施以及危险材料的运输方面拥有30多年的经验。从1984年到1987年，他是项目经理和首席研究员，负责对过时的化学武器弹药的运输进行风险分析。从1997年到2002年，他是美国国家研究委员会的成员，该委员会负责审查和评估非军事化Ⅰ型和Ⅱ型装配式化学武器的替代技术。最近，他曾作为委员审查化学武器存储产生的二次废物问题。莱恩博士是许多有关核材料与化学材料安全性和风险分析出版物的作者或合著者，并且是《危险品运输风险分析：卡车和火车的定量方法》一书的作者。他获得了美国田纳西大学核工程专业理学学士学位和美国弗吉尼亚大学核工程专业理学硕士和博士学位。

蒂芙尼·N. 托马斯（Tiffany N. Thomas）是美国 Tetra Tech 有限公司

环境顾问。她在大气化学、环境地球化学和材料科学——晶体生长化学的设计和执行方面具有丰富的经验。她在同行评审的科学期刊上发表了多篇论文，并在各种国际学术会议上发表了演讲。在过去的5年中，她曾在Tetra Tech的多个项目中工作，包括美国国防部受化学材料和爆炸物污染地点的修复项目，完成矿场金属释放的地球化学模型项目以及优化氯化溶剂的处理项目。她拥有美国北亚利桑那大学环境化学学士学位和美国加利福尼亚大学戴维斯分校无机化学博士学位。托马斯博士曾与美国劳伦斯·利弗莫尔国家实验室、美国萨凡纳河国家实验室、美国能源部、美国国防部以及多个州和地方机构合作。

威廉·J. 沃尔什（William J. Walsh）是美国华盛顿特区派泼·哈密尔顿（Pepper Hamilton）律师事务所办公室的律师。在加入律所前，他是美国环境保护署执法办公室的部门负责人。他的法律经验包括环境法规咨询、环境损害诉讼的建议与辩护，以及各种环境法规，包括《资源保护和回收法》和《有毒物质控制法》所涉及的广泛问题。沃尔什先生拥有美国曼哈顿学院物理学学士和美国乔治华盛顿大学法学院法学博士学位。他代表行业协会，包括美国橡胶制造商协会和美国牙科协会，参与规则制定和其他公共政策宣传。他已就涉及水、空气和危险废物的污染案例提出了保护性且具有成本效益的修复措施，并为技术开发商和用户就利用创新环境技术的激励措施和消除监管障碍提供了建议。沃尔什先生还曾在美国国家研究委员会下的多个分委员会任职：销毁非储存化学武器物资国际技术的审查和评估委员会、美国陆军非储存化学武器的非军事化计划——松树崖陆军非储存化学武器非军事化计划的审查与评估委员会、美国陆军非储存化学武器物资非军事化计划—工作场所监控以及美国陆军非储存化学武器物资的处置计划评估委员会以及地下水净化替代委员会。

劳伦斯·J. 华盛顿（Lawrence J. Washington）在美国陶氏化学公司工作了37年以上，最近退休，他在该公司担任可持续发展、环境健康与安全（EH&S）方面的副总裁。在他的众多成就中，华盛顿先生担任公司环境咨询委员会，EH&S 管理委员会和危机管理团队的主席。在担任 EH&S、人力资源和公共事务公司副总裁的过程中，华盛顿先生创立并领导了“创世纪人类发展卓越计划”。他的职业生涯包括运营方面的许多角色，包括担任美国陶氏西方部门的负责人以及美国密歇根州运营部的总经理和现场负责人。华盛顿先生在美国底特律大学获得化学工程学士学位和硕士学位。

附录B

委员会会议和数据收集工作

第一次委员会会议，2011年9月27～29日，马里兰州埃居伍德

目标：介绍美国国家研究委员会（行政工作，包括委员会介绍和委员会成员的组成、委员会成员的平衡性和项目规避性讨论）；与发起人一起审查委员会的任务说明；接收详细的工艺和设备简报；审查初步报告大纲和报告编写过程；确认评估委员会的写作任务；并讨论未来的会议日期和后续安排。

简报和讨论

与发起人讨论任务说明的范围：唐·巴克莱（Don Barclay），任美国陆军化学材料局副局长；劳伦斯·G. 戈特沙尔克（Laurence G. Gottschalk），任非储存化学武器物资（NonStockpile Chemical Material）项目经理。

美国陆军RCWM任务政策视角：J.C. 金（J.C. King），任美国陆军副助理部长办公室（负责环境、安全和职业健康）［DASA（ESOH）］弹药和化学事务助理。

美国陆军工程兵部队在回收RCWM相关任务中的作用和职责：查克·特温（Chuck Twing），任亨茨维尔化学武器设计中心（美国陆军工程兵部队）主任。

非储存化学武器物资项目计划状态更新：劳伦斯·G. 戈特沙尔克，任非储存化学武器物资项目经理。

CBRNE分析和修复活动任务：查尔斯·A. 阿索瓦塔（Charles A. Asowata）中校，任代理主任；戴利斯·塔利（Dalys Talley），任化学生物放射核（增强）分析和修复活动（CARA）小组运营主管。

埃居伍德化学和生物中心在监测和处理CWM中的作用和职责：蒂莫西·A·布雷兹（Timothy A. Blades），任埃居伍德化学和生物中心项目综合处副主任。

非储存化学武器物资项目所需设备和实现能力概述：大卫·霍夫曼（David Hoffman），任非储存化学武器物资项目运营主管。

现场使用评估设备（设备包括：MMAS、PINS、DRCT扫描仪和拉曼光谱仪、CAIS和SCANS、EDS-1和EDS-2、用于现场和场外弹药运输的多个或单个圆形容器）：大卫·霍夫曼（David Hoffman），任非储存化学武器物资项目运营主管。

经验教训项目：达里尔·帕默（Darryl Palmer），任非储存化学武器物资项目工程师。

Dynasafe SDC：蒂姆·加勒特（Tim Garrett），任Dynasafe SDC现场项目经理，查尔斯·伍德（Charles Wood），任ANCDF副运营经理［安尼斯顿，亚拉巴马州（通过VTC）］。

第二次委员会会议，2011年11月1～3日，华盛顿特区

目标： 接收美国陆军和美国国防部在RCWM行动方面的政策简报；对美国华盛顿特区春谷营地进行实地考察；在美国TOCDF听取有关DAVINCH销毁系统的安装情况和系统化计划的简报；听取关于在美国亚拉巴马州红石兵工厂和美国阿肯色州西伯特营地开展RCWM工作的简报；审查初步报告提纲；确认评估委员会的写作任务；并讨论信息收集请求和后续工作。

简报和讨论

从美国陆军角度看修复行动：卡门·J. 斯宾塞（Carmen J. Spencer），任美国陆军副助理部长（负责消除化学武器）［DASA(ECW)］。

从美国OSD建设和环境视角看修复工作：黛博拉·A. 莫尔菲尔德（Deborah A. Morefield），在DERP中任环境管理经理，她由国防部负责设施和环境

的副部长办公室推荐。

《化学武器公约》要求与相关政策：林恩·霍金斯（Lynn M. Hoggins），任国防部负责核、化学和生物防御计划/公约和减少威胁的助理国防部长办公室化学和生物武器公约管理主任。

春谷项目管理中工程师团队的观点：丹·G. 诺布尔（Dan G. Noble），任美国陆军工程兵部队巴尔的摩地区春谷项目经理。

EPA 对保护公众的观点：史蒂文·赫什（Steven Hirsh），任美国环境保护局第 3 区修复项目经理。

春谷项目监管机构的观点：詹姆斯·斯威尼（James Sweeney），任美国哥伦比亚特区环境部土地整治与开发处处长。

春谷社区的参与：格雷格·博梅尔（Greg Beumel），任春谷社区修复咨询委员会联合主席。

美国大学实验站的历史：丹·G. 诺布尔（Dan G. Noble），任美国陆军工程兵部队巴尔的摩地区春谷项目经理。

现场参观：异常金属物资的低频率挖掘、常规物品的受控爆炸系统以及临时保管设施。

公众参与的观点：亨利·J. 哈奇（Henry J. Hatch），为美国陆军总工程师［已退休］。

州监管机构对亚拉巴马州掩埋 CWM 修复的观点：史蒂文·A. 科布（Steven A. Cobb），任州政府环境管理（ADEM）土地司危险废物处处长。

建设经理对亚拉巴马州红石兵工厂掩埋 CWM 修复的观点：特里·德拉巴斯（Terry de la Paz），任美国陆军亚拉巴马州红石兵工厂环境管理部建设修复处处长。

在 TOCDF 安装和系统化 DAVINCH 销毁系统（视频会议）：小塞迪厄斯·A. 瑞巴（Thaddeus A. Ryba，Jr.），任美国 TOCDF 场地项目经理。

建设经理对亚拉巴马州西伯特营受污染土壤修复的观点（视频会议）：卡尔·E. 布兰肯希普（Karl E. Blankenship），任美国陆军工程兵部队移动区 FUDS 项目经理。

第三次委员会会议，2011年12月12～14日，华盛顿特区

目标：听取美国陆军环境司令部和陆军工程兵部队关于在美国犹他州德塞雷特（Deseret）化学仓库开展RCWM作业和三个销毁系统的简报；审查和推进初步评价报告完整草案；确认评估委员会的写作任务；并讨论信息收集请求和后续工作。

简报和讨论

美国陆军环境司令部在美国陆军清理计划中的作用和职责（视频会议）：詹姆斯·D·丹尼尔（James D. Daniel），任美国陆军环境司令部清理与弹药响应司司长；蒂莫西·L·罗德弗（Timothy L. Rodeffer），监督管理东部陆军环境司令部。

USACE对从埋藏点回收化学武器物资的清理工作：詹姆斯·D. 丹尼尔（James D. Daniel）和蒂姆·罗德弗（Tim Rodeffer），任职清理和弹药响应部。

USACE与利益相关方的沟通：哈尔·E·卡德威尔（Hal E. Cardwell），任USACE冲突解决和公众参与专家中心主任。

USACE化学武器物资军事弹药支持服务：克里斯托弗·L·埃文斯（Christopher L. Evans），任美国陆军工程兵部队军事弹药支持服务总部特别助理。

Dynasafe SDC：哈雷·希顿（Harley Heaton），任UXB International研究副总裁。

控制爆轰室（Controlled Detonation Chamber）：布林特·比克斯勒（Brint Bixler），任CH2M HILL副总裁。

DAVINCH：约瑟夫·K. 朝比奈（Joseph K. Asahina），任技术主管。

核电和CWD事业部：神户制钢。

设施经理对修复犹他州德塞雷特（Deseret）化学仓库埋藏CWM的观点（视频会议）：特洛伊·约翰逊（Troy Johnson），任环境经理；雷蒙德·克莫伊特（Raymond Cormier），为任务支持主管；马克·B·波默罗伊（Mark B. Pomeroy），任犹他州德塞雷特化学仓库负责人。

州监管机构对犹他州埋藏CWM修复的观点（视频会议）：布拉德·莫尔丁（Brad Maulding）任项目经理；大卫·拉森（ David Larsen），任项目经理；约翰·瓦尔德里普（John Waldrip），任犹他州环境质量部（UDEQ）固体和危险品废物部项目经理。

第四次委员会会议，2012年1月17～19日，华盛顿特区

目的：接收美国陆军化学材料局和希尔关于美国国防部地球物理探测的简报；接收美国海军和美国空军关于红石兵工厂档案审查的简报；审查和推进初步评价报告完整草案；确认评估委员会的写作任务；并讨论信息收集请求和后续工作。

简报和讨论

来自美国陆军化学材料局的观点：唐·巴克莱（Don Barclay），任美国陆军化学材料局副局长。

国会观点：理查德·菲尔德豪斯（Richard Fieldhouse），为美国国会参议院军事委员会专业工作人员。

RCWM的地球物理探测及相关能力研发：赫伯特·H. 纳尔逊（Herbert H. Nelson），任美国国防部弹药响应计划、战略环境研究与开发计划、环境安全技术认证项目经理。

副参谋长办公室（负责设施管理）在修复RCWM上的相关作用和职责：布莱恩·M. 弗雷（Bryan M. Frey），为副参谋长办公室（负责设施管理），美国陆军部环境司设施服务局工作人员。

美国海军在相关RCWM修复中的作用和责任：罗伯特·萨多拉（Robert Sadorra），任美国海军设施工程司令部弹药响应项目经理。

美国空军在相关RCWM修复中的作用和责任：米歇尔·英德马克（Michele Indermark），在美国空军部副部长办公室（负责环境、安全和职业健康）负责环境政策方向。

红石兵工厂档案审查：威廉·R. 布兰科维茨（William R. Brankowitz），任科学应用国际集团高级化学工程师。

第五次委员会会议，2012年2月29～3月2日，加利福尼亚州尔湾

目标：进行评估委员会讨论，以确保每一章的文本都涉及任务说明；对每一章的文本进行逐页审查；商定和/或完善调查结果和建议以及必要的支持文本；并进行任何必要的工作分配。

第六次委员会会议，2012年4月3～5日，华盛顿特区

目标：评估委员会进行讨论，以确保每一章的内容都针对评估非储存化学物资（NSCMP）任务；对每一章的文本进行逐页审查；商定和/或完善调查结果，提供建议以及必要的支持文本；并就研究草案、结果和建议达成共识。

数据收集活动 电话会议，2011年11月12日

目标：更好地了解EPA参与清理具有大量RCWM场地的情况。

交谈对象：道格·马多克斯（Doug Maddox），任职联邦设施办公室，[美国环境保护署总部（华盛顿特区）]。

国家研究委员会参与者：托德·金梅尔（Todd Kimmell）、威廉·沃尔什（William Walsh），委员会成员：南希·舒尔特（Nancy Schulte），任NRC研究主任。

电话会议，2011年12月5日

目标：更好地了解EPA参与修复具有大量RCWM场地的情况，特别是在美国亚拉巴马州和EPA 4区的西伯特营地和红石兵工厂。

交谈对象：莎莉·M.达尔泽尔（Sally M. Dalzell）和安妮·赫德（Anne Heard），美国联邦设施执法办公室，美国环境保护署总部，华盛顿特区；哈

罗德·泰勒（Harold Taylor）和米歇尔·桑顿（Michelle Thornton），美国环境保护署第4区联邦设施处。

美国国家研究委员会参与者：托德·金梅尔（Todd Kimmell）、吉姆·帕斯托里克（Jim Pastorick）和威廉·沃尔什（William Walsh），委员会成员：南希·舒尔特（Nancy Schulte），任NRC研究主任。

电话会议，2012年1月4日

目标：更好地了解ECBC使用CH2M HILL公司生产TDC的经验。

交谈对象：蒂姆·布雷兹（Tim Blades），任职美国陆军埃居伍德化学和生物中心。

美国国家研究委员会参与者：委员会成员：迪克·艾恩（Dick Ayen）、道格·梅德维尔（Doug Medville）和乔安·莱蒂（JoAnn Lighty）；南希·舒尔特（Nancy Schulte），任NRC研究主任。

附录C

埋藏化学武器物资回收和销毁的最终实施计划

（2010年3月1日）

美国国防部部长

3010国防部五角大楼

华盛顿特区20301-3010

美国陆军部长备忘录（2010年3月1日）

主题：埋藏化学武器物资回收和销毁的最终实施计划

1991 年 3 月 13 日美国国防部副部长任命美国陆军部长为美国国防部销毁非储存化学武器弹药和副产物的执行机构（EA）负责人。该任命与美国国防部指令 5101.1 一致，“国防部负责人。”日期为 2002 年 9 月 3 日。

该 EA 负责人的权限和职责包括：①维护国防部对已知或怀疑包含化学武器物资（CWM）和可识别批次的化学毒剂（CAIS）的位置清单；②执行 CWM 响应或其他行动，例如范围清理，及完成清理这些地点所需的工作；③支持包括可能涉及回收化学武器物资（RCWN 或 CAIS）的爆炸物或弹药的应急响应任务；④处理在任何情况下发现的 RCWM 和弹药及未知液体或化学毒剂填充的其他物资（弹药和相关物资）；⑤美国陆军为评估填充 RCWM 和弹药以及其他相关物资、销毁 RCWM 以及与销毁有关的功能和设备等，进行计划、规划和申请预算；⑥协调和整合国防部内部机构以确保 RCWM 项目顺利执行，总体上说，上述这些工作构成了 RCWM 任务。

EA负责人的职能确保其能够并解决涉及RCWM的全部问题，并确定弹药和其他相关材料是否为RCWM。EA负责人决心，美国陆军在执行RCWM任务上美国陆军将保持连贯性，避免重复，并有效利用有限的资源来支持填充液体和化学毒剂的物资评估以及销毁RCWM。

美国陆军将建立以下规程：①执行RCWM响应任务或完成处理RCWM所需的其他工作；②支持可能涉及RCWM或CAIS的爆炸物或弹药的应急响应行动；③对RCWM进行评估以确定其化学毒剂（CA）的装填量，并评估回收弹药和相关材料，以确定该填充物是否为化学毒剂；④以遵从适用的联邦和州法律法规和国防部政策的方式销毁所有RCWM；⑤维持所需的人员和设备；⑥维护有关设备。作为EA职责的一部分，美国陆军将与美国DoD相关部门一起制定提案，并使美国DoD批准该明确定义了美国DoD部门的角色和职责的提案。

国防部负责设施和环境的副部长（DUSD(I&E)和国防部副部长（总审计长），与美国陆军以及国防部负责核、化学和生物防御项目的助理部长［ASD(NCB)］将为RCWM任务新账户确定适当的资金来源。如评估RCWM和弹药及其他有关物资、销毁RCWM、维持人员和装备以及维护相关设备的资金来源于化学毒剂和弹药处置、防御计划（CAMD，D），CAMD，D也是待建立RCWM任务账户的合适资金来源。一旦建立并准备为RCWM任务账户提供资金，RCWM任务账户将从国防部总拨款管理局获得支持，并且将与用于化学武器销毁计划部分的CAMD，D账户相互区分和分离。

与评估RCWM和弹药及其他有关物资以及销毁RCWM不相关的职能和活动将由国防环境恢复计划（DERP）账户或通常可用于资助此类职能和活动的其他拨款提供资金。建立RCWM任务账户后，RCWM任务账户将为以下项目提供资金：①对两类RCWM进行评估以确定最可能的化学毒剂填充物；②评估弹药和其他有关物资，以确定它们是否为RCWM；③销毁RCWM；④所需人员维持和设备的维持与保养；⑤计划管理和其他必要功能。

在收到此备忘录的180天内，我要求安妮（联络人）制定相应的文件并提交给我，以审查与美国DUSD(I&E)，美国ASD(NCB)和美国DoD其他部门进行协调的时间表和完成程度，上述文件至少包括以下内容：

① 划定任务管理的作用和职责，以确保为CWM响应场地之间的工作和资金流上实现无缝衔接；

② 确定支持RCWM任务所需的资金，以便在2012财年至2017财年计划目标备忘录的规划编制和预算流程中进行审议；

③ 为可能涉及RCWM的DERP下的那些环境响应行动提供技术建议、规划和预算编制流程支持。

附录D

监管程序审查

两个主要项目

如第 3 章所述，主要通过两个监管计划，即《资源保护与恢复法》（RCRA）下的修正案和《全面环境响应，赔偿和责任法》（CERCLA）下的修复计划[1]，监管弹药响应场地（MRS）上涉及的化学武器物资（CWM）的评估、调查、表征和销毁。上述修复过程相当复杂，均被详细规定，而修复过程通常受以下情况的影响：设施的类型（现役设施、退役防御站点［FUDS］或基地重组和关闭［BRAC］场地）和行动类型（应急与非应急），并在一定程度上取决于环境保护署（EPA）或州环境监管者（或两者兼有）是否监督修复工作。同时修复的过程还受到地方政府的参与程度、土地所有者（例如军方、美国联邦其他机构、州或地方政府或私营部门）、邻近的土地所有者以及公众参与程度的影响。无论这些因素如何，最终目的（最终修复场地）都可能是相同的，但最终的路径可能会有很大差异。

（1）资源保护与恢复法（Resource Conservation and Recovery Act）

RCRA(PL 94-580）是《固体废弃物处置法》的修正案，于 1976 年颁布，旨在解决危险废物管理问题。根据该法规的要求，EPA 建立了全过程的法规体系，以管理危险废物。如果州制订了 EPA 认为与美国联邦 RCRA 基本等效的监管计划，则可以在其境内获得管理 RCRA 的授权。需要指出，美国联邦 RCRA 仅为各州采用法规的底线，还可以选择制定比美国联邦 RCRA 更严格的法规。例如，尽管 EPA 并未将化学毒剂确定为危险废物，但大多数储存化学毒剂的州已在其计划中将化学毒剂列为危险废物。

一旦将废物定义为危险废物，就必须采用复杂的需求审核和许可制度。处理、储存和处理危险废都需要许可，但由于很大程度上是由州实施 RCRA，因此许可的性质和严格程度可能因州而异。RCRA 中针对特定类型的单元（例如垃圾填埋场、焚化炉和存储设施）制定了具体的豁免规定。此外 EPA 还为不能满足标准类型的设备建立了一个杂类，称为杂类设备[2]。如基于 EDT 的销毁系统或 EDS 就属于杂类设备，其使用就需要完整的 RCRA 许可。此外 RCRA 还提供了其他类型的 RCRA 许可和机制，以供监管部门批准。

美国国会对 RCRA 进行了多次修订，以增加具体规定。与本评估委员报告最相关的是 RCRA 修正案，该版本源自 1984 年《有害和固体废物修正案》（Hazardous and Solid Waste Amendments，HSWA）。与 CERCLA 相似，RCRA 修正案要求对 RCRA 设施中的固体废物管理单位（SWMU）释放的危险废物和成分进行调查和消除，这些设施可能是当前具有许可的现役设施，也可能由于未取得许可而被 RCRA 关停的设施。在 RCRA 设施中发现埋藏的 CWM 区域将被视为 SWMU。

在 RCRA 修正案下，基于风险进行修复工作。在初步评估［通常称为 RCRA 设施评估（RCRA Facility Assessment，RFA)］之后，收集数据以定义释放危险废物的性质和程度［通常称为 RCRA 设施调查（RCRA facility investigation，RFI)］。如果释放的危险废物存在较大风险则需要采取修复措施，并进行替代方案研究［通常称为修复措施研究（Corrective Measures Study，CMS)］，然后实施选定的措施［通常称为修复措施实施（Corrective Measures Implementation，CMI)］。此外在考虑采用更全面的修复方法之前，RCRA SWMU 可能会采取临时处理措施以降低风险。临时处理措施可以是最终修复措施的一部分，但它们作为减弱危险废物释放的手段，旨在降低风险，等待更明确的修复措施（55 FR 30798，1990 年 7 月 27 日）。

通过许多流程实施 RCRA 修正案最初 EPA 提出了上述 RFA-RFI-CMS-CMI 说明性过程，以便实施 RCRA 修正案，具有一定灵活性，说明性较好的方法。尽管如此，许多获准执行 RCRA 修正案的州仍需要采取具有某些优势而更加规范化的方法，但可能会阻碍修复的进程。此外各州执行 RCRA 修正案的方式不同。

另一项与回收的 CWM(RCWM) 有关系的重要 RCRA 修正案涉及土地处

置限值（Land Disposal Restrictions，LDR），这也是1984年HSWA所强制要求执行的法规。LDR制定了土地再次使用前对危险废物进行处理的要求。LDR不仅包括特定处理技术的应用，而且还为许多成分建立了数值处理标准。尽管化学毒剂废物可能具有一种或多种RCRA特征，但对于CWC附表名单中的化学毒剂废物不存在LDR，但具有RCRA特征的RCWM处理完成可能需要满足LDR的适用特征。此外除某些例外，弹药和受污染的介质等修复废物的处理可能需要满足碎屑和受污染土壤的LDR。

与上述讨论相关的另一个发展出的措施是EPA创建的改进行动管理单位（CAMU）和临时单位（TU）[3]（EPA，2002）。CAMU是一种废物管理单位，专门为管理危险废物目的而设计。处理受RCRA和CERCLA约束的危险废物场地中产生的废物，即修复废物。CAMU可用于处理和存储以及处置修复废物。当修复设施产生大量的修复废物时，为了保护人类健康和环境安全，可以在修复废物移除区域附近建立CAMU现场管理此类废物，而这被认为是一种理想的选择。CAMU也可以在异地建立。例如，如果在美国红石兵工厂建立了CAMU，在监管部门批准下，则可以接受西伯特营地产生的修复废物。同一个CAMU对应多个SWMU，其对受CERCLA约束单位产生的废物进行管理尤其有效。这也是CAMU一个重要优点，对废物进行集中管理，有利于针对废物量身定制RCRA LDR要求。

TU用于现场处理或存储修复废物。使用TU必须证明它们对人体健康和环境具有保护作用，并且使用时间为1年，如果确定有必要，则可以延长1年。TU的理想应用可能是用于储存RCWM的IHF。

与修复废物管理相关的另一个值得一提的概念是污染区域政策（EPA，1998）。在CERCLA（55 FR 8758，1990年3月8日）的国家应急计划的序言中，实际上提出了该政策。污染区域是受RCRA或CERCLA约束场地的指定区域，允许在不触发LDR的情况下可以使用具有特定设计类型的危险废物管理单元（例如衬板和渗滤液收集系统），管理修复废物（包括处理、储存或处置）。

显然，管理修复废物（包括考虑CAMUs、TUs、处理要求和污染区域）是一个非常复杂的问题。同样，由于RCRA很大程度上由州执行，因此州通常会以不同的方式完成这些不同类型的要求。尽管重要的是管理废物的各种参数，但评估来自CWM站点修复废物的复杂法规需求超出了本书的范围。

RCRA提供了紧急豁免条款和其他执行机制，以解决释放危险废物及其相关组分的释放。EPA可以发布第3008(a)条合规性命令，第3008(h)条临时状态修复措施命令，第3013(a)条监控、分析和测试命令，以及第7003条紧急危险令。许多州已将类似的应急规定和执行机制纳入其州计划[4]。

另一项对RCRA的重要修订是1992年的《联邦设施合规法案》(PL 102-386)，该法案要求EPA与美国国防部(DoD)协商，确定何时废弃的军用武器应服从RCRA，并提供对其的安全运输和储存。弹药规则(Munitions Rule，MR)于1997年颁布(62 FR 6622)。它定义了常规弹药和化学武器弹药如何符合RCRA要求。尽管MR就RCRA文中的军用弹药分类做了许多说明，但该规则的重要规定之一是它免除了对爆炸物或弹药应急情况作出响应的RCRA过程(例如，许可和废物清单)。它还规定了称为作战训练场的弹药豁免。其中与埋藏的CWM相关的规定是，除非对它们进行了积极处理(例如，挖掘)，否则它们不会受到RCRA废物管理要求的约束。美国国防部制定了执行MR的临时指南，该指南于1998年发布(DoD，1998年)，并且一直在致力于将其发展为美国陆军法规。

RCRA还为公众参与制定了明确的程序，尤其是在修正案流程中。公众有许多机会影响场地的特征化修改流程、临时措施以及清理方法的选择。

(2) 全面环境响应，赔偿和责任法(Comprehensive Environmental Response, Compensation, and Liability Act, CERCLA)

CERCLA是由《国家石油和有害物质污染应急计划》(NCP)(40 CFR 300)促成的，NCP为CERCLA提供了规范化的流程。CERCLA适用于有害物质、污染物或污染物释放到环境中的任何场所使用，包括现役设施、FUDS和BRAC场地。CERCLA也可在的RCRA设施中使用。在涉及MRS清洁的EPA和美国DoD指导文件中(包括具有CWM的场所)，显然都倾向于遵循CERCLA(EPA，2005；U.S. Army，2006)而非RCRA修正案下的规则流程。

基于CERCLA的修复流程涉及许多步骤，首先通过初步评估或场地调查收集数据，再开展场地评级，用于确定场地是否有资格采取进一步行动。

如果场地存在重大风险，则可能被列入“美国国家优先事项清单”（NPL）。无论是否在NPL清单，都需要执行CERCLA下的修复工作，但是NPL清单中列出的场地需要经过严格的规范化流程才能进行清理。但就目前来说，在NPL上几乎没有包含CWM的MRS。在NPL列出的CWM场地中，最著名的例子是美国马里兰州的亚伯丁试验场（埃居伍德地区），美国科罗拉多州的洛基山兵工厂和美国亚拉巴马州的红石兵工厂。受CERCLA约束的大多数FUDS和BRAC场地以及包含埋藏CWM的现役设施都未包括在NPL中。

如果应急或危急情况下确定有必要降低风险，则可以使用基于CERCLA的修复行动来减轻危险废物迁移或释放的威胁。像RCRA临时措施一样，该修复行动通常是短期行动，旨在在短期内降低风险，但也可是永久性修复措施或永久性修复措施的一部分。无论场地是否被列入NPL，都需要进行修复调查。修复调查是详细的场地调查，用于评估修复方案是否与特征场地匹配。可以在修复调查完成之前、之中或之后进行修复工作。

如果修复调查发现需要采取进一步行动以降低风险，则开展进行可行性研究以评估修复措施，并选择修复方案，以永久减少“有害物质、污染物的量，毒性或迁移性[5]。”

EPA负责的大多数场地遵循CERCLA。但是，1987年发布的12580号行政命令，将NPL和非NPL场地的处理权下放给了美国国防部和其他美国联邦土地管理者。此外，CERCLA的第120节涉及在美国联邦设施中应用CERCLA的特定程序。最值得注意的是，如果某个场地未列入NPL，则美国国防部和其他美国联邦土地管理人必须根据州法律和要求执行搬迁和修复措施。如果某个场地已列入NPL清单，则必须与EPA制定一份机构间协议，通常称为美国联邦设施协议（FFA）。FFA是EPA与美国联邦土地管理人（在本书中为美国DoD）之间的具有约束力的协议。州的相应机构也可以选择成为协议的签署人，但是在NPL地点，必须与EPA就修复措施达成一致。美国陆军的指导方针明确规定，监管机构和地方政府必须参与到基于CERCLA的规划过程中来，并且必须参与关键决策（美国陆军，2004年）。实际上，在与监管机构的协调和满足监管要求方面，美国陆军指导原则对NPL和非NPL站点均一视同仁[6]。

基于RCRA的修复措施和基于CERCLA的不同，但是存在重要的交叉。

在CERCLA 约束的项目上必须达到适用性、相关性和适当性的要求（ARAR）。即必须遵守确定为适用或相关且适当的联邦和州其他环境法律的要求。在受 CERCLA 约束的场地，大多数 RCRA 废物管理要求（对于从现场清除的介质和碎屑，包括 RCWM）都将视为适用或相关且适当的。RCRA 有行政需求，需要获得 RCRA 许可，尽管不会要求美国联邦 CERCLA 约束场地获得行政许可，但仍需要执行 CERCLA 的美国联邦机构达到 RCRA 的实质性要求[7]。

小结

不论监管机构或 MRS 的类型如何，修复工作通常遵循相同的流程，即初始评估、现场调查、进行搬迁或进行减少短期风险的临时处理工作、现场表征、评估和选择减少长期风险的修复方法或技术、清理工作和现场封闭。此外还存在定期审核的要求—CERCLA 要求为 5 年审核一次，对 RCRA 约束的设施通常为 5 年或 10 年审核一次。在流程中的任何阶段都可进行 RCWM 的去除和处理，但通常在去除或清理（修复）阶段进行。根据 RCRA 和 CERCLA，即使废物或有害物质留在原地，清理也可以被确定为完成。当危险物质留在原地时，通常修复旨在控制场地中有害废物或成分进一步释放（例如，将其进行工程覆盖），并且通常与土地使用控制和持续监控相结合。

其他适用的监管计划

（1）弹药响应场地优先协议（Munitions Response Site Prioritization Protocol）

截至 2006 年 9 月，美国国防部已将可满足要求的 3300 多个场地编入了军用弹药响应项目（MMRP），如表 D-1 所示（资料来源：http：//www. denix. osd. mil/mmrp/upload/MRSPP _ Stake-holder _ FactSheet _ final. pdf. Undated. Accessed March 21，2012）。

表 D-1 军需物资处理站点数量

MRSs	在处理设施	BRAC 设施	FUDS 设施
3309 座	1333 座	318 座	1658 座

拥有如此众多的场地，而仅有有限的资金来完成修复任务，因此需要建立一个优先级确定系统。2002 年《国防授权法》(10 USC 2710) 规定了弹药处理场地优先协议（MRSPP）的开发方法，其中美国国会指示美国 DoD 开发 MRS 分配优先级规则。2005 年，美国国防部完成了其 MRSPP[8]。规则制定要求美国 DoD 使用 MRSPP 对 MRS 进行处理工作排序。根据潜在风险划分优先级，将最高优先级分配给包含或可能包含 CWM 的场地。

在确定响应优先级时，相对风险具有很大的权重，但是其他因素也影响 MRS 次一级响应优先级的选择。这些因素包括经济发展、环境正义和利益相关者的关注。这使某些非 CWM 的 MRS 可能会在风险等级较高 CWM 的 MRS 之前选择采取行动。

(2) 国防环境恢复计划

自 20 世纪 70 年代中期以来，美国 DoD 一直根据其设施修复计划（IRP）对其危险废物场地进行清理。随着 1986 年《超级基金修正案和重新授权法案》的通过，IRP 正式称为国防环境修复计划（DERP)。美国国会指示美国 DoD 与 EPA 以及州政府和当地机构协商，执行 DERP。除非修复场地状况构成紧急情况，否则美国国防部必须给州和地方政府提供机会来审查和评估应对措施。DERP 还建立了 MRS 的环境修复融资机制，独立的账户的经费可用于现役设施、FUDS 和 BRAC 场地的修复。但是，DERP 资金不能在作战范围内使用。

(3) 禁止化学武器公约的要求

美国于 1993 年签署了《关于禁止发展、生产、储存和使用化学武器及销毁此种武器的公约》(CWC)，美国国会于 1997 年批准了该公约。CWC 履行情况由禁止化学武器组织（OPCW）进行审查。尽管 CWC 中大多数条款涉及在储存这些物资的国家中销毁化学武器，但仍有一些条款适用于包括 RCWM 在内的非储存的化学武器物资。但是这些条款仅要求销毁 RCWM，并由禁化武组织对销毁进行监督。而没有条款要求收回埋藏的 CWM 物资，也没有规定销毁 RCWM 的时间表。CMA 负责协调遵守公约和禁化武组织审查的流程。

根据设施或响应措施的类型来确定适用的监管计划

在 RCRA 或 CERCLA 下，包含 CWM 的 MRS 设施或场地的类型会影响是否进行场地清理行动。以下各节回顾 MRS 的一般类型，并讨论了适用于该场地修复的规则流程。

(1) 现役设施

许多现役设施上配有 RCRA 许可的危险废物管理单元，例如危险废物存储设备。而一些现役设施上还可能配有 RCRA 许可的危险废物处理设备，例如，包括用于处理常规废弹药的露天焚烧-露天爆炸（Open Burn/Open Detonation，OB/OD）单元。此外，还有其他一些现役设施最初可能为危险废物管理寻求 RCRA 许可（例如 OB/OD），但后来确定不需要许可，而需要通过 RCRA 来关闭设施。事实上 RCRA 许可的设施和经过 RCRA 关闭的设施都将受到 RCRA 修正案的管控，并且这些设施可能已经在审批流程之中或在 SWMU 中进行修复（包括也是 MRS 的 SWMU）。

CERCLA 要求对几乎所有现役设施都进行评估，甚至包括 RCRA 修正案涉及的项目。其中一些设施可能位于 CERCLA 约束的非 NPL 或 NPL 场地中。如果受 CERCLA 约束的现役设施上的装备也是 RCRA 允许的设备，或者正在根据 RCRA 关闭，则 RCRA 修正案和 CERCLA 要求同时适用于该 MRS。通常，获得 RCRA 修正案授权的州政府会希望根据 RCRA 修正案，在 RCRA 许可下，对现役设施内的 MRS 进行清理，以便州政府可以对处理决策保持一定程度的控制。而 EPA 通常希望处理工作在 CERCLA 的授权下进行，以便可以保持对修复决定的控制，尤其是 NPL 站点。鉴于同时要遵守 RCRA 和 CERCLA 的修复要求，这使现役设施的修复将变得复杂，因此现役设施必须解决 RCRA 与 CERCLA 的权限问题。例如美国亚拉巴马州红石兵工厂服从 RCRA 修正案和 CERCLA 修复要求，但 EPA 和亚拉巴马州政府都不愿意放弃监管权限。

（2）退役防御站点（Formerly Used Defense Sites）

FUDS是土地可能已用于训练、研发、测试或处理军需品的地方。站点土地所有方包括美国联邦和州机构、地方政府、商业公司、公共或私人机构，甚至是私人土地所有者。只有在极少数情况下土地所有者才需要遵守RCRA的要求。例如，商业公司获得了持有RCRA许可的FUDS内包含的MRS土地，在这种罕见情况下，可以根据RCRA修正案要求修复FUDS。鉴于在大多数FUDS修复缺乏规则流程的情况下，基于CERCLA可完成绝大多数FUDS修复工作。美国军队将通过美国陆军工程兵部队进行修复调查，并最终确定与执行清除和修复行动，而FUDS土地所有者、邻近的土地所有者以及公众将是上述工作主要的参与者。州监管机构也可能是关键角色，如果FUDS也属于CERCLA下的NPL，EPA将成为主要决策者。还应该指出，即使根据CERCLA处理MRS，各州也可能会发布适用于RCRA的紧急规定或命令来完成清理行动。

（3）基地重组和关闭（Base Realignment and Closure）场地

对BRAC场地中的设施要求与RCRA的修正案及CERCLA对现役设施的要求类似。BRAC场地的一些MRS将在RCRA约束下进行修复，而另一些在CERCLA约束（作为NPL或非NPL场地）下进行处理，此外某些BRAC内含有的MRS可能适用于这两个法案。鉴于大多数BRAC场地最终将移交给私营部门，因此在BRAC场地上进行的设施修复工作需要考虑到在大多数情况下，土地将不再由美国联邦政府管理。

CERCLA 120(h）规定允许将受污染的美国联邦财产转让给非联邦机构，但也有一些限制。根据CERCLA 120(h)，EPA有权（在某些情况下是州监管机构）对转移给非联邦所有权的联邦设施进行额外监督。尽管在转移之前修复措施不需要完成，但通常在所有权转移之前，修复措施必须到位并正常成功地运行（EPA，2010）。然而，修复的CWM场地包括保守（原地保留）方法处理的CWM场地，不太可能转移给非联邦机构。

（4）工作范围

除以上3类MRS是在工作范围内发现埋藏CWM的场地。工作范围是指进行测试、培训和其他行动等的范围。RCRA 弹药规则明确指出，RCRA 要求本身并不适用于工作范围，但可能适用于工作范围上的特定位置。例如，许多 RCRA 允许 OB/OD 单元在工作范围内或附近。过去的一些处置单位（包括 RCRA 许可的 SWMU），如红石兵工厂内的 SWMU，也可能在工作范围内。在这种情况下，基于 RCRA 或 CERCLA 的处理要求不仅适用于相关处理单元，还适用于从该单元释放出的危险废物或危险废物成分。

如前所述，关于工作范围的另一个限制是 DERP 资金可能不用于资助这些场地的处理工作。因为已知一些最大量埋藏 CWM 的场地就位于工作范围内（例如美国红石兵工厂），该限制引起了一些问题。

(5) 应急响应

无论是在现役设施上或现役设施外，或是已建立的 BRAC 场地，或在 FUDS 上识别出 CWM，或可能有 CWM 的情况下，通常是“对人类健康或环境造成迫在眉睫的重大威胁，需要立即采取迅速行动消除威胁”，就需要做出应急响应（EPA，2010）。如前所述，《RCRA 弹药规则》规定了对应急响应的许可要求豁免。但是，最终规则的序言指出，如果有时间，应急响应人员应咨询州监管机构。

但是一旦应急情况结束，根据额外弹药（包括 CWM）的可能毒害风险和场所的位置，场地可能会成为 FUDS。美国华盛顿特区的春谷场地于 1993 年作为应急响应而启动，现已成为美国处理时间最长的 FUDS 之一。

修复类型

对于包含 CWM 的 MRS，可以考虑两种类型的修复措施。CWM 可以通过制度上的“土地使用控制”（land-use controls，LUC）留在原地，并继续进行监控；或者被主动地拆除和销毁。此外，当主动拆除并销毁 CWM 时，RCWM 销毁可在现场（靠近提取点）进行，也可将其运输到指定的异地销毁。包含 MRS 的 CWM 的修复措施类型如下所述。

(1) 通过制度上的控制权使其留在原地

在 LUC 监管下埋藏的 CWM 可以放置在适当的位置，以防止未经授权的接触，并且可以通过制度限制来防止与其他埋藏弹药混合存放。大多数情况下，通过放置覆盖物，并无限期地持续监测介质（例如地下水），以检测污染物的迁移或污染物浓度的波动，从而完成此类场地修复。如果检测到意外迁移或污染物波动，则可以考虑采取其他修复措施。有时这种修复措施会伴随着主动的处理，例如使用泵抽水和处理受污染的地下水。

通常，受 RCRA 和 CERCLA 约束的清理中，可使用保留在原位的修复措施。从风险的角度来看，将污染留在原处也是可以接受的，特别是在技术上难以处理或在经济上难以负担时，可以使用它。还可以通过证明物理方法去除污染物的后续处理会造成健康或环境风险时，也可以使用上述措施。如美国马里兰州亚伯丁试验场的旧 O 场地就是这种情况。除上述情况外，高能材料（爆炸物等）的反应性也被认为对工人构成了无法接受的风险。因此采用对旧 O 场地的 CWM 进行了加固，并通过专门设计的盖子覆盖现场，同时无限期监测空气和地下水。旧 O 场地作为 NPL 的场所，根据《国家石油和有害物质污染应急计划》的要求，每 5 年进行一次审查。

保留在原地的修复措施通常比移除所需的费用便宜得多，但仍存在后续的成本和责任，当然这会造成土地使用的长期限制以及与长期相关经济利益的损失。该修复措施隐含了对土地所有权和控制权的影响。因此，修复措施仅限于现役设施。但也可以用于 BRAC 场地或非 BRAC 的封闭场地，例如美国落基山兵工厂，在该处联邦土地管理员保留对未来土地使用的控制权。尽管理论上可以在 FUDS 中使用该修复措施，但土地所有者、邻近的土地所有者以及州和地方政府不太可能接受。

(2) 主动移除和破坏 RCWM

根据美国国防部对 CWM 响应的临时指南（美国陆军，2009e），“在 CWM 响应期间，未知液体填充物的军需品被确定为 CWM，任何回收的 CWM 都将使用经批准的封闭式销毁方法在现场进行处理（销毁）”。采用移除和破坏的方法，可以永久消除埋藏的 CWM，如果 MRS 场地的其余部分（包括受污染的土壤）已被修复达到可接受的标准，则该土地的有益用途将被恢复。

移除和销毁 CWM 需要首先确定其位置，再从埋藏点中移除并随后进行销毁。正如美国国家研究委员会早先关于国际销毁技术的报告（NRC，2006）所示，将 RCWM 直接从埋藏地点转移到销毁装置虽然是最有效的方法，但有时需要临时存放一段时间。如前所述，大多数 RCWM 可以安全地存储在 IHF 中。使用 EDS 或基于 EDT 的销毁系统销毁 RCMW。IHF 和 EDS 或基于 EDT 的销毁系统可以被批准为 TUs，但前提是它们不能运行超过 2 年。

（3）改进行动管理单元、临时单元或污染区域的设置

可以考虑将 CAMU 用于修复废物的管理。使用 CAMU 处置修复废物可被视为一种就地修复措施，但不一定需要其在现有 SWMU 或处置场所中或附近。CAMU 可以在合并和管理修复废物的地点建立，类似于垃圾填埋场的使用。但是，与保留在原处相比，修复废物将从现场处置单元转移到 CAMU。尽管 CAMU 可以从现场、EDS 或基于 EDT 的销毁系统接收弹药和废金属，但不一定需要接受这些金属，并且其还能用于处理受污染的介质（例如土壤）。此外在指定的污染区域，将用于存储和处理的 CAMU 连同 TU 一起，将成为一种具有成本效益和高效率的处理方式，可保护人类健康和环境，同时有问题的场地可得到修复并且该土地还可以用于未来发展。

（4）现场处理与异地运输处理

美国 DoD 临时指南（美国陆军，2009 年）显然赞成现场处理，但也为异地运输敞开了大门，以方便进行处理。在某些情况下，在与涉及州、美国联邦和美国 DoD 机构进行协调之后，并在遵从美国疾病控制中心的卫生与公共服务部（Center for Disease Control's U. S. Department of Health and Human Services，USDHHS）的规定的情况下，DASA（ESOH）可以授权进行其他处置方式（例如异地运输和处理、露天爆炸）。

当空间或其他因素限制，现场处置途径或具有 EOD 功能的军事设施离埋藏地点不在合理距离时，可以考虑使用场外运输。在某些情况下使用异地运输，再进行后续销毁是一个不错的选择。

(5) 其他方法

如上所述，美国 DoD 保留了对 RCWM 进行公开爆炸处理的方法。美国国防部的临时指南指出：“当公开爆炸被批准时，《美国法典》第 50 篇第 1518 条要求知会美国国会。”显然，只有在没有更安全的方法来应对 RCWM 的情况下，才可在非同寻常的情况下使用露天爆炸。

参考文献

[1] In rare cases，the Safe Drinking Water Act and other federal and state authorities may be used as well.

[2] Miscellaneous units are often referred to as Subpart X units because of the designation under 40 CFR 264，Subpart X.

[3] 67 FR 2961，January 22，2002. Available at http：//www. gpo. gov/fdsys/pKg/FR-2002-01-22/html/02-4. htm. Accessed April 10，2012.

[4] http：//www. epa. gov/region4/waste/rcra/RCRAAdministrativeOrders. html.

[5] CERCLA remedy-selection factors include threshold criteria，balancing criteria，and modifying criteria and are discussed in many CERCLA guidance documents.（See OSWER Directive 9355. 3-01F54，March 1990，available at http：//www. epa. gov/superfund/policy/remedy/pdfs/93-55301fs4-s. pdf. Accessed March 21，2012.）

[6] Deborah A. Morefield，Environmental Management，Office of the Deputy Undersecretary for Installations and Environment Department of Defense， “Remediation Operations from an OSD Installations and Environment Perspective，” presentation to the committee on November 2，2011.

[7] The identification of RCRA requirements that are substantive and included as ARARs can be contentious.

[8] https：//www. federalregister. gov/articles/2005/10/05/05-19696/munitions-response-site-prioritization-protocol. Accessed March 21，2012.

涉及文件

DOD（U. S. Department of Defense）. 1998. Policy to Implement the EPA's Military Munitions Rule. July 1. http：//uxoinfo. com/blogcfc/client/ enclosures/1July98mrip. pdf. Accessed February 17，2012.

EPA (Environmental Protection Agency). 1976. Resource Conservation and Recovery Act (RCRA). 42 U. S. C. § 6901 et seq., as amended through P. L. 107-377, December 31, 2002. Available at http://epw. senate. gov/rcra. pdf. Accessed June 14, 2012.

EPA. 1984. Hazardous and Solid Waste Amendments of 1984. H. R. 2867 (98th). November 8. Available at http://www. govtrack. us/congress/ bills/98/hr2867. Accessed May 31, 2012.

EPA. 1990. National Oil and Hazardous Substances Pollution Contingency Plan ("National Contingency Plan"). 40 CFR Part 300; Preamble at 55 FR 8713. March 8. Available at http://www. epa. gov/superfund/policy/ remedy/sfremedy/pdfs/ncppreamble61. pdf. Accessed March 29, 2012.

EPA. 1998. Management of Remediation Waste Under RCRA. EPA 530F-98-026. October 14. Available at http://www. epa. gov/superfund/policy/remedy/pdfs/530f-98026-s. pdf. Accessed March 21, 2012.

EPA. 2002. Amendments to the Corrective Action Management Unit Rule; Final Rule. 40 CFR Parts 260, 264, and 27. January 22. Available at http://www. gpo. gov/fdsys/pKg/FR-2002-01-22/html/02-4. htm. Accessed April 11, 2012.

EPA. 2005. Handbook on the Management of Munitions Response Actions. May. Office of Solid Waste and Emergency Response. Available at http://nepis. epa. gov/Exe/ZyPURL. cgi? Dockey=P100304J. txt. Accessed March 20, 2012.

EPA. 2010. Munitions Response Guidelines. July. Office of Solid Waste and Emergency Response Available at http://www. epa. gov/fedfac/ documents/docs/munitions_response_guidelines. pdf.

NRC. 2006. Review of International Technologies for Destruction of Recovered Chemical Warfare Materiel. Washington, D. C.: The National Academies Press.

U. S. Army. 2004. Recovered Chemical Warfare Materiel (RCWM) Response Process. EP 75-1-3. U. S. Army Corps of Engineers. November 30. Washington, D. C.: Headquarters, Department of the Army. Available at http://publications. usace. army. mil/publications/eng-pamphlets/ EP_75-1-3/toc. htm. Accessed April 11, 2012.

U. S. Army. 2006. Military Munitions Response Process. EP 1110-1-18.

U. S. Army Corp of Engineers, Engineer Pamphlet. April 3. Washington, D. C.: Headquarters, Department of the Army. Available at http:// www. hnd. usace. army. mil/oew/policy/IntGuidRegs/EP1110-1-18. pdf. Accessed March 29, 2012.

U. S. Army. 2009. Interim Guidance for Chemical Warfare Material (CWM) Responses. Memorandum from Office of the Assistant Secretary, Installations and Environment. April 1.

附录E

美国陆军RCWM处置任务分布

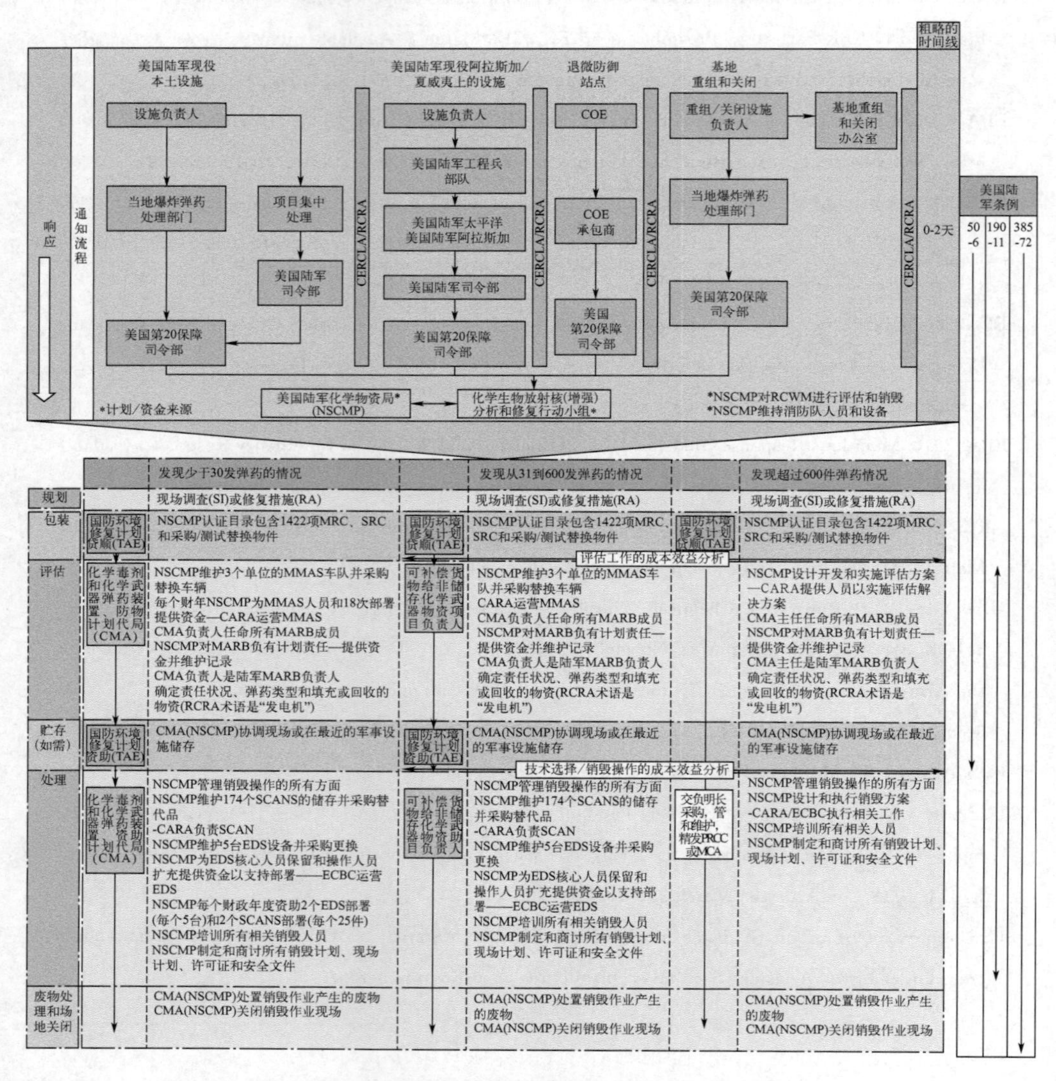

图 E-1　美国陆军已知埋藏位置 RCWM 的处置任务

资料来源：戴维·霍夫曼，非储存化学武器物资项目运营团队负责人，“非储存化学武器物资项目设备和能力概述”，2011 年 9 月 29 日向委员会的介绍

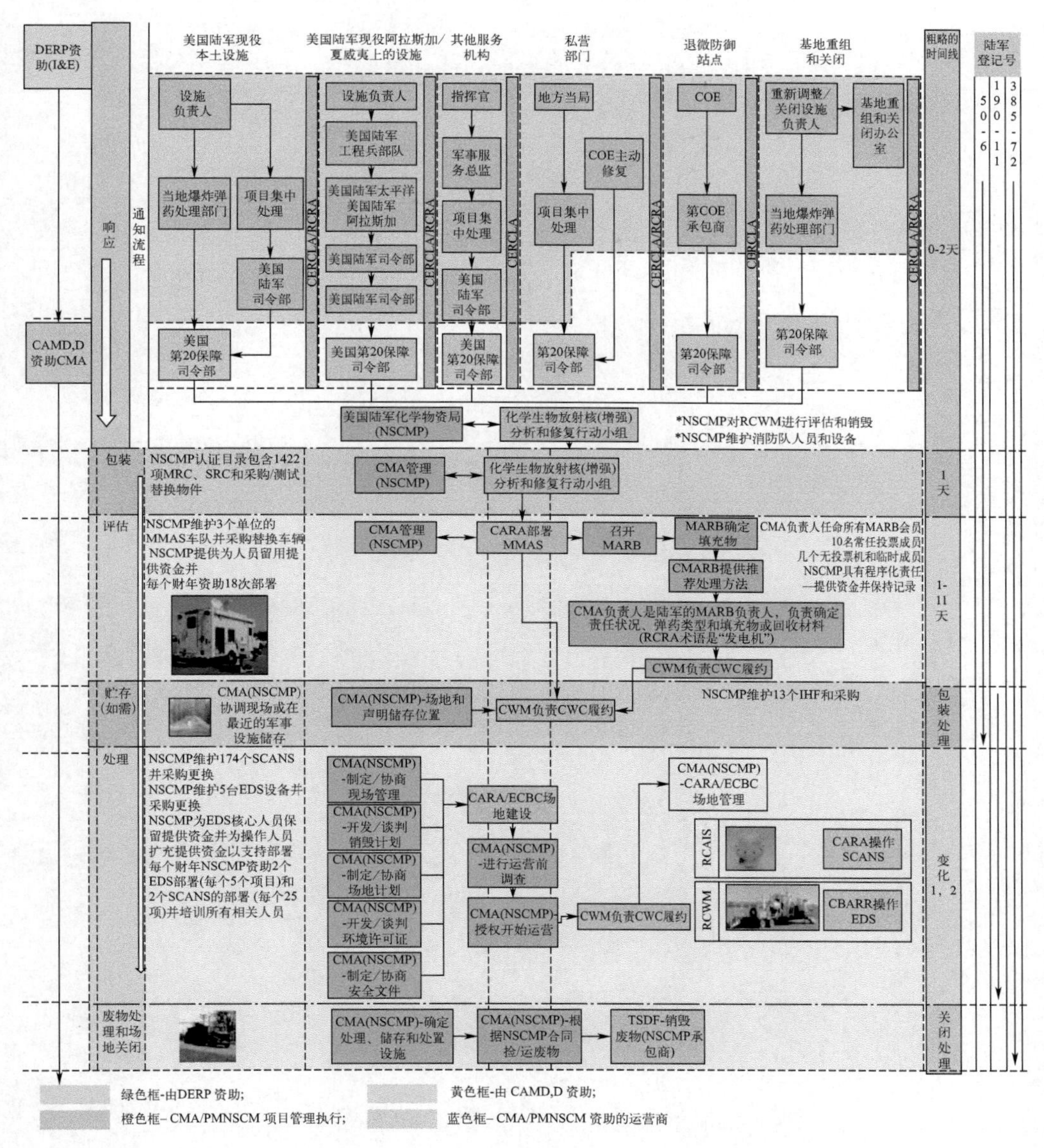

法律:
众议院拨款报告 101-882 – 建立化学非军事化计划
PL 102-484, 1992 – 非库存报告 (S&A)
PL 99-145, 1985 – 环境和安全
PL 103-337, 1994 – 非库存材料的运输
PL 91-121 和 91-441 – CWM 的运输和通知
1 SCAN：1) 计划 – 7w, 2) 设置 – 1w*, 3) Ops。 – 变化*
2 EDS：1) 规划 – 6-24w，2) 设置 – 3-8w*，3) Ops。 – 变化*
* 取决于位置、所需的场地准备以及物品的数量和配置

图 E-2　美国陆军 RCWM 应急响应处置任务［由 DASA(ECW)、CMA 和 PMNSCM 负责执行］
资料来源：戴维·霍夫曼，非储存化学武器物资项目运营团队负责人，“非储存化学武器物资项目设备和能力概述”，2011 年 9 月 29 日向委员会的介绍

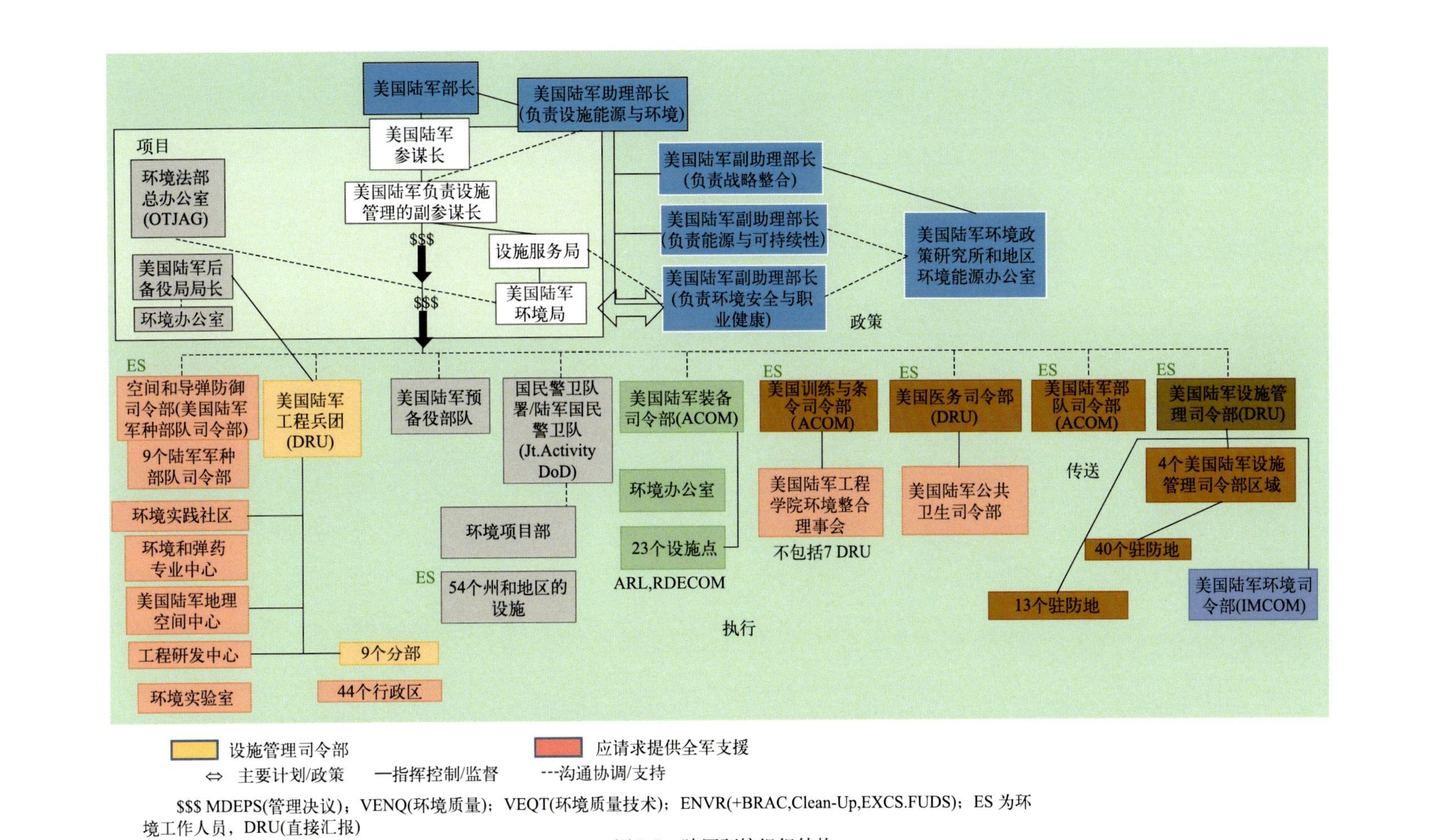

$$$ MDEPS(管理决议)；VENQ(环境质量)；VEQT(环境质量技术)；ENVR(+BRAC,Clean-Up,EXCS.FUDS)；ES 为环境工作人员，DRU(直接汇报)

图 2-7　陆军环境组织结构

资料来源:陆军总部负责装备管理的助理参谋长办公室下辖设施服务局环境司布莱恩·弗雷，2012年1月18日向委员会做的报告

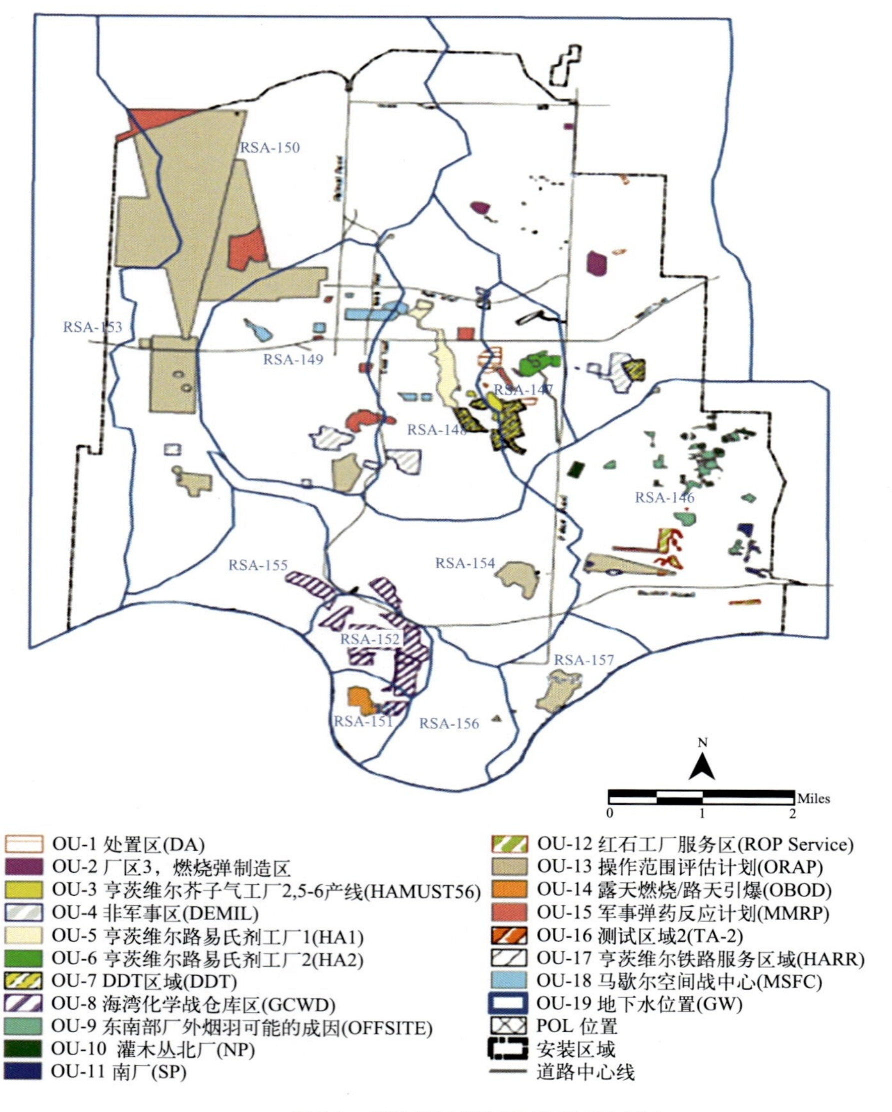

图 5-1 亚拉巴马州红石兵工厂示意图

资料来源:亚拉巴马州 RSA环境管理部设施修复处主任特里·德拉巴斯于2011年11月2日向评估委员会的致辞